U0187106

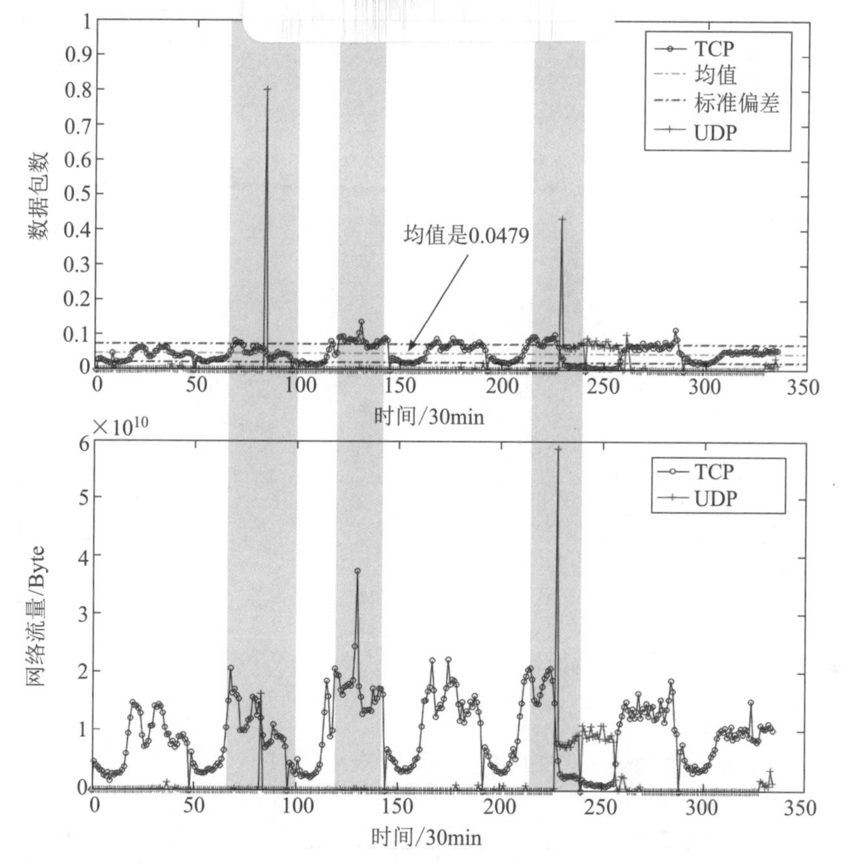
TCP
均值
标准偏差
UDP
均值是0.0479
数据包数
时间/30min
×10^10
TCP
UDP
网络流量/Byte
时间/30min

图 3-10

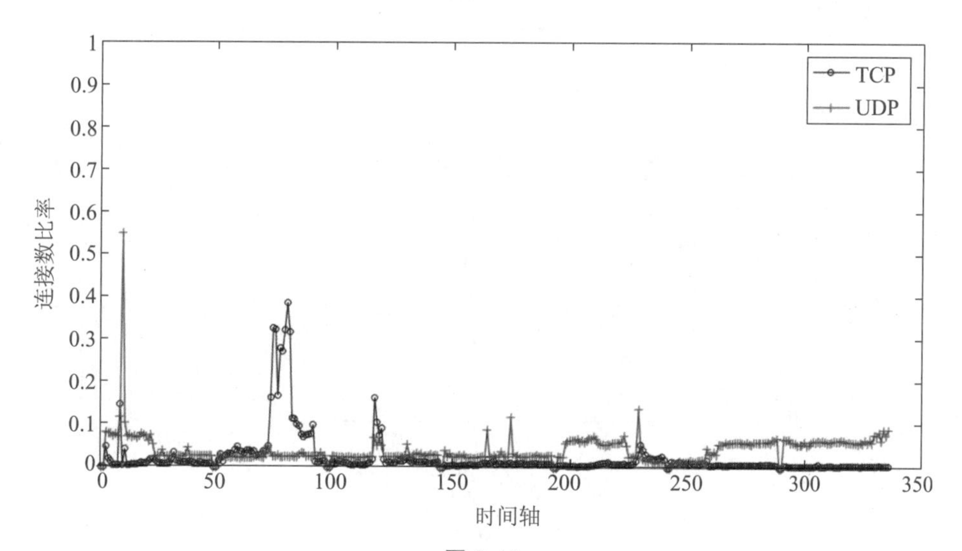
TCP
UDP
连接数比率
时间轴

图 3-12

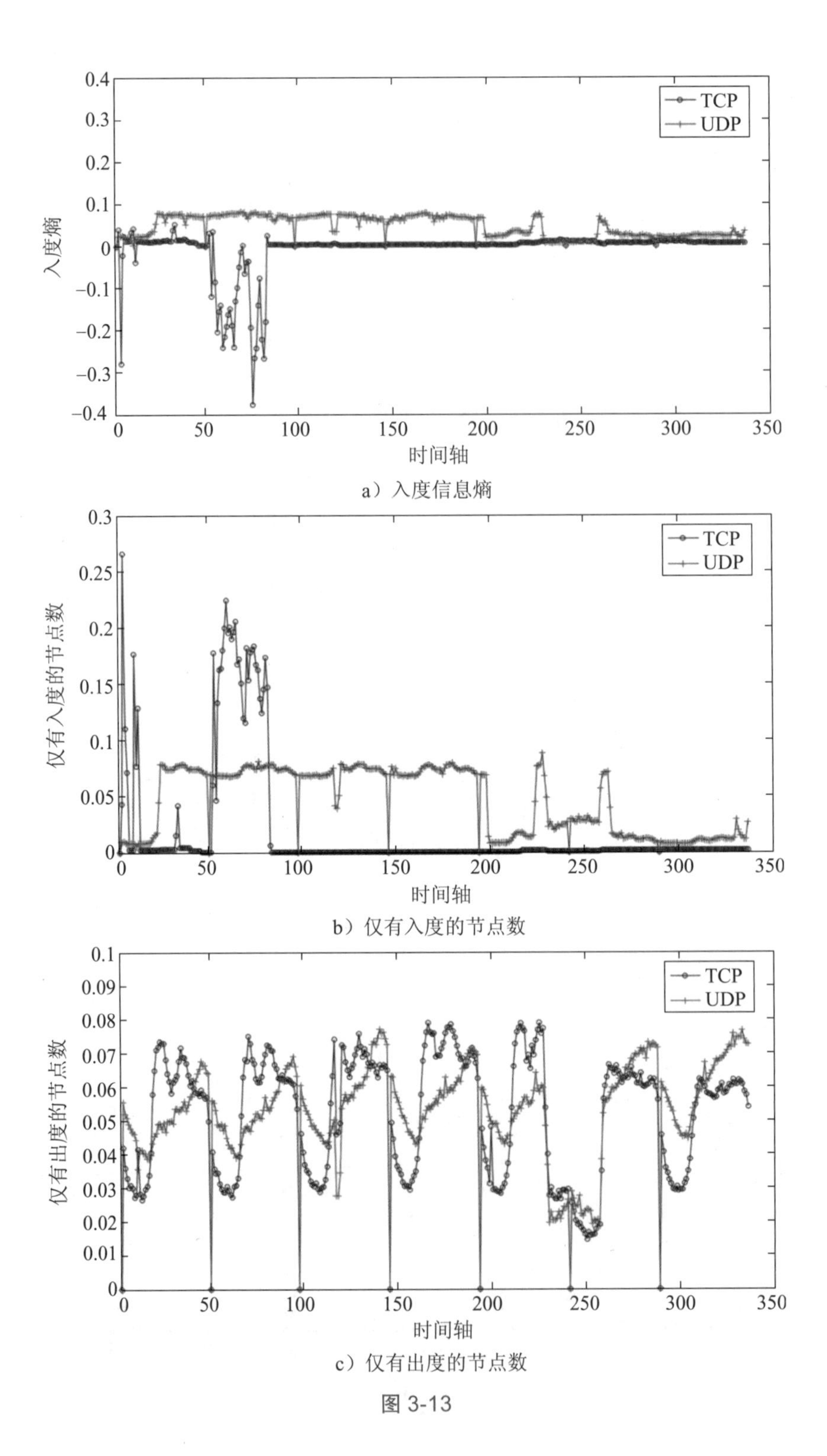

a）入度信息熵

b）仅有入度的节点数

c）仅有出度的节点数

图 3-13

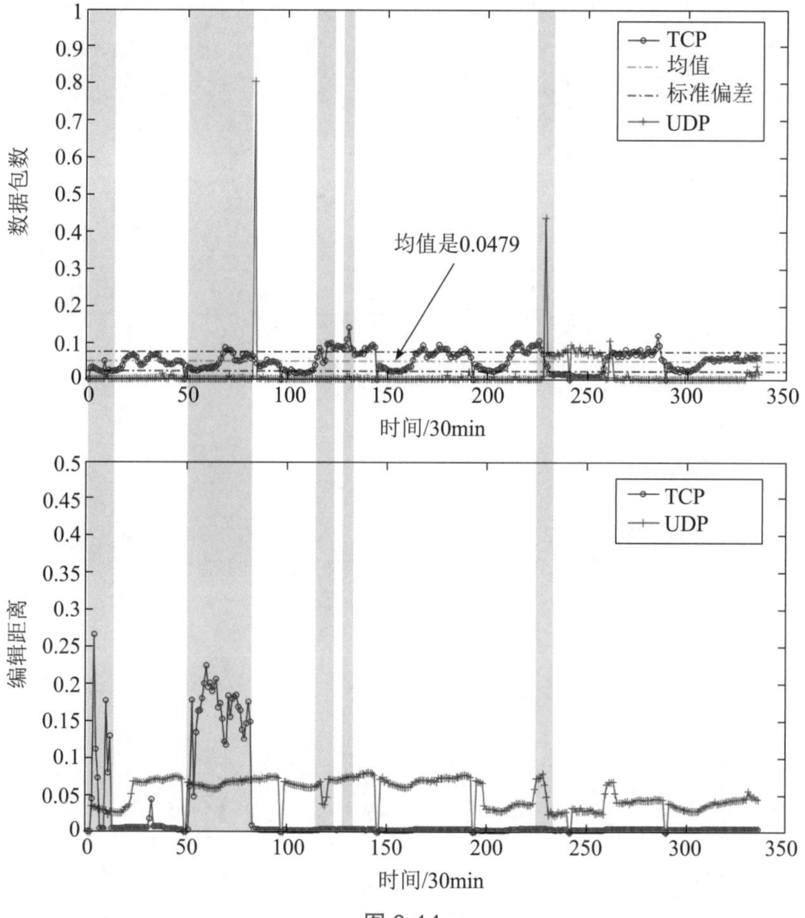
TCP
均值
标准偏差
UDP
数据包数
均值是0.0479
时间/30min
编辑距离
时间/30min

图 3-14

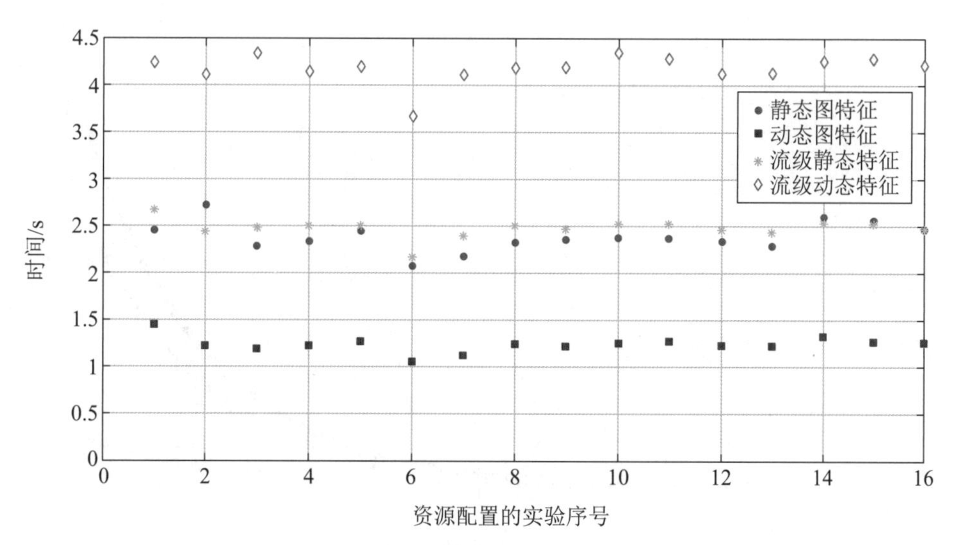
静态图特征
动态图特征
流级静态特征
流级动态特征
时间/s
资源配置的实验序号

图 3-15

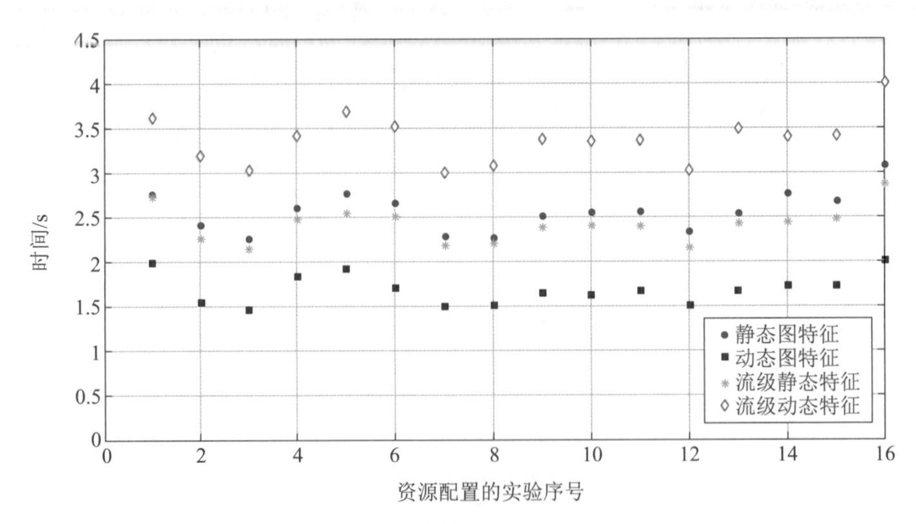

图 3-16

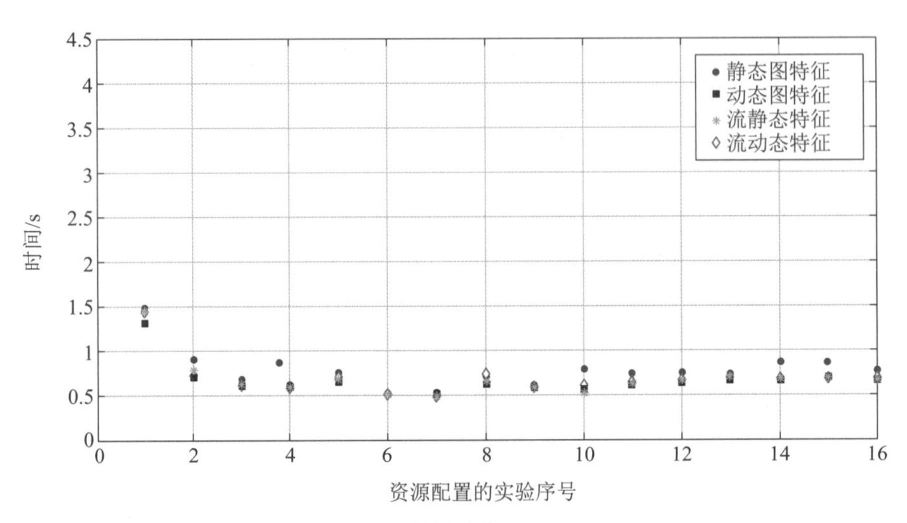

图 3-17

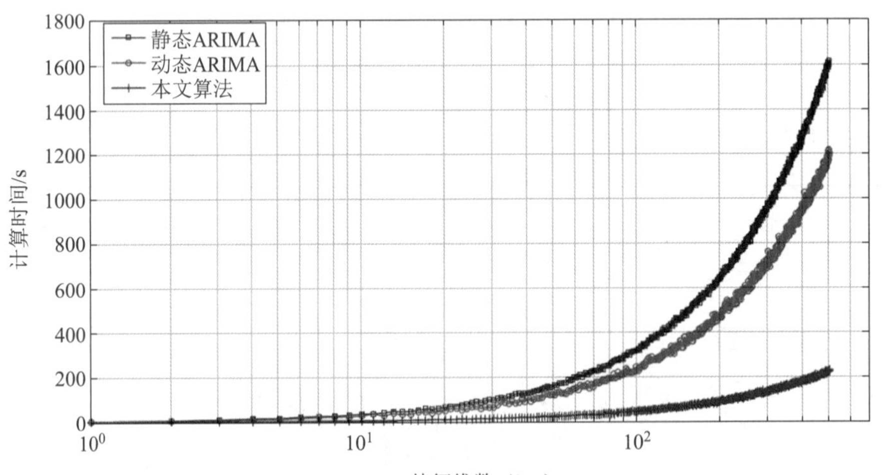

图 3-18

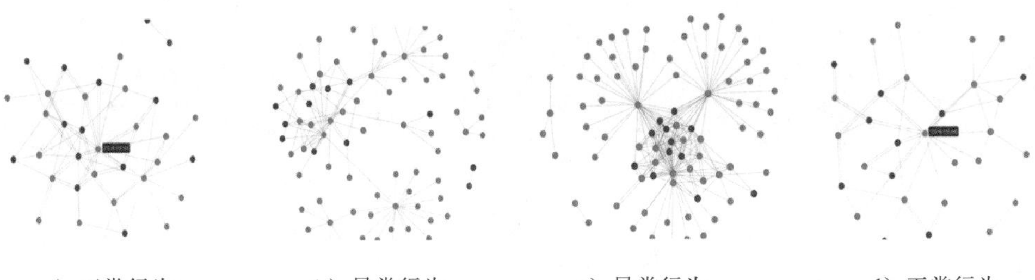

a）正常行为　　b）异常行为　　c）异常行为　　d）正常行为

图 3-22

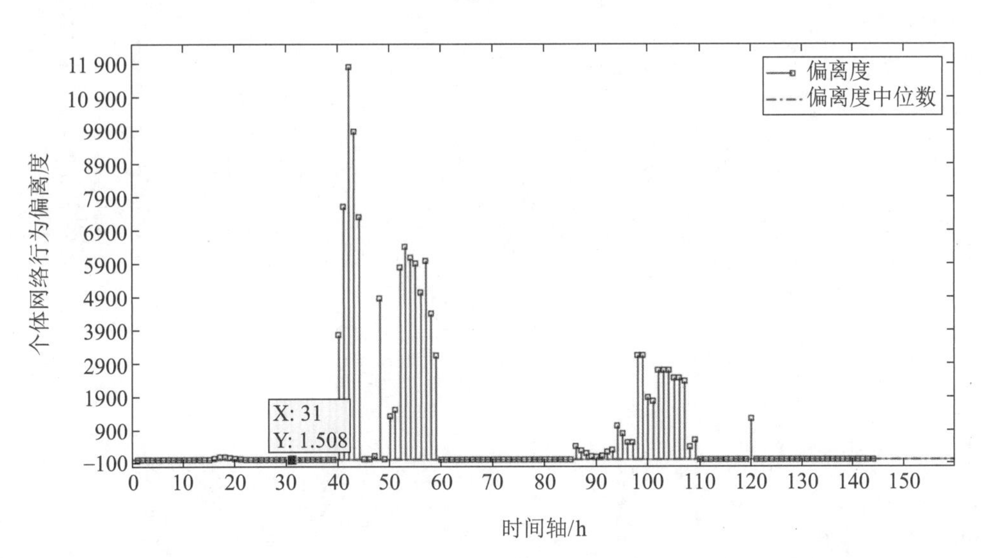

图 4-11

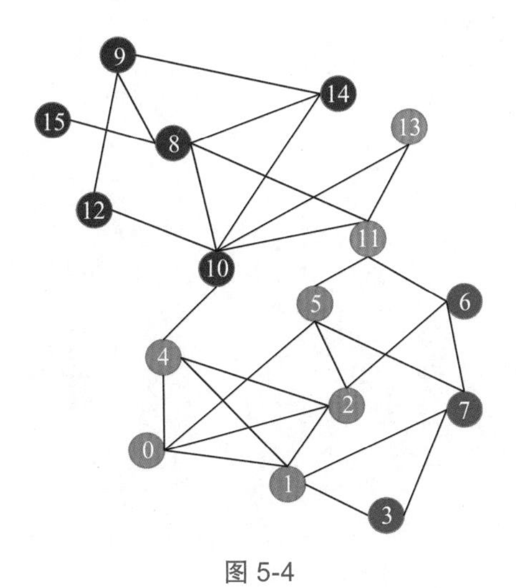

图 5-4

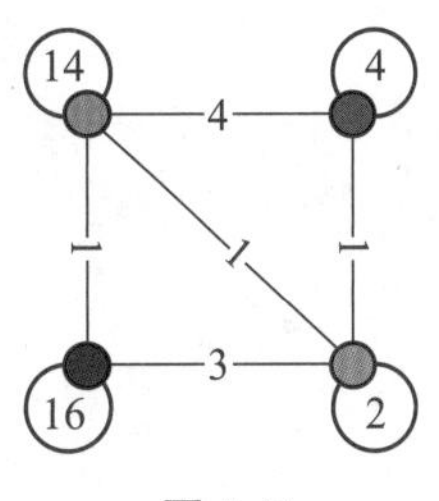

图 5-5

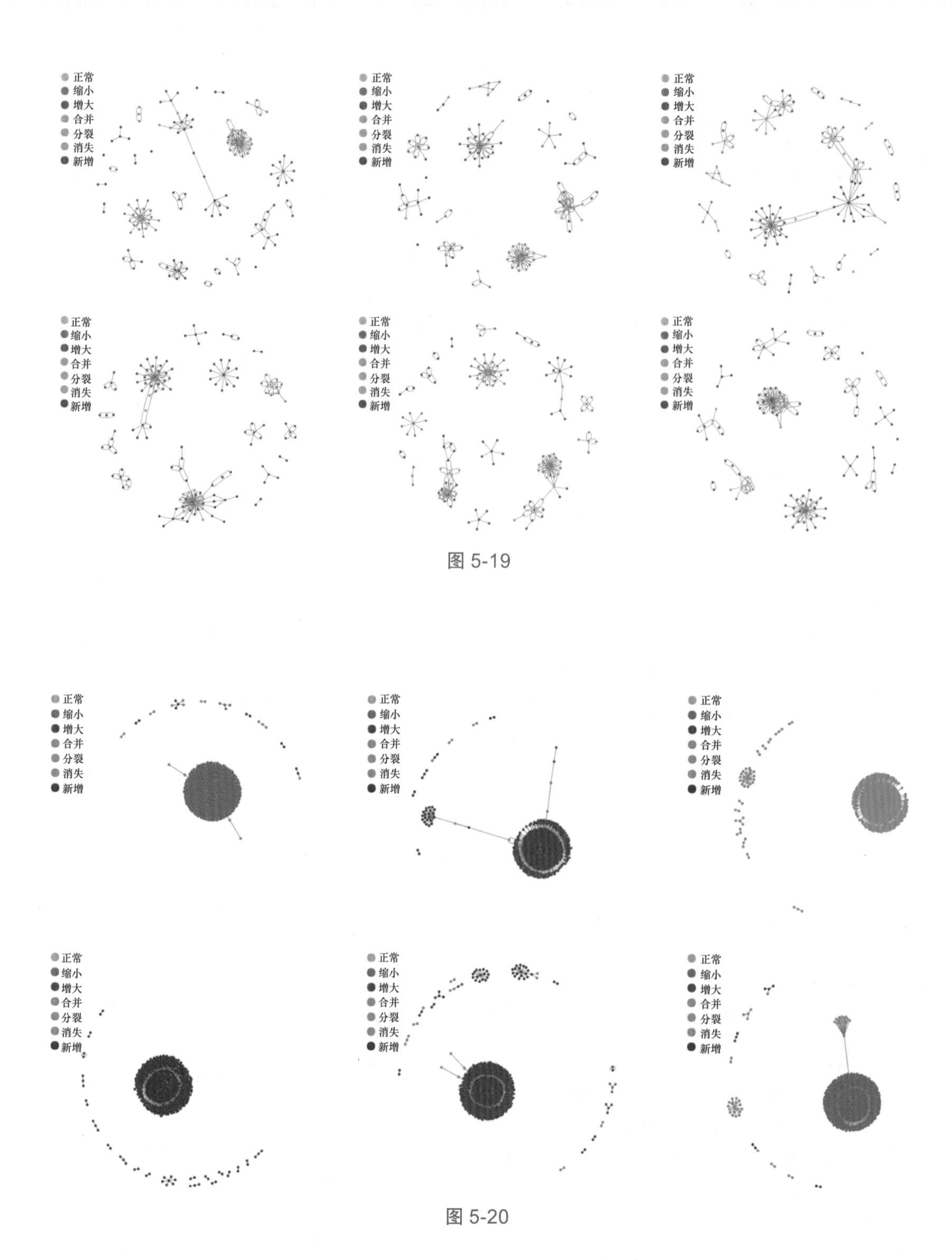

图 5-19

图 5-20

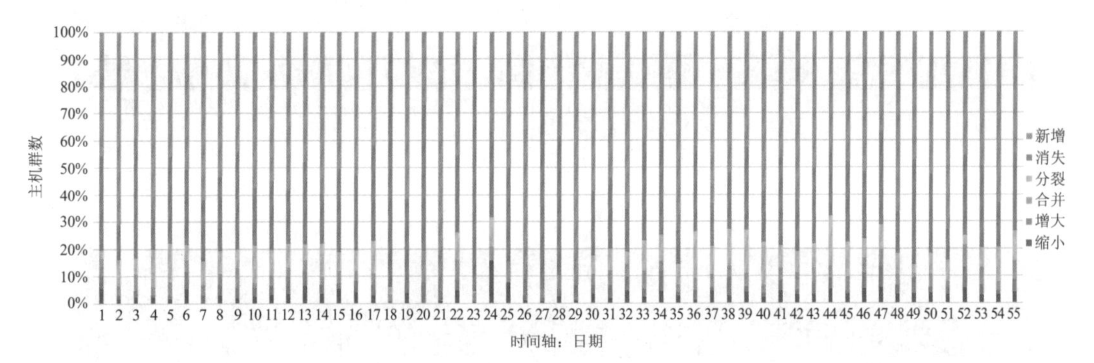

图 5-21

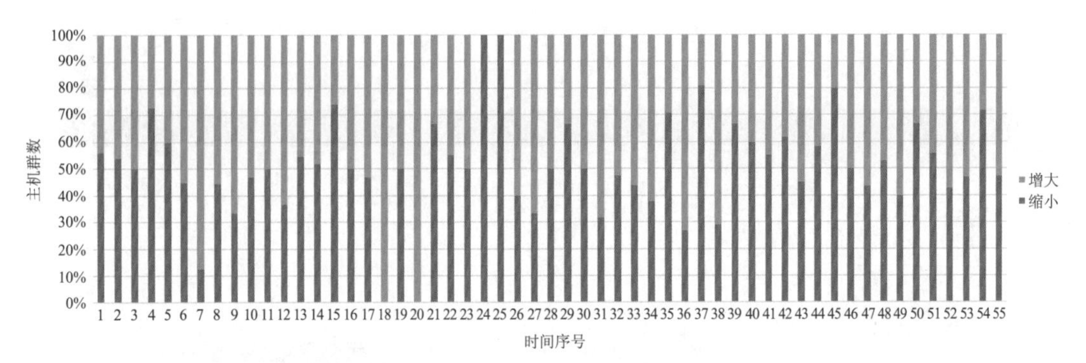

图 5-22

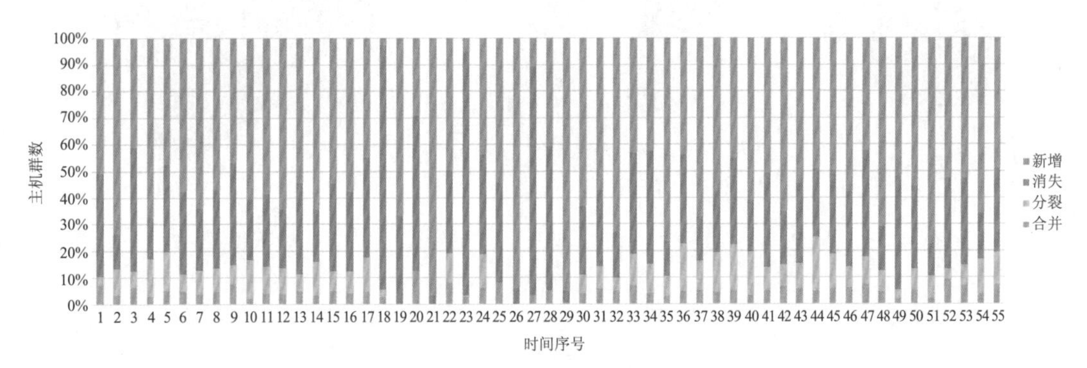

图 5-23

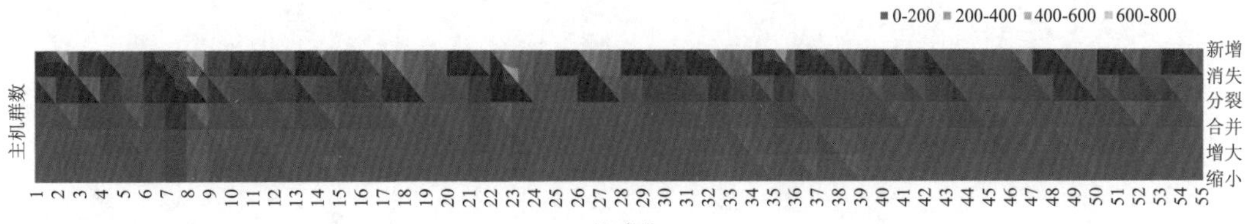

图 5-24

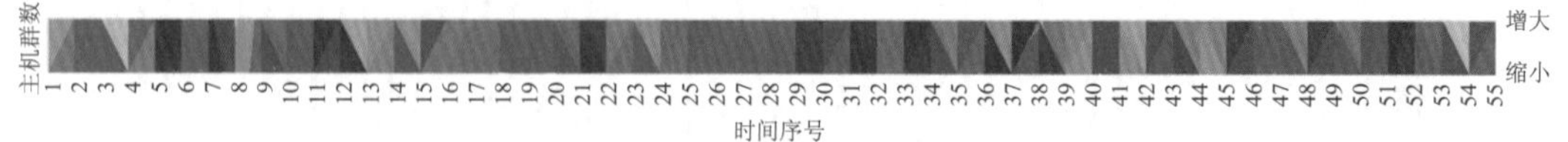

图 5-25

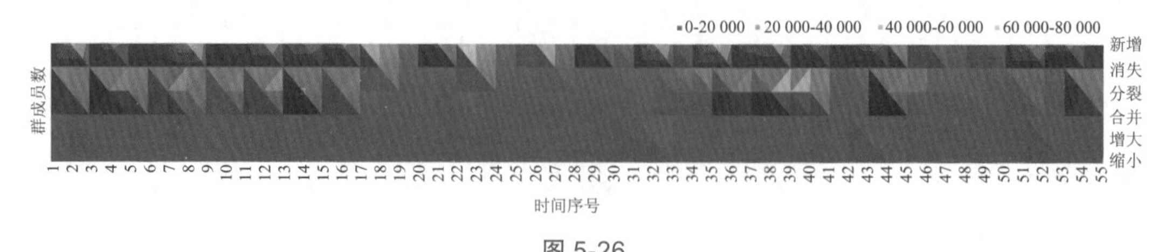

图 5-26

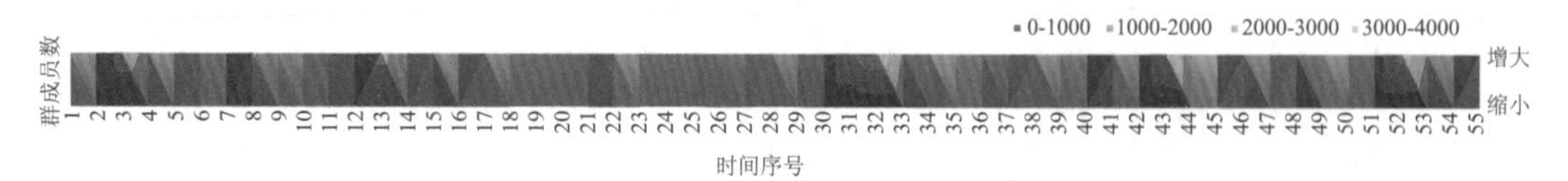

图 5-27

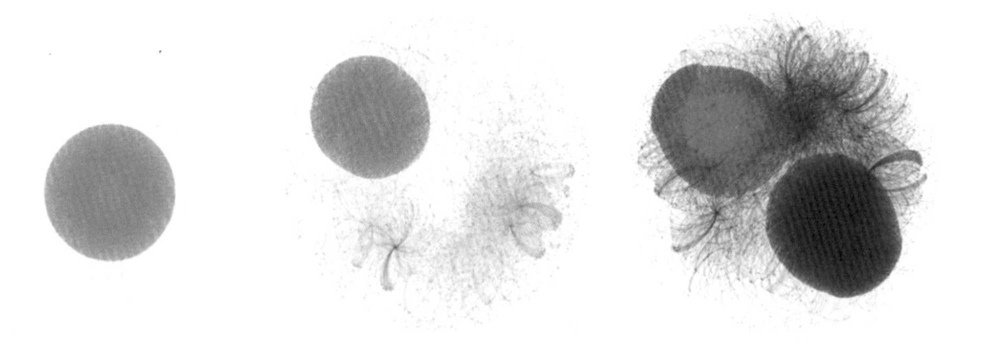

a）Botnet主机　　b）背景流量　　c）流量图

图 5-32

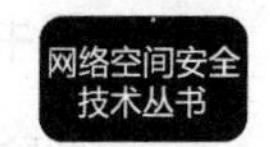

网络异常流量与行为分析

叶晓鸣 乔少杰 著

图书在版编目（CIP）数据

网络异常流量与行为分析 / 叶晓鸣，乔少杰著 . —北京：机械工业出版社，2022.8（2024.2 重印）
（网络空间安全技术丛书）
ISBN 978-7-111-71693-8

I. ① 网… II. ① 叶… ② 乔… III. ① 计算机网络 – 流量 – 行为分析 – 研究 IV. ① TP393

中国版本图书馆 CIP 数据核字（2022）第 179799 号

网络异常流量与行为分析

出版发行：机械工业出版社（北京市西城区百万庄大街 22 号 邮政编码：100037）

责任编辑：李培培	责任校对：张亚楠 张 薇
印　　刷：北京建宏印刷有限公司	版　　次：2024 年 2 月第 1 版第 3 次印刷
开　　本：186mm × 240mm 1/16	印　　张：15　　插　　页：4
书　　号：ISBN 978-7-111-71693-8	定　　价：79.00 元

客服电话：（010）88361066 68326294

前　言

随着网络技术的发展，大量未知、新型网络攻击层出不穷，越来越多的网络攻击行为具有协同性、主机群性和隐蔽性，同时涌现出试图躲避安全设备检测的方法和技术，使网络流量的结构、组成和规模呈现出复杂性、动态性和关联性，网络监控的难度剧增。传统特征库的防火墙、入侵检测系统采用的安全防御技术，由于其原理是必须在了解攻击特征的前提下才能进行有效防御，因此，这些检测技术难以应对与防御恶意变种、未知威胁以及新型攻击，迫切需要采取全新的威胁分析与检测技术。因此，网络行为分析作为网络安全威胁检测的重要研究课题，越来越受到学术界和产业界的关注。网络行为异常检测是指在一段时间内建立一个正常网络行为基线，确认正常网络行为的相关参数定义后，将任何背离这些参数的行为都标记为异常。近年来，该领域的研究工作成果显著，但仍然存在一些问题。如目前的研究多从单一网络行为层面出发，较难完整揭示异常发生的原因和本质，导致检测能力较差，不能全面地为异常处理提供支撑；异常检测的训练数据难于获取；异常检测系统适应能力差，各类异常检测系统容易被攻击者绕过；尤其是网络行为呈现的潜在社会化关系，没有考虑网络交互过程对网络行为主体关系和属性的影响，导致网络主机群事件难以形式化描述和检测。因此，探索出行之有效的网络行为分析的异常流量检测方法，对了解网络情况、提升网络管理和监测的能力，具有重要的理论和现实意义。

本书首先系统地总结了网络行为分析的相关研究背景和最新进展，重点针对“整体”“个体”“主机群”网络行为的研究现状进行了对比和总结，分析了网络行为特征和异常检测方法在检测率、运行效率、全面性和新型异常行为的识别能力等方面的不足。

其次，针对这些不足，结合图论、特征工程、数据挖掘以及大数据分析等技术，以网络流量作为切入点，将图结构、属性以及动态变化的信息引入模型中，通过对用户行为特征的理解、分析和建模，从宏观到微观、由整体到局部，系统地研究了整体网络行为、网络个体行为和主机群行为，定义了更为有效的网络行为特征集、异常检测模型及其并行化算法，并进行了实验和异常案例分析。

本书的主要研究内容如下。

第一，面向整体网络行为的研究：针对IP地址之间的全部网络活动体现的网络行为开展研究工作，从宏观角度研究所有网络行为主体的网络行为，定义了一种整体网络行为的异常检测方法。

在现有研究中，传统的行为特征具有较好的检测率，被研究者广泛采用；然而，网络异常造成的影响往往是多方面的，通信模式异常尤其值得注意，由于其不会影响网络正常运行而被研究者所忽视。研究发现，当异常发生时，各个特征值都或多或少地呈现出相关性，各类特征值对异常检测的贡献能力存在较大差异。某些网络异常表现在流量负载强度的特征值上，另一些网络异常则表现在通信模式的特征值上，而且相同类型的特征值呈现出较强的相关性。基于上述分析，本研究还采用了流量图，并定义了整体网络行为特征抽取方法。

在时序数据的异常检测研究中，基于时间序列的异常检测方法因算法时间和空间复杂度较高，对各个维度上特征值的稳定性有较高的要求。因此，为了解决异常检测算法直接应用于流量数据适配度不高，以及多维特征的异常检测算法性能较低等问题，本研究定义了历史时间取点法，利用不同时刻的多维特征值序列构成的检测向量之间的绝对变化、相对变化和趋势变化来优化检测率。

在网络流量数据上，从检测能力和运行效率两个方面进行了分析，检测结果表明，本研究方法比采用传统特征的检测方法的效果更好、运行效率更高。本研究还在不同数据集中进行了实验对比和结果分析，结果表明基于通信模式抽取的特征集对异常检测有积极贡献，并与传统特征互补，能够有效提高异常检测率。

第二，面向网络个体行为的研究：将网络行为汇聚到主机，从而开展网络个体行为的研究工作，从微观角度纵深研究网络个体行为，定义了一种网络个体行为异常检测方法。

研究发现，基于网络行为分析的异常检测方法比基于规则库的检测方法更具发现未知异常和新型攻击的优势，但通常只能在网络异常发生时发出告警，无法为安全管理员提供更加详细的异常信息、解释异常现象导致无法采取针对性的安全管控措施来抑制该异常带来的影响。宏观的整体网络行为是微观的全体网络个体行为网络活动的集中体现，但不是简单的叠加。研究发现对网络个体行为进行细粒度的分析，可以为网络行为研究提供更全面的分析视图。

鉴于网络个体行为同一时刻不同特征值之间关系、不同时刻特征值之间关系都存在相关性，首先定义了 Graphlet 方法，对特征值之间的关系进行量化，利用图节点属性、Graphlet 属性构建网络个体行为特征集，将正常情况下的特征向量视为网络个体行为轮廓的基线。其次，分析发现网络个体行为特征在正常情况下不同时间窗口的特征向量之间、不同天同一时刻特征向量之间存在的相似性，以及在异常发生时特征向量都或多或少地呈现出差异性。进而定义了异常检测算法，利用了特征向量时间上的相似性、网络个体行为之间的相似性和受害可疑度来提高检测率。

在多个数据集上进行了实验对比和结果分析，检测结果表明本研究方法比 TOP 方法具备更为有效的检测率，特别是所提出的方法能够高效地识别未引起关注的异常行为，算法在时间和空间复杂度上虽然比传统 TOP 方法高，但是通过优化 Spark 作业参数依然能够达到满意的运行效率。

第三，面向主机群行为的研究：通过识别网络行为中汇聚成簇的主机群，开展主机群行为动态演化过程的研究工作，定义了一种主机群行为异常检测方法。

在流量异常检测研究中，聚合性、协同性和大规模性的主机群网络交互行为往往被研究者所忽视。本书对比分析了图聚类算法和演化事件定义的选择问题，采用 Fast Unfolding 算法发现网络行为中聚集成簇的主机群，采用基于标识主机的动态图演化事件，作为主机群行为规模或结构变化的量化方法。为了进一步提高数据集检测率，根据主机群行为动态演化属性和演化事件的时序属性的实验分析结果，定义了基于历史演化事件、群成员相似性、群数和群成员数等主机群属性，进一步识别了以网络攻击行为聚合的主机群异常检测算法。

本研究在多个数据集上进行了实验对比和结果分析，检测结果表明所提出的方法能够有效揭示重要的图演化事件，准确发现异常的主机群及其群成员，具有较高的检测率。

综上所述，本书的研究工作针对网络行为分析的网络流量异常检测研究中存在的检测率、运行效率、全面性和新型异常行为的识别能力等方面存在的问题，围绕行为特征构建和异常检测及其优化问题涉及的若干个关键技术展开研究，并展开了丰富充实的研究工作，论证了研究理论、算法及方案的科学性与有效性。研究取得的成果不仅对丰富和发展网络行为分析理论基础、推广图分析技术在网络安全领域的应用大有裨益，还为解决具体的海量数据分析的实际问题提供了全新的解决方案，具有重要的理论与应用价值。由于作者水平有限，书中内容的错误和疏漏在所难免，恳请广大读者不吝指教。

目　录

第1章

引　言

1.1　研究背景及意义

首先，随着互联网技术的快速发展，我国互联网产业在人们工作和生活中的应用范围不断扩大，如网上支付、互联网理财、在线教育、网上预约出租车、在线政务服务等，我国上网人数和网络流量持续增长。互联网在方便人们工作和生活的同时也带来了大量网络安全威胁，如网络诈骗、网络赌博、非法侵入计算机、传播计算机病毒、网上非法交易、电子色情服务、网络洗钱、网络毁谤等。为了躲避网络监管，网络流量中加密流量的比例不断增长，恶意用户或攻击者的技术水平不断提高，手段呈现出多样、复杂和隐秘的特点，他们试图躲避现有安全设备的检测，这增加了网络监测的难度。尽管网络的管理者采取了各类安全措施来保护网络，攻击者仍然可以利用网络中不计其数的主机群和各类操作系统的漏洞，甚至诱骗网络用户执行恶意软件。这些受感染的主机将给网络安全带来巨大的威胁。

其次，网络空间已成为各个国家、各个地区经济和政治的新战场。面对日益严峻的网络空间安全挑战，美、俄、日等许多国家把网络空间安全提升为国家战略。我国于2014年成立网络安全和信息化领导小组，明确提出建设网络强国的战略方针，以加强我国网络安全能力建设，深入推进自主可控的安全技术研发，提升网络安全技能。美国自2005年以来发布了多份网络空间安全战略文件。近年来，各种网络攻击和安全事件层出不穷，各类病毒、蠕虫、DDoS、特洛伊木马、扫描、探测等攻击给网络的正常使用带来了严重的安全威胁。

再次，网络异常行为带来的损失影响巨大。随着业务的“计算机化”，5G、物联网、虚拟现实、无人驾驶等技术促使网络流量急剧增长，在新的漏洞不断被发现、攻击技术不断被增强等因素的共同作用下，网络攻击正变得更加智能化和复杂化，传统的检测机制已无法提供足够的支持来保障网络环境安全。2021 年，全球网络安全界遭受了勒索软件攻击、重大供应链攻击以及有组织的黑客行动的轮番“轰炸”，攻击目标涉及医疗、金融、制造业、电信及交通等重点行业。数据泄露的规模、漏洞存在的年限、影响设备的数量、破坏后果呈扩大趋势，其中 46% 以上的攻击流量来源于网站扫描，与网络用户行为密切相关。

最后，网络行为分析是异常网络检测中一个活跃而富有挑战性的研究方向。近年来，异常检测尤其是面向图的异常检测一直是学术界和工业界研究的热点。面向图的异常检测可应用于社会生活的各个领域，如金融、互联网安全、社交关系挖掘、电信诈骗检测等。

网络流量分析作为网络安全管理和监控的关键，是网络安全领域研究的重要方向，一直受到产业界 IBM、TechTarget、Enterasys Networks、Arbor、Exinda 等公司，以及学术界斯坦福大学、麻省理工学院、伊利诺伊理工大学、武汉大学、清华大学、中国科学院信息工程研究所、东南大学、四川大学、华中科技大学、济南大学等高校和科研机构的关注。据赛门铁克公司 2017 年的调查数据显示：全球范围内每年累计发生的安全事情超过 10 万亿起，而每天会检测出超过 100 万个恶意软件。大量的研究者致力于建立有效的解决方案，以检测网络攻击、恶意网络行为和异常网络流量，实现安全监测的目的。然而，随着新型业务模式及新兴技术的出现和应用，网络流量的结构、组成、规模呈现出复杂性、动态性和关联性，依靠人工和传统的检测技术难以理解和处理当下的海量网络数据，难以将它们转化为实用的情报。基于传统特征库的防火墙、入侵检测等设备的安全防御技术，由于必须在认识攻击特征的前提下才能进行有效防御，因此，这些检测方法难以应对与防御恶意程序变种、未知威胁以及新型攻击。由此可见，在信息化逐步发展、网络应用持续增长且不断深入、漏洞不断被发现、攻击技术显著增强等因素的综合作用下，越来越多的网络攻击行为具有主机群性、协作性、低密度和隐藏性，大量未知、新型的网络攻击层出不穷，如面向工业控制 / 金融系统的目标性攻击、基于社交网络与移动互联网的恶意传播和推送、针对物联网 / 智能终端 /P2P 网络 / 社交网络 / 网络游戏等的新一代大规模攻击。

面对上述异常检测问题，如何有效地弥补“传统设备”的缺陷，对阻断和防范新型威胁发生产生显著作用？如何通过模型与算法的优化，主动在千万级用户中（海量数据下）识别出不正常的行为和关联，有效提高防控的覆盖率和准确率？针对上述关键问题，迫切需要采取新的有效识别异常的安全威胁分析与异常检测方法，基于网络行为分析的网络异常检测技术应运而生。该技术通过构建用户画像的基线发现不期望的用户行为，能够通过网络层特征检测 DDoS 攻击，并通过应用层特征检测其他复杂攻击，实现基于流量和行为画像建模的“动态检测”。网络异常行为检测是网络行为分析和网络异常检测两种技术的交叉，它提供了一种网络安全威胁检测的方法，实现了对网络威胁事件和趋势的持续监控，提供了除传统技术（如防火墙入侵检测系统、防病毒软件和间谍软件等）以外的安全防护措施。网络行为研究通过流量揭示互联网运行规律，对推断网络事件、预测发展趋势具有重要意义。将网络行为分析技术运用到异常检测领域，通过对网络行为特征的理解、分析和建模，挖掘网络行为主体的特征、相互间的潜在关系和主机群属性，从而发现异常通信模式。不同于针对传统网络流量数据的网络异常检测技术，网络异常行为检测技术能够有效解决传统流量分析的异常检测中经常被忽略的网络行为主体之间的隐性信息问题。同时，传统异常检测技术的特征规则库来源于已知异常，更新周期长，而网络行为分析的异常检测技术是根据不同的网络环境动态提取并及时更新的，在实际网络环境中的适用性更强。

由此可见，网络行为分析的异常检测已成为网络安全领域的研究热点，到目前为止，国内外关于用户行为分析、用户画像及其相关理论与技术的研究取得了丰富的研究成果，主要集中于用户事件驱动下流量特性的演化过程，着重针对“流量特性和行为模式”进行分析，主要使用 UNIX 命令行为、系统日志等进行用户画像研究。但对于已有研究，一方面在网络安全领域的研究相对较少；另一方面，目前研究中大多数用户画像都是传统标签式用户画像，其标签主要是基于业务而制定的，因此可解释性较强且易于应用到业务策略和统计中；但是这种用户画像只是对数据单一维度的抽象，缺少对主体（或称为节点）间交互关系结构特性的抽象与分析，如果想要在不同业务之间进行泛化会很困难。而现实中用户是多变、多面的画像，急需利用图分析、机器学习、人工智能等技术来检测流量和用户或应用行为中的异常模式，实现对用户数据（行为序列、关系网络等）更抽象的表征学习（多维连续空间），从而实现多维度用户异常行为检测的整合分析框架，构造面向多场景、多领域的异常行为检测体系，在算法上实现无监督或配合人工调优的半监督学习，在数据来源上实现多维度的融合，在分析模型上实现动态、自适应，在功能上实现对低频次、长周期的数据渗漏行为的异常检测。

本书将从网络行为的多个网络行为主体出发研究异常行为检测问题，深入研究各网络行为主体的属性和本质，并提出网络行为轮廓构建及异常行为检测的相关算法。清华大学的朱应武等人指出评价异常检测能力的指标主要包括四项：检测率、实时性、全面性和新型异常行为的识别能力。本书的研究不但提高了单独的网络行为主体检测研究层面的全面性，还分别针对不同的行为特点定义了优化改进方法，提高了异常检测能力，弥补了传统方法在检测率、适应性和新型异常行为识别能力等方面的不足，可为复杂多变的网络环境下的异常检测提供新的更有效的技术手段，从而为网络异常预警和响应处理提供更加有效的支撑。

综上所述，本书的科学意义体现在以下几个方面。

1）研究动态复杂网络的用户行为画像的建模，对推动复杂网络的计算机网络安全相关问题的分析和研究、促进 UBA 技术的深度应用，具有重要的理论价值和前瞻性。

国内外研究者针对上述问题通过签名技术、统计分析技术和机器学习技术展开了大量研究。由于待解决问题的复杂性和技术本身的局限性，用户行为画像建模分析逐渐成为学术界关注的热点问题，成为网络安全解决方案的必备手段之一。一方面，复杂网络吸引了学术界的广泛关注，社会网络、细胞网络、人类关系网络、神经网络、Internet/WWW 网络、学术合作网络和文献引用网络等各个领域的研究者开始用复杂网络理论研究各自网络的特性并分析用户行为模式；另一方面，基于UBA的异常行为检测是用户行为画像分析和异常检测两种技术的交叉，强调以“自学习”和“半监督”为核心，提供一种安全威胁检测的动态方法，UBA有效弥补了传统异常检测技术的短板，它融合大数据分析技术、人工智能技术、机器学习方法，通过流量揭示网络运行规律，对推断用户事件、预测用户行为趋势具有重要意义。

2）本书以网络流数据为数据源，利用图分析、机器学习、人工智能等技术来检测流量和用户或应用行为中的异常模式，实现对用户数据（行为序列、关系网络和演化机理等）更抽象的表征学习（多维连续空间）。本书以大数据和人工智能为背景，以流量活动为数据来源，结合“半监督机器学习”“复杂网络”“图演化”等理论与方法，探索基于动态多维特征和图演化的用户画像建模，实现“深度用户行为画像”，并结合实际网络环境、公开数据集和仿真软件进行实验分析，验证项目中相关理论模型的可行性和有效性。

3）本书研究的不仅是当前网络信息管理、网络安全研究领域中极具重要性与前沿性的课题，也是相关领域中兼具学术价值、理论价值和实践价值的课题。

大数据与人工智能引发了安全领域的巨变，用户行为画像建模问题已成为当前网络安全领域亟待解决的关键问题。本书可帮助读者在理论上更加深刻地认识用户事件和用户间行为的复杂性，实现多维度行为画像的整合分析框架；在算法上实现无监督或配合人工调优的半监督学习；在数据来源上实现多维度的融合；在分析模型上实现动态、自适应；在功能上实现对低频次、长周期的数据渗漏行为的异常检测。本书的研究成果将丰富用户行为画像、用户异常行为检测相关理论与技术的研究，实现：更为高效精准的端到端的网络流量分析；提高所提出的网络行为异常检测模型的置信度；对具体应用场景的网络拓扑进行分析，总结一般性的数据源字段与其统计特征的提取方式。

1.2 国内外研究现状

网络行为研究主要是指对网络行为主体进行行为轮廓的描述和建模。根据目的是否具有安全威胁可将网络行为划分为异常行为和正常行为，正常行为指的是符合网络行为主体的正常行为规律的网络行为，异常行为指的是偏离正常行为规律和模式的网络行为，网络攻击行为是异常行为，异常行为中不只包含攻击行为。根据 IP 地址交互行为方式可将网络行为划分为一个 IP 地址对一个 IP 地址的网络行为、一个 IP 地址对多个 IP 地址的网络行为、多个 IP 地址对一个 IP 地址的网络行为和多个 IP 地址对多个 IP 地址的网络行为。根据网络行为主体的对象数目不同，可将网络行为划分为网络个体行为和主机群行为，主机群行为是由网络个体行为构成的，主机群行为离不开网络个体行为，但主机群行为并不是网络个体行为的简单相加；网络环境中存在主机群行为，每个主机群由很多网络个体构成的，最大的主机群相当于全体网络行为主体的集合，其网络活动的体现就是网络行为。

综上所述，本书系统总结了网络行为分析的相关研究背景和最新进展，探讨了该领域的发展趋势和存在的问题，重点针对“整体”“个体”“主机群”网络行为的研究现状进行了系统的对比和总结，分析了网络行为特征和异常检测方法在检测率、运行效率、全面性和新型异常行为的识别能力等方面的不足。

1.2.1　基于 CiteSpace 的用户行为画像建模相关文献可视化分析

1. 全球视角

从 Web of Science 数据库中搜索用户行为分析、用户画像、异常检测的关键词完成检索，并通过选择领域、识别特定类别（包括研究性文章、综述性文章、会议文章）来过滤和确定相关文献。将数据导出后，用 CiteSpace 生成关键词共现知识图谱，共得到 127 个关键词节点以及 307 条关键词间连线，并得到关键词可视化界面，如图 1-1 和图 1-2 所示。

关键词节点的大小代表关键词出现的频次。图 1-1 中标签大小与其出现频次成正比，各点之间的连线反映了该领域关键词之间的合作关系及密切程度。从关键词热点图谱，可发掘大数据背景下用户行为画像研究领域的全球范围研究热点。频次高的关键词代表一段时间内研究者对该问题的关注热度，CiteSpace 软件统计了关键词的词频及初始年的分析结果，词频显示出现的次数，次数越多表明该关键词的热度越高。图 1-1 中“anomaly detection”“intrusion detection”“machine learning”出现的次数很多，分别为 196 次、118 次、96 次，出现的初始年份均为 2005。

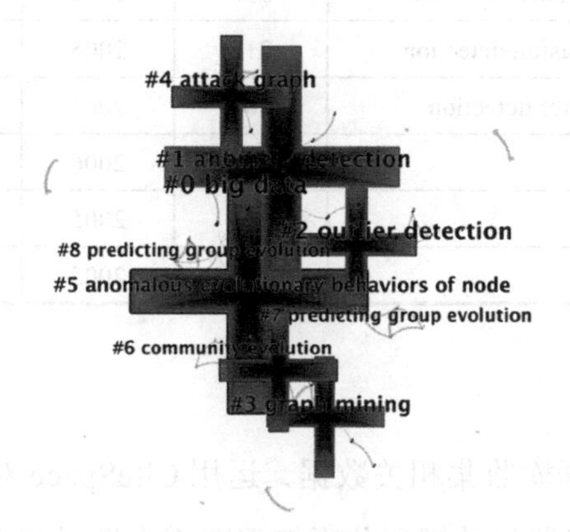

图 1-1 关键词共现知识图谱

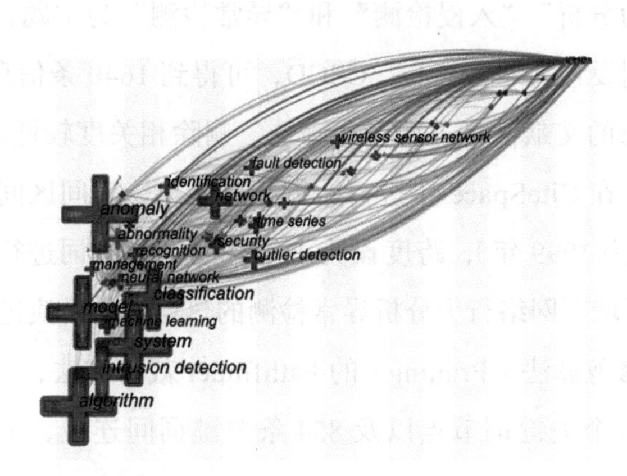

图 1-2 研究主题的演变图谱

通过研究主题的演变图谱（图 1-2），可以将目前的研究内容归纳为以下两个方面，如表 1-1 所示。Ⅰ：“anomaly detection”“intrusion detection”“outlier detection”等与异常检测分析相关的名词。Ⅱ：“machine learning”“model”“algorithm”“identification”“classification”“neutral network”等与分析、识别、建模等内容相关的技术描述。

表 1-1 关键词词频列表（词频大于 90）

Ⅰ			Ⅱ		
词频	初始年	关键词	词频	初始年	关键词
196	2005	anomaly detection	236	1996	machine learning
118	2005	intrusion detection	215	2005	model
96	2009	outlier detection	203	2005	algorithm
			147	2006	identification
			131	2005	classification
			126	2005	neutral network

2. 国内视角

从知网学术期刊数据库收集相关数据，运用 CiteSpace 对导出的相关文献进行关键词的可视化分析，最终通过关键词共现知识图谱来探寻共享经济和协同消费研究的热点。以“网络行为分析”“入侵检测”和“异常检测”为主题，在中国知网进行精确检索，将来源类别设置为北大核心、CSCD，可得到 1640 条信息。为得到较为理想的引文数据，对导出的文献信息进行再次筛选，删除相关度较低的论文，共得到 843 条相关信息。随后，在 CiteSpace 中进行数据格式转换，时间区间设置为 1999～2019（经检测，初始年份为 1999 年），跨度设为 1 年。选择关键词进行初步可视化共现分析，以探索大数据环境下网络行为分析异常检测的热点和前沿演进。

随后采用图谱修剪算法（Pruning）的 Pathfinder 裁剪方法，可生成关键词共现知识图谱，共得到 376 个关键词节点以及 854 条关键词间连线，关键词可视化界面如图 1-3 和图 1-4 所示。

从关键词共现知识图谱可发现用户画像研究领域的研究热点；词频显示出现的次数，次数越多，表明该关键词的热度越高。图中“入侵检测”“复杂网络”“用户画像”出现的次数很多，分别为 361 次、236 次、59 次，出现的初始年份分别为 2000 年、1996 年、2014 年。

通过关键词聚类图谱，可以将目前研究内容归纳为以下三个方面，如表 1-2 所示。Ⅰ：“入侵检测”“异常检测”“攻击图”“网络攻击”等概念化名词。Ⅱ：“复杂网络”“用户画像”“数据挖掘”“特征提取”“大数据”等以网络行为为限定词的行为分析方面的内容；Ⅲ：“防火墙”“态势评估”“僵尸网络”“安全策略”等围绕安全防御技术的内容。

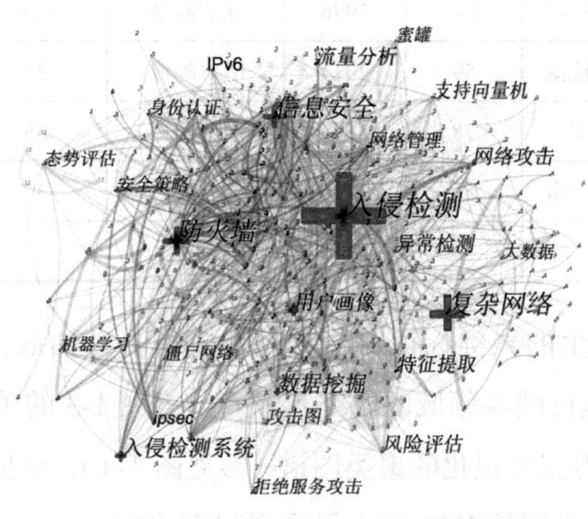

图 1-3 关键词共现知识图谱

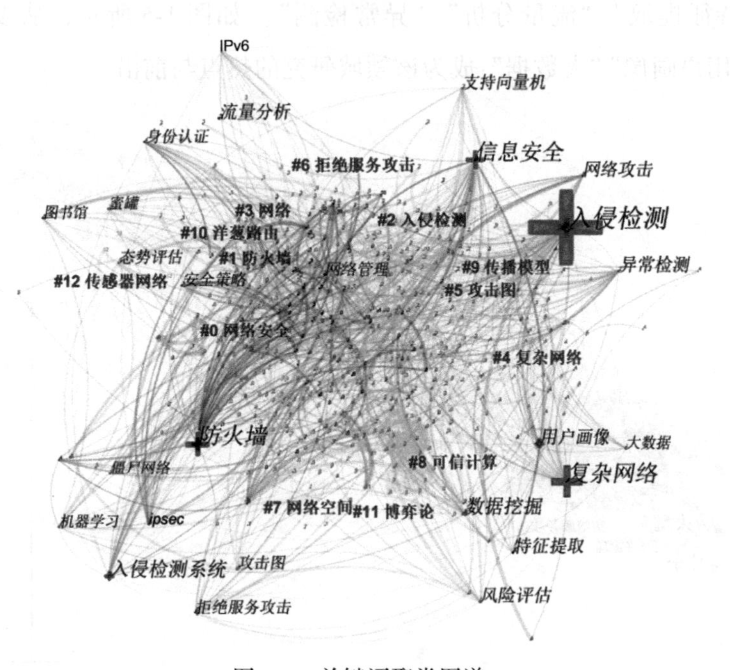

图 1-4 关键词聚类图谱

表 1-2 关键词词频列表（词频大于 30）

Ⅰ			Ⅱ			Ⅲ		
词频	初始年	关键词	词频	初始年	关键词	词频	初始年	关键词
361	2000	入侵检测	236	1996	复杂网络	189	1998	防火墙
63	2003	异常检测	59	2014	用户画像	39	2004	态势评估
59	2007	攻击图	78	2002	数据挖掘	36	2009	僵尸网络
56	2001	网络攻击	56	1996	特征提取	34	2000	安全策略
			33	2013	大数据			

通过 CiteSpace 产生的聚类标识对文献整体进行自动抽取，最终形成聚类图谱，可以比较全面、客观地反映某领域的研究热点。结合图 1-3 的关键词出现频次，通过 CiteSpace 自动聚类，得到可视化的聚类图谱（参见图 1-4），根据关键词聚类图谱，系统统计出了最大的几个主题的聚类：“入侵检测”“复杂网络”“用户画像”“攻击图”“数据挖掘”“特征提取”“流量分析”“异常检测”。如图 1-5 所示，从发展趋势上看 2016 年后“用户画像”“大数据”成为该领域研究的热点与前沿。

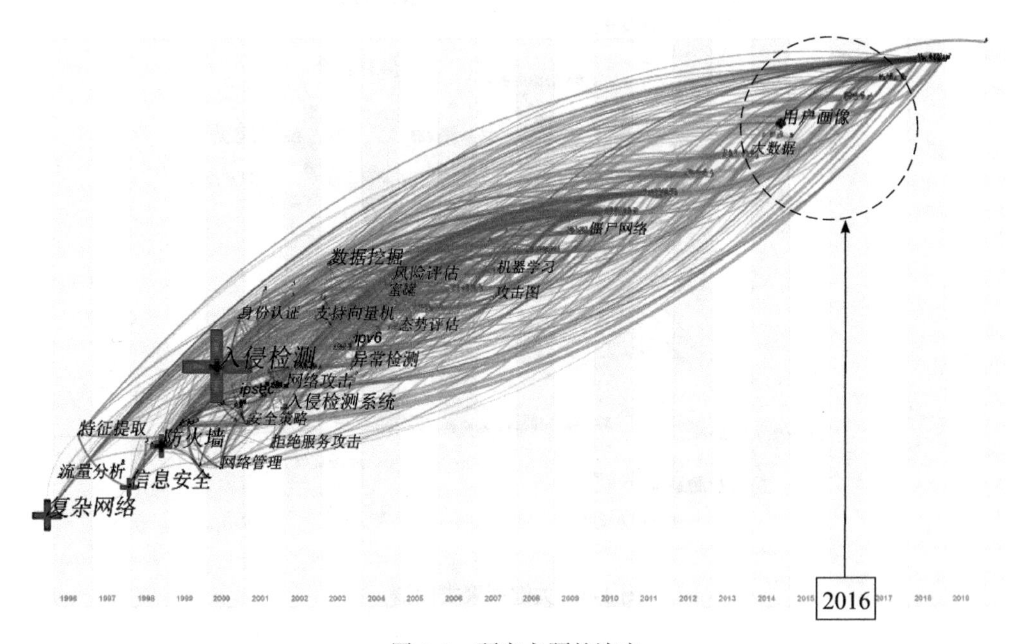

图 1-5 研究主题的演变

1.2.2 网络行为异常检测的研究现状

网络行为分析的研究工作最早可以追溯到1972年温顿•G. 瑟夫（Vinton G. Cerf）博士成立的网络测量组，在此之后一直备受关注。Leland和Willinger等人研究显示流量活动随时间变化具有自相似和长相关性。Hernandez-Campos等人、Stolfo等人提出的行为模式和画像的研究关注于网络应用级。Lakhina等对流量活动的特征分布进行了研究，Lakhina等人指出现有研究能够解释流量突发状况，却忽略了行为模式的动态变化。当前，针对流量活动变化的研究主要是关注网络出口的整体流量活动分析检测，利用面向网络数据包、面向网络流的特征达到分析流量活动规律的目的，并得到了广泛应用。

但随着网络流量的增加和网速的提高，数据包也呈指数级增长，把每个数据包解析并抽取特征需要消耗大量的计算资源，这导致面向数据包特征的检测技术应用难度剧增。鉴于上述问题，基于网络流实时检测异常的技术出现了大量研究，如：Schaffrath等人研究结果表明流量活动的数据包级特征比网络流特征更全面、更准确；Sperotto等人通过隐马尔可夫模型，能够有效识别用户发起的SSH暴力破解事件；Kai等人和Bhange等人利用高斯混合分布模型的统计要素检测用户事件导致的流量活动变化；Fawcett等人通过数据包载荷的熵值，有效识别加密流量，并利用随机数算法发现流量活动波动下的用户窃取数据的行为；Andrysiak等人利用ARFIMA模型量化原始流量和预测流量的差异性，以发现不期望的用户事件，随之出现了大量研究；徐久强等人提出基于复杂网络平均度指标的异常检测算法，研究发现网络模型能合理地描述网络流的依赖关系，该模型采用了时间戳、源IP地址和目的IP地址三个特征，并提高了异常行为检测的准确率；杨茹等人通过时间序列描述用户行为，采用FIR滤波处理器、高阶累积量后置聚焦性搜索方法，对用户相似度系数进行差异特征提取，提高了检测率的同时也降低了误检率；Nguyen等人采用Genetic Algorithm（GA）、Fuzzy C-Means clustering（FCM）和Convolutional Neural Network（CNN）算法构建了一个三层深度特征抽取器，应用于网络异常检测。

大量研究者用基于行为的方法解决了异常流量检测的新问题，其中Botnet行为分析较多见，如Zhao等人和Liu等人。Shen等人研究发现自然的HTTP请求和流之间的动态关系，提出了一个基于网络行为的隐蔽通道检测方法，解决了 HTTP 隐蔽通道不可探测性问题。Seo 等人利用从多个客户端收集网络访问记录，分析数据中网络行为的共同点以及通过网络发起的攻击。利用网络访问记录，提出了一种通用行为的网络攻击检测系统。LIN 等人设计并实现了一个基于深度学习的动态网络异常检测系统，利用长短期记忆（Long Short Term Memory，LSTM）建立了一个深层神经网络模型，并加入注意力机制（Attention Mechanism，AM）来提高模型的性能。通过 SMOTE 算法改进损失函数，解决了 CSE-CIC-IDS2018 数据集中的类不平衡问题。ALAUTHMAN 等人回顾了机器学习算法在网络安全的大量研究和应用情况，对机器学习的 5 个算法进行了比较，旨在建立可以用于检测僵尸网络的模型。Villacorta 等人和 Raj 等人提出了一种单分类器的机器学习方法来检测物联网设备的僵尸网络，来改进物联网设备的安全系统。

综上所述，网络行为异常检测技术是指在一段时期内建立一个正常网络行为主体基线，确认正常网络行为的相关参数定义后，任何背离这些参数的行为都被标记为异常，这尤其适用于检测未知、新型攻击，有效弥补了利用规则、知识库检测已知攻击的安全防御技术的不足。上述大量工作都是关注于流量强度的网络流特征，如 IP 地址个数、端口数、持续时间、字节数量和数据包个数等，形成了流量时间特性研究观点，已经成为网络监控有力的分析工具。但基于时间尺度的流量分析方法虽然能够有力地解释流量的突发模式，但较少关注网络行为模式的时间变化。因此，本研究引入图演化理论，通过流量图形式化表征行为模式开展了量化描述流量图结构特性研究。

1.2.3　整体网络行为研究现状

整体网络行为的分析检测工作主要关注网络边界数据，研究全体网络行为主体呈现出的网络行为变化。利用面向网络数据包（Packet-Level）和面向网络流（Flow-Level）的特征达到分析整体网络行为规律的目的，已经得到了广泛应用。对时序数据进行网络行为异常检测的研究中，首先采用的是深度包检测技术，其优势在于基于 IP 数据包抽取的网络行为特征，具有更全面、更准确和更精细的描述性，面临的问题在于随着网络流量的增加和网速的提高，IP 数据包数量呈指数级增长，解析每个数据包并抽取特征需要消耗大量的计算资源，这导致应用面向IP数据包特征的检测技术难度剧增。鉴于上述问题，出现了大量基于网络流的时序数据异常检测技术研究。Sperotto等人利用基于网络流的时间序列技术构建了隐马尔可夫模型，实现了SSH暴力破解的攻击检测。Kai等人利用高斯混合分布模型建立正常网络行为基线，通过定义的上边界和下边界对结果进行时序的统计方法分析，检测超出边界的异常信号。Andrysiak等人定义了ARFIMA模型，利用原始流量数据和预测流量数据之间的关系判断当前网络流是否异常。Leland和Willinger等人的研究显示所观测到的流量随时间的变化具有自相似和长相关性。Bhange等人应用高斯混合分布模型研究定义了一种统计方法来分析网络流量的分布，以识别正常的网络行为。He等人定义了源（目的）IP地址、源（目的）端口号、字节数和协议等网络流特征的熵值，构建了多变量时间序列关联规则挖掘（Multivariate Time Series Motif Association Rules Mining，MTSMARM）的时序图模型，通过发现不期望的子结构检测具有异常模式的网络行为。

研究时序数据波动，进行网络行为异常检测，引起了大量研究者的关注，此时研究工作主要关注网络流特征，如IP地址个数、端口数、持续时间、字节数量和IP数据包个数等，研究成果已经成为网络监控有力的分析工具。虽然基于数据包方法的检测精确率上高于基于流的检测技术，但是鉴于应用难度大，研究者主要关注面向网络流数据的检测方法。针对其相对数据包特征信息量少、无法有效反映整体网络流量特性的局限性。图分析方法开始应用于网络行为分析研究中，研究者开始关注网络行为主体（或称为节点）之间的交互关系，这体现了整体通信模式的结构属性。相较于基于时间尺度的流量分析方法能够有力解释流量的突发模式，图分析方法可以发现那些没有导致网络流特征发生变化的异常网络行为。研究者通过流量图形式化表征通信模式，开展流量图模型的属性研究，关注安全事件导致通信模式的异常。

1.2.4 网络个体行为研究现状

1. 主机系统级安全监测研究

通过研究基于恶意软件共性特征检测主机是否感染恶意软件，需要采集僵尸网络的DNS、TCP流量和进程等数据样本，主机必须安装代理软件，分析感染恶意软件主机的行为表现。采用基于知识库的检测方法，可以将主机的对外流量分为期望和不期望，实现异常流量检测。常见的主机流量特征包括主机流数、发送包数、发送字节数、持续时间、端口数、TCP流数、UDP流数、SMTP流数、字节数方差、数据包数方差、持续时间方差、数据包均值和持续时间均值等特征。

还可以通过分析API调用序列和系统资源使用等数据实现主机检测，这种技术同样受限于系统权限和软硬件版本，软件部署和应用难度大。上述方法主要通过分析系统特权进程的系统调用序列、操作系统审计日志以及系统文件和目录完整性来检测主机系统行为是否异常。可见，通过分析主机系统状态实现主机检测的研究工作大多依赖于安装代理软件。利用安全防护软件采集主机属性以分析和研究主机安全性，具有较强的平台依赖性。然而，在主机沦陷后，攻击者获取了系统最高权限，执行数据窃取行为，一旦该主机系统状态的变化不足以发现受害主机的恶意网络行为，主机网络行为异常就是发现数据泄露的关键。

2. 主机网络级安全检测研究

Lee等人采用了数据包级、网络流级和主机级的特征描述主机网络行为，抽取了特征集，即发送字节数、接收字节数、单向和双向的源地址数、目的端口数和邻居主机数，并在某高校流量数据中进行了验证，根据特征的标准偏差和均值的相对变化发现网络中的重要主机。苏璞睿和冯登国等人通过基因规划构建主机异常入侵检测模型，尝试对检测模型的准确性和效率进行改进。皮建勇和刘心松等人利用有向无环图，定义了基于访问控制的主机异常检测模型。

于晓聪等人采用熵值法发现流量的异常点，而后以主机通信模式的相似性确认“僵尸”。该研究以企业级网络为背景流量，结合实验环境构建了两个僵尸网络平台，并抽取了主机通信模式特征：总数据包数、总字节数、平均每个数据包的字节数。Arshad等人从Botnet本质特征（NetFlow特征）的相似性在一定时间窗口发生攻击行为的角度，定义了高速网络中采用两步聚类和相关性的方法识别感染Botnet的主机。Fawcett等人通过计算数据包载荷大小的熵值有效识别加密流量，并能够在三种不同的数据集中，利用随机数算法从正常的流量中区分数据泄露。Wei 等人采用某高校流量对主机网络行为特征进行聚类分析，有效检测 Slammer 爆发和感染主机，提出特征集：主机 IP、与主机通信的去重 IP 地址数、主机所发送的总字节数（TCP 和 UDP）、TTL 均值、开放端口列表、主机发起的目的 IP、字节数、平均持续时间和平均包数、主机通信相似性。李川等人定义了采用复杂网络的度、自网络包含的边数、参与三角形个数 3 个基本特征，研究网络结构的演化过程，实现动态网络的角色预测，并将静态网络的角色发现扩展至动态网络。

Karagiannis 等人将主机行为划分为社会层、功能层和应用层，基于上述 3 层研究主机通信模式，实现了只用数据包头部信息就能进行精确的流量分类。Hernandez-Campos 等人、Stolfo 等人提出的通信模式和行为轮廓的研究工作都是关于网络应用级的，而不是广泛的网络流量。Xu 等人设计了一个通用的主机行为轮廓，能够简洁、直观地描述用户活动和行为。它定义了基于数据挖掘、熵的方法，针对 Internet 骨干网流量建立流量通信模式，实验结果表明应用网络行为轮廓的方法可以检测不期望的流量和异常。Lakhina 等人的研究与建立网络行为轮廓的思路相似，通过分析网络流量的特征分布实现自动化分类方法识别流量异常。所提出的基于主机网络行为轮廓提供了一个通用的框架来分析网络个体行为，对前期 Lakhina 等人对网络流量特征分布的研究工作进行了扩展。这些方法将流量汇聚到主机层面，通过分析数据中连接、开放端口和应用协议等网络行为特性发现是否存在异常流量，这也是本书研究的内容。

综上所述，已有多种异常检测方法，不同的检测方法采用了一种或多种数据源分析网络个体行为规律，但要部署代理软件采集数据，具有平台依赖性；针对网络个体行为特征的研究，忽略了特征值之间的相关性，以及特征值与时间的相关性；其次分析发现现有网络个体行为异常检测研究，主要是对主机应用分类或检测已知攻击，而针对网络个体行为特征及其时序属性扰动的异常检测研究很少涉及。

1.2.5 主机群行为研究现状

当前，利用图分析技术研究主机群行为的研究领域主要面向物理、生物和社会关系，如合作者、电网、交通、P2P 网络、联合采购产品、文章引用，在计算机网络领域的应用主要面向 Web 页面引用、收发邮件、电话通信等数据的研究。主机群行为研究揭示和分析社区演化事件，涉及两个重要的研究领域，即社区发现和图的动态演化。Girvan 和 Newman 等人于 2002 年定义了社区结构检测方法后，出现了大量关于主机群行为检测方法的研究。同时，另一部分研究者 Barabâsi 等人开始着手对度分布、聚类系数等属性进行分析、解释和建模动态演化的研究。但现有研究者很少关注社区发现和整个动态图的演化。Chakrabarti 等人开始着手分析社区演化本身的研究。尤其值得关注的是 Granell 等人定义了一个基准描述演化，并将它广泛应用于生物医学、社交网络、学术论文应用分析等领域。Jakalan 等人利用边界流量构建二分图，采用了社区发现方法，聚合具有相似社会行为的主机，识别异常 IP 地址。此外，Asur 等人、Palla 等人、Greene 等人、Bródka 等人、Chen 等人和 Tajeuna 等人都从不同角度定义了动态演化事件，尽管上述研究中演化事件算法的定义和方法有所不同，但其定义从整体上都具有相似性，常见的演化事件如表 1-3 所示。

表 1-3　演化事件

演化事件	简要描述
持续	在两个连续的时间窗口的数据集中，主机群持续存在，完全相同或者仅有部分主机不同，但是主机群的规模不变
缩小	在相邻两个时间窗口的数据集中，当前主机群的规模小于上一个时间窗口的规模。这个规模可能是少量缩减，也可能是大规模减少
增长	与缩小的定义相反，有一些新的主机加入主机群中，使主机群的规模比上一个时间窗口的主机群规模扩大。这个规模的扩大可以是少量的增长，也可能是双倍或三倍的增长
分裂	一个主机群在下一个时间窗口中分裂为两个或者多个主机群，这个主机群包括下一个时间窗口的多个主机群的成员。分裂包括两种类型：一个主机群分裂为多个规模相同的主机群；一个主机群分裂为多个规模不同的主机群
合并	与分裂的定义相反，一个主机群是由上一个时间窗口的两个或者多个主机群构成的。合并包括两种类型：多个规模相同的主机群合并；多个规模不同的主机群合并
消亡	主机群没有在下一个时间窗口出现，主机群成员消失，停止了交互，分散到其他的主机群
新生	新出现的主机群，并不在上一个时间窗口中存在。在几个时间窗口中不活跃或又出现的主机群，都称为新主机群

这些研究涉及的数据包括电话通信、合作作者、维基百科、药物、移动运营、邮

件等数据集，其共性在于能够通过图实现形式化，从而挖掘网络节点之间的交互关系。鉴于不同数据集的领域属性，演化事件和识别方法存在一定的差异，研究者开始针对如何聚类主机群、定义演化事件展开相关的研究工作，如表1-4所示，检测的演化事件也有所不同。

表1-4 演化事件研究工作

事件	Asur等	Palla等	Greene等	Bródka等	Chen等	Tajeuna等	Takaffoli等
持续	有	无	无	有	无	有	无
合并	有	有	有	有	有	有	有
分裂	有	有	有	有	有	有	有
新生	有	有	有	有	有	有	有
消亡	有	有	有	有	有	有	有
缩小	无	有	有	有	有	有	无
增长	无	有	有	有	有	有	无

大量现有研究表明网络行为具有分布式传播和演化的属性，网络行为具有空间属性，网络行为主体之间，尤其是具有交互关系的网络行为主体之间具有强相关性。现有研究工作表明，面向具有主机群性、协同性和大规模性主机的网络交互行为、通信模式，无法有效地从主机的网络个体行为特征的角度进行分析。

综上所述，已有研究工作主要关注分析图节点关系的静态属性和社区本身，目的是将观察事实抽象为图模型后进一步理解和解释实际行为。对于网络行为潜在的社会化关系，没有考虑网络交互过程对网络行为主体关系和属性的影响，导致网络主机群事件的难以感知等。因此，本研究以异常检测为目的，将主机群的研究与网络行为实际属性相结合，对网络行为中汇聚成群的主机群进行深入分析。

1.2.6 图分析技术在网络行为研究中的应用现状

在网络行为分析中，利用图分析技术（Graph Analysis，GA）发现的通信行为关系的本质，可以挖掘来自网络流量的网络通信的信息，发现网络通信中最有影响力的主机节点，聚类发现具有紧密通信的主机群等。CISCO基于图分析识别安全威胁的技术架构，卡内基•梅隆大学（Carnegie Mellon University）组织了致力于网络流量分析会议（FloCon，2011）之后，开始出现一系列利用图分析技术分析流量数据的研究，如由美国太平洋西北国家实验室于2013年提出采用了图分析技术分析流量的思路、基于图特征角色挖掘的网络安全应用技术等研究工作。林肯实验室（MIT Lincoln Lab）于2013的SIAM会议中指出将大规模图分析技术应用于网络安全领域，其优势是能够从大规模、多源和噪声数据中发现微妙的模式，从而实现网络攻击和恶意软件的检测。

1. 网络分析技术在流量网络行为分析领域

针对高速网络环境数据包检测方法具有局限性，以及网络流特征数量少以至于描述网络行为具有局限性等问题，研究者基于图分析技术定义了流量图（Traffic Activity Graph，TAG）的研究方法。Jin和Sharafuddin等人提出使用流量图标识网络行为，构建了一种基于TNMF分解提取核心主机的交互模式和其他结构属性的流量统计图分解技术。Francois等人定义了利用Flow构建图分析网络通信模式，通过基于密度的聚类算法——DBSCAN（Density-Based Spatial Clustering of Applications with Noise）算法对权威分值（Authority）和中心分值（Hub）两个特征聚类，利用图的Authority和Hub特征值检测僵尸网络。Ishibashi等人指出目前大量研究都是基于时间序列分析数据量、数据包和字节数等特征的异常检测方法，没有将基于时间序列的通信模式描述为图模型的异常检测方法，首次定义了两个图的相似性和检测异常图的方法以识别低强度的网络异常事件。Ding等人利用图的方法分析网络通信以识别恶意网络源。Noble等人定义了结合图理论描述SSH通信，建立了时间特征的图数据模型，通过统计方法预测未来流量以检测时间相关的异常。Iiofotou等人着重分析图的度分布、连通分量个数等特征。Collins等人研究了图连通总数及其随时间变化的属性。

2. 图分析技术在网络个体网络行为分析领域

使用图数据表示网络具有得天独厚的优势。随着流量分析技术和方法的发展，用户个体行为画像通过操作主机以流量基本属性描述逐渐不能满足实际应用的要求，为了用有限的数据源获取更多的个体画像特征，大量研究者开始探索，通过属性关系图

（或称为 Graphlet 关系图）表示、挖掘个体画像的行为模式。这个关系图中的列数由采用的元组数决定，每个元组位于这个图中的一列，相邻两列的节点存在连接关系，不相邻列的节点之间没有连接关系。Graphlet 关系图最初是由 Karagiannis 等人在研究流量应用分类时提出的用于解释不同类型的应用的一个描述方法，描述某个主机节点与其他节点之间的连接模式，采用的四元组为源 IP 地址、目的 IP 地址、源端口号和目的端口号，实现了以可视化方式刻画 FTP、P2P、Mail、Web、DNS 服务器和网络攻击等。随后 Karagiannis 等人对属性关系图展开了研究，此时采用五元组刻画主机画像，并检测异常用户事件，在后面的研究中，还扩展为 6 列，研究成果表明该方法适用于行为画像构建和检测画像特征的变化。由于采用 Graphlet 描述的主机画像是已知的、预定义的、典型的行为模式，因此无法识别未定义类别，Himura 等人通过抽取主机 Graphlet 的特征并进行聚类，再从每个类重建概要 Graphlet 信息，实现流量分类和识别新应用，实验结果表明优于有监督的 Graphlet 方法（BLINC）、基于端口号和基于负载的研究方法。Promrit 等人在研究中引入了时间轴和平行坐标，量化可视化主机通信行为，利用朴素贝叶斯分类器对流量进行分类，并实现了网络取证分析。Bocchi 等人选择了图结构特征、HTTP、DNS 和主机名文本特征，通过分析恶意流量行为的延续性，提出了基于协议交叉的 MAGMA 检测方法，但可检测异常仅有 DDoS 攻击。Mongkolluksamee 等人通过抽取 Graphlet 属性和数据包大小分布属性，在 3 分钟内随机选择 50 个数据包就能够精确识别移动网络的应用类别。Glatz 等人根据柏克利套接字中关于网络连接应用的基本描述，利用五元组属性建立 Graphlet 关系图，将终端主机作为开始和结束的图节点，感知用户事件驱动下主机行为的态势，但并未对 Graphlet 量化进行研究。

由此可见，利用图的研究成果，可以更加深刻地认识主机之间通信模式的复杂性，对于网络分析人员认识网络行为的各种表现和网络事件具有重要的意义。以可视化的图形式研究网络通信的复杂系统，可以加深人们对网络交互行为的深入理解。

3. 图分析技术在角色行为分析中的应用研究

研究者基于图分析技术提出了流量行为图（Traffic Activity Graph，TAG）的研究方法。Eberle W 使用流量图标识网络流量行为实现内部威胁检测，构建了一种主机交互模式和其他结构特性的流量统计图分解技术。Ding 等人利用流量图的建模方法分析用户主机的交互行为，实现恶意用户源的识别。Glatz 等人建立了以终端主机作为开始和结束节点的五分图，分析用户主机的网络行为，研究结果显示能够区分常见的主机角色，如客户端、服务器（如 80 端口开放的 TCP 的服务器）、P2P 角色（端口号多数大于 1024，或者与远程主机通信会同时使用 TCP 和 UDP）。Pacheco 等人在流量分类研究中指出，聚类思路有利于在网络流量中发现一些新型异常行为，在这一领域的研究应该得到扩展。我们采用角色分组也正是采用主机行为聚类，为每个主机标记角色，探索发现新的角色或者主机角色的异常偏离的方法。Paudel 等人利用主机类别和通信关系构建图，通过基于图的方法识别刚刚开始的 DoS 攻击。

综上，现有研究成果显示，基于网络行为分析的异常检测方法可以更好地捕获网络流量数据，并基于流量特征和机器学习算法进行一系列的分析和处理，对网络中的主机进行分类，从而描述主机的角色行为属性及其角色行为的轮廓基线，获得更高的检测准确率。

4. 图分析技术在主机群网络行为分析领域

图的动态演化本身即是群体行为分析的重要研究领域之一。Girvan 和 Newman 等人提出了节点簇检测方法后出现了大量关于群体行为识别方法。Casas 等人利用边界流量构建二分图，开发了网络异常检测和隔离算法，以处理大规模网络的异常识别。Barabâsi 等人重点关注节点度分布、聚类系数等属性，用于分析、解释和建模群体动态演化事件的研究，此时研究者较少关注节点簇发现和整个动态图的演化过程。Chakrabarti 等对节点簇聚类结构的动态演化规律进行了研究。Chen 等人提出了一种无参数和可扩展的算法，可以检测 6 种基于节点簇的演化事件，包括生长、萎缩、合并、分裂、出生和消失，实验验证了算法的可用性和有效性。尤其值得关注的是 Granell 等人提出的一个描述节点簇演化事件的通用框架，该框架已经广泛应用于生物医学、社交网络、学术论文应用分析等领域。Zhu 等人利用基于图演化理论提出了“复杂网络的度、网络涵盖的边、网络中的三角形数量”等 3 个关键的演化事件特征来分析节点簇结构变化，系统阐述了节点簇处于演化事件时其网络结构的变化过程，进而能够有效探测群体行为的发生。Jakalan 等人利用边界流量构建二分图，采用节点簇的图聚类方法，发现具有紧密交互关系的用户主机，并能够识别异常用户 IP 地址。

综上所述，图分析技术已广泛应用于各个研究领域，如计算机视觉、自然语言处理、检测欺诈、网页排名和推荐系统等，它提供了一种强大的方式来表示和利用数据之间的连接，并从这些有关联的数据集中抽取出有价值的信息，使人们更加深入地理解数据。

1.2.7 发展动态分析

从前面对研究成果的分析来看，利用流量活动数据描述用户画像，研究用户事件驱动下流量特性的演化过程，形成了两个方向发展，即流量特性和行为模式。在流量特性上，利用数据包和网络流，结合数据挖掘、信号处理、时间序列和机器学习等技术，都是经典理论和技术与之对应，且有些成果已经成为强大的用户行为分析工具；在行为模式上，主要涉及将原始数据抽象为数学模型，利用节点和用户的映射进行网络结构的研究，结合复杂网络理论与技术，关注用户行为呈现出的结构化演化过程。但我们也应该看到，虽然每个方向的技术与理论已经发展成熟，但是大多数用户行为画像都是基于单一视角进行研究的，而现实中用户是多变、多面的画像。用户行为画像的建模技术和理论是实用、全面和动态的，更重要的是在用户行为画像的刻画研究中，对用户特性和行为模式的信息融合才是最终目的。

由此可见，传统的模式匹配方式无法有效识别新的攻击模式，而机器学习算法应用于安全态势仍有许多问题亟待解决。因此，利用图的研究成果可以更加深刻地认识用户事件和用户之间行为的复杂性，对于认识流量活动的各种表现和用户驱动下事件具有重要的实践价值。但对于大规模图数据异常检测而言，早期的方法往往不能完成。近年来，随着网络规模的扩大和计算能力的提升，图异常检测方法不仅局限于网络结构特征，还需要综合考虑节点的内容信息、标签信息以及行为信息，即“图演化”，从“实体、关系、子结构和事件”多维度进行动态异常检测研究。

1. 个体行为画像

关于对用户个体行为画像进行数学建模的问题，目前的研究主要是两类信息源：系统级和网络级。系统级利用用户操作主机的日志、进程和文件等数据，具有平台依赖性，部署、应用和推广的难度大；网络级基于数据包和网络流数据，将基础属性和统计特征相结合，适用于发现流量活动突发状况，但它却忽略了行为模式的动态变化，由于可用属性还出现了 Graphlet 关系图量研究，主要针对用户主机类型的分类，而对属性关系图量化扩展描述特征的研究不够深入，尤其是对属性元组的选择和排列顺序缺乏对比和评估，真实的异常数据不够全面、规范，需要融合网络的结构信息、标签信息和内容信息，构建充分利用多维度信息的异常检测方法。

因此，本书拟在上述研究的基础上，探索个体行为画像可用、有效特征集的扩展方法以及从不同视角获取隐式信息并对其进行融合，结合网络拓扑结构特性，研究以流量图为载体引入复杂网络理论，构建基于特征工程与流量图的个体行为画像细粒度模型，能够检测出更多、更细微的异常活动。

2. 角色行为画像

关于用户角色行为画像进行属性建模的问题，目前的研究主要利用聚类算法，将描述用户的多维特征进行分类，形成不同特性的用户集合，通过人工分析标记每类用户，旨在揭示网络中的逻辑结构。鉴于不同的应用场景，研究者关注所有聚类结果的目的是进行用户分类，而只关注某一类用户的目的是对其进行识别或检测。由已有研究成果可知，研究目标是分类或检测，用户自身的属性抽取尤为重要，同时人工标记耗时、费力，缺乏自动化机制，而且在实际应用环境中，用户角色虽然呈现出稳定性，却也并非一成不变，需要定时更新，算法有效性与算法可扩展性的结合较为困难，急需自动化特征提取技术与异常检测的结合。

因此，本研究拟在个体行为画像的基础上，从用户属性提取、角色标记自动化和自学习更新算法几个方面，基于图演化理论进行角色行为画像的纵深研究，构建具有特征空间聚合、高相似度、强相关性的角色行为画像动态学习模型。

3. 群体行为画像

关于用户群体行为画像建模的问题，国外主要在发现群体结构方面进行了研究，方向集中于社区检测，但大多是研究静态演化的社区检测，并未涉及演化行为识别和异常主机群检测。针对该问题，国内研究成果不多，尤其是计算机网络领域。目前，通过复杂网络理论进行数学建模，挖掘节点之间的交互关系的紧密和亲疏，但鉴于不同研究领域的本质特性，演化事件的定义和识别方法各有差异。国内外研究关注节点簇本身和节点关系结构的静态特性，针对识别群体、演化事件展开的研究工作的目的是将观察事实抽象为图模型后进一步理解和解释实际行为。对流量活动中用户潜在的关系结构而言，没有考虑用户交互过程对节点结构和特性的影响，缺乏时间维度演化机理的量化分析，充分利用网络的多元信息进行异常检测充满挑战，急需加强图异常检测的可解释性研究。

因此，本研究拟在群体行为已有研究成果的基础上，结合实际用户行为的特性，建立基于动态图演化机理的群体行为画像模型，挖掘汇聚成簇的用户群动态演化的量化方法，弥补个体行为画像中缺乏用户关系亲疏的研究机制，进而尝试利用更加泛化的异常描述方法，解释异常实例的特殊性成因，并结合可视化技术，让分析结果更加清晰。

1.3 研究工作

网络流量异常检测所涉及的研究范围广泛，所采用的技术种类繁多，本书的研究工作在总结网络行为分析现有研究工作的基础上，以提高检测率、算法运行效率、全面性和易用性以及新型异常行为的识别能力为目标，对异常检测领域中的三个重要问题进行了深入研究，包括整体网络行为异常检测研究、网络个体行为异常检测研究、主机群行为异常检测研究。第一是针对已有整体网络行为的特征行为轮廓和时序数据异常检测的不足，提出了融合通信模式的特征集以及基于历史时间取点法的累积偏离度的异常检测方法，以提高检测率和计算性能，第二是融合网络个体行为的属性，定义了特殊的异常检测方法，第三是对主机群识别和主机群行为动态演化事件展开了探索性研究，获得了一些有意义的结论，为网络安全管理者提供有力支撑。

本书研究工作以多项国家省部级科研课题为基础，研究并探索行之有效的网络行为分析的网络流量异常检测，对增强对网络情况的了解、提升网络管理和监测的能力具有重要的理论意义和现实意义。

1. 研究整体网络行为异常检测问题

该研究深入探讨了整体网络行为特征抽取和异常检测的方法。针对网络异常检测的时序数据应用要求，深入分析了整体网络行为属性，定义了融合通信模式结构属性的特征抽取方法，能够更全面地描述整体网络行为轮廓，提高异常检测率；针对时间序列异常检测算法的时间和空间复杂度高的问题，利用历史时刻特征值存在的相关性，提出了累积偏离度计算方法，以提高时序数据计算性能；当整体网络行为发生异常并与历史时刻特征值相同或相近时，定义了对应的时序数据检测优化方法。

该研究工作主要关注整体网络行为的时序数据异常检测在全面性、运行效率方面存在的问题，研究定义了对应的解决方法，并发现和利用通信模式呈现的结构属性进一步优化检测率。

1）研究归纳了整体网络行为异常检测面临的问题，并分析了采用时序数据异常检测方法检测整体网络行为异常可能出现的挑战。

2）针对不同网络异常对整体网络行为特征值影响差异性的问题，研究发现异常通常在一类特征值上波动，而在另一类特征值上保持不变。这样只需通过融合不同种类特征，便可获取描述更全面的整体网络行为特征行为轮廓，达到提高检测率的目的。

3）针对时间序列异常检测算法时间和空间复杂度高的问题，研究发现各特征值相同历史时间的差异没有被充分利用，各特征值相邻时间的相关关系也没有被充分利用，通过对这些相关性的分析和利用，能够有效地减少运算时间和空间开销，提高时序数据异常检测算法的计算性能。

4）研究设计和实现了上述并行化算法，采用不同数据集上的实验对比、结果分析和异常案例研究，检测结果表明本研究的特征抽取方法能够有效提高异常检测率并能有效控制误报率，时序数据异常检测方法能够提高算法运行效率，降低计算时间和空间复杂度。

2. 研究网络个体行为异常检测问题

该研究深入探讨了网络个体行为特征抽取和异常检测的方法。针对网络行为分析的整体网络行为异常检测方法通常存在无法提供详细异常信息的缺陷，异常网络个体行为常被掩盖于整体网络行为中不能定位的问题，定义了基于特征向量偏离度的网络个体行为异常检测方法。为了进一步提高所提出方法的检测率，借鉴整体网络行为特征抽取的有效经验，采用融合图节点属性和 Graphlet 属性构建网络个体行为轮廓。在网络个体行为相似性、主机之间共性和访问用户属性的分析基础上，对网络个体行为进行异常检测，如果检测结果中偏离度大于行为基线的 3 倍时，则认为网络出现了异常，这有效解决了从大量主机中检测可疑网络个体行为主机的问题。

鉴于异常网络个体行为常被掩盖于整体网络行为中而容易被绕过以及个体异常检测训练数据难于获取的问题，研究定义了基于特征向量的网络个体行为偏离度的异常检测方法。

1）研究分析了网络行为分析的主机异常检测研究存在的问题，并针对主机的异常检测方法分析了数据采集面临的问题，以及采用训练数据集进行异常检测所面临的挑战。

2）为了进一步提高网络个体行为异常检测率和运行效率，研究借鉴整体网络行为特征抽取的有效经验，发现网络个体行为同一时刻不同特征值之间关系、特征值之间关系的不同时刻取值都存在相关性，提出融合图节点属性、Graphlet 属性构建网络个体行为特征集，以固定时间窗口记录网络个体行为特征值，建立行为轮廓。

3）针对网络个体行为特征的动态波动的量化问题，研究发现主机之间的共性没有被充分利用，访问主机的用户属性也没有被充分考虑，通过对这些属性的分析和利用，研究定义了基于特征向量空间变化的网络个体行为的可疑度量化的异常检测方法。

4）设计和实现了并行化算法，采用不同数据集的实验对比、结果分析和异常案例研究，检测结果表明本书的研究方法能够有效判断网络个体行为的正常和异常，且能够精确地从大量主机中检测到具有可疑网络个体行为的主机。

3. 研究主机群行为异常检测问题

该研究深入探讨了主机群行为特征抽取和异常检测的方法。针对网络中存在聚合性、协同性和大规模性的主机群行为却往往被研究者所忽视的问题，定义了采用Fast Unfolding算法发现网络行为中聚集成群的主机群，进而通过对聚合行为属性的分析发现主机群可以用图聚类算法识别。此外，研究指出不同主机群会随时间发生不同的演化事件，进而定义了采用动态图演化事件对主机群行为进行数学量化，构建了将网络流形式化表征为动态图的数学方法。在分析主机群行为的历史演化事件、群成员相似性、群数和群成员数等属性的基础上优化了检测主机群异常的方法，有效解决了识别潜在协同攻击行为和准确检测异常主机群的问题。

该研究工作主要关注网络行为潜在的社会化关系，分析了网络交互过程对网络行为主体关系和结构属性的影响，定义了基于动态图演化事件识别异常主机群行为的检测方法。

1）分析了将图分析方法应用于网络安全领域所面临的挑战，并针对主机群行为的异常检测方法，分析了将观察事实抽象为图模型进行理解和解释实际行为面临的问题，对比分析了图聚类算法和演化事件定义的选择问题。

2）针对流量异常检测中聚合性、协同性和大规模性的主机群网络交互行为通常被研究者所忽视的问题，研究发现的网络行为具有聚合行为属性，存在以服务为中心节点汇聚成群的主机群行为，进而可通过识别网络行为中汇聚成群的主机群，开展主机群行为的动态演化过程的研究工作。

3）针对主机群行为汇聚成群而无法通过现有行为模型进行数学描述和量化的问题，研究对比分析了图聚类算法，定义了采用Fast Unfolding算法发现网络行为中聚集成群的主机群，能够有效识别主机群。

4）针对现有研究仅关注图节点关系的静态属性和群自身，忽略了主机群行为的规模和结构会随时间而动态演化的属性，研究定义了基于标识主机的动态图演化事件作为主机群行为规模或结构变化的量化方法，能够有效识别主机群演化事件。

5）为了进一步提高真实数据集检测率，根据主机群行为动态演化属性和演化事件的时序属性的实验分析结果，研究定义了基于历史演化事件、群成员相似性、群数和群成员数等信息有效检测异常主机群行为的方法。

6）设计和实现了并行化算法，采用不同数据集上的实验对比、结果分析和异常案例研究，检测结果表明本书的研究方法能够有效揭露重要的图演化事件，准确检测发生异常的主机群，提高主机群异常行为检测的精确率。

1.4 本书结构

本书着重研究构建网络行为，包括整体网络行为、网络个体行为、主机群行为的形式化表征和异常检测方法。本书共6章，利用大数据技术进行网络行为分析，实现网络流量异常检测研究，本书结构如图1-6所示。

第1章介绍了本书的研究背景及研究意义，针对网络行为研究介绍了网络行为特征提取、异常检测关键技术的国内外最新研究工作，并对现有研究工作进行了总结和分析，简述了针对相应问题提出的解决方法，随后介绍了本书的主要研究内容，最后介绍了本书的内容结构。

第2章重点从网络行为主体、数学建模和图属性三个角度分析了本研究工作的研究思路；然后，介绍了网络流量的数据采集点设置与网络安全设备的位置关系；最后介绍了实现网络行为分析方法的Spark运行环境、顶层程序流程、平台支撑和研发环境的搭建。

第3章首先介绍了网络行为研究的相关工作和同类工作的对比；随后介绍了整体流量网络行为分析的总体思路；接着介绍了整体流量网络行为分析方法和相关定义；然后介绍了基于绝对变化、相对变化和趋势变化的累积异常检测方法及关键步骤；最后，针对整体网络行为，介绍了Spark并行化算法的程序流程，设计和实现了基于大数据分析的异常检测算法，分别在不同数据集上进行实验，并对实验结果进行了对比分析。

第4章首先介绍了多主机的网络个体行为研究面临的问题，从主机的系统级、网络的安全性、Graphlet和网络个体行为的相关工作，以及同类工作对比进行了介绍；随后介绍了网络个体网络行为分析的总体思路，以及从网络流特征、图节点特征和

Graphlet 特征，细粒度地描述主机的网络个体行为轮廓的特征抽取方法和定义；接着，从主机网络行为轮廓的时序属性出发，探索了主机网络个体行为的稳定性和相似性，通过量化特征向量的空间移动检测异常网络个体行为的方法；最后，针对网络个体行为，介绍了 Spark 并行化算法的程序流程，设计和实现了基于大数据分析的异常检测算法，分别在不同数据集上进行实验，并对实验结果进行了对比分析。

第 5 章首先介绍了主机群行为研究的动机和目标，并对本研究同类工作进行了对比；随后介绍了主机群网络行为分析的总体思路；接着，介绍了主机群的发现算法和动态图演化事件的定义；接着，介绍了图演化事件检测异常主机群的方法；最后，针对主机群行为，介绍了 Spark 并行化算法的程序流程，设计和实现了基于大数据分析的异常检测算法，分别在不同数据集上进行实验，并对实验结果进行了对比分析。

第 6 章对本书的研究工作进行了总结，对将来的研究工作进行了展望。

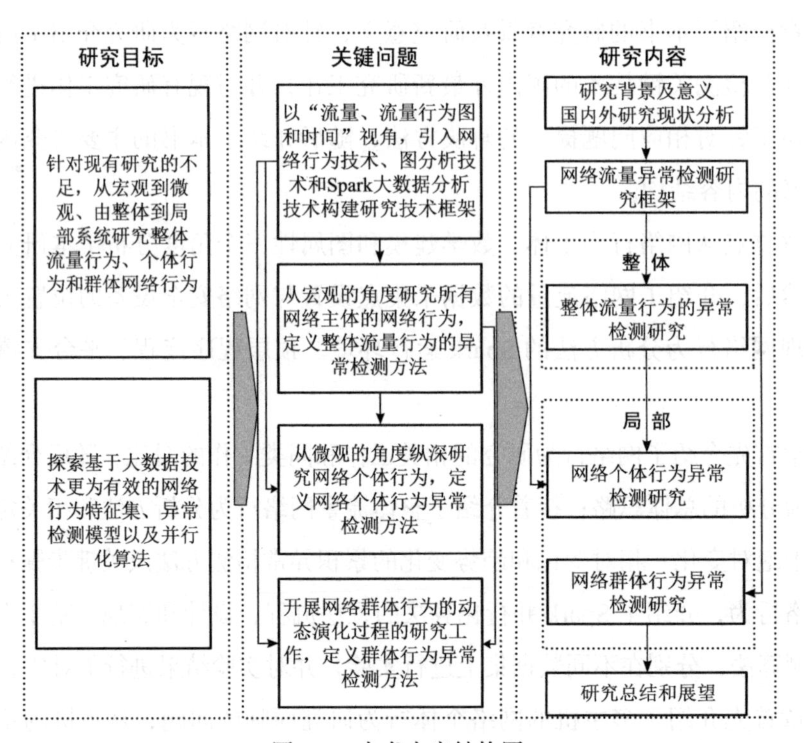

图 1-6　本书内容结构图

第2章

网络行为分析的网络流量异常检测框架

本章是研究框架、理论基础和分析平台的全面阐述。首先，详细介绍了如何从网络行为主体、数学建模和图属性三个角度分析展开研究工作的思路；接着，描述了网络流量的数据采集方式及其采集点与网络安全设备的位置关系，本书采用Apache Spark实现了大型数据集的处理、分析和检测的并行算法；最后，介绍了大数据实现网络行为分析方法的Spark数据分析原理、顶层程序流程和Spark平台支撑。

2.1 研究框架设计

2.1.1 网络行为分析的研究思路

从“网络行为主体、数据变换的数据获取以及图数据的元素分析”3个角度，重点围绕“分析对象、数学建模和图属性映射”3个关键要点阐述了研究的总体思路。通过分析IP数据包所呈现出的网络行为属性，构建基于网络行为分析的异常网络流量检测的研究框架，提供了一个有效的解决方案，可用于分析和探索网络内部演化机制，分析和理解网络的动态行为，增强和提升了网络安全管理和监视能力。

1. 网络行为主体的分析角度

从网络行为主体的分析思路而言，根据网络行为主体的数目将网络行为分为整体网络行为、网络个体行为和主机群行为，如图 2-1 所示。

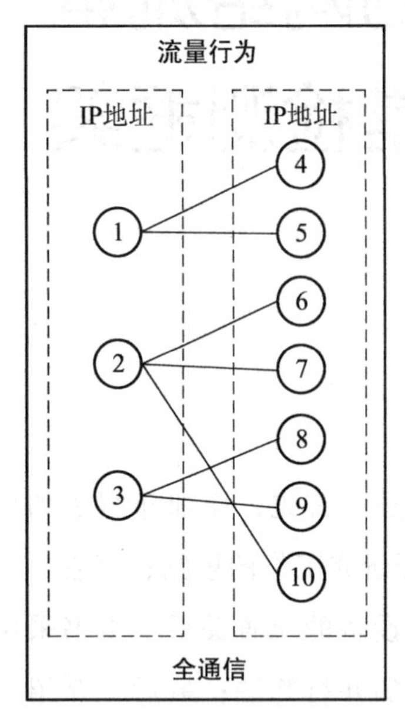

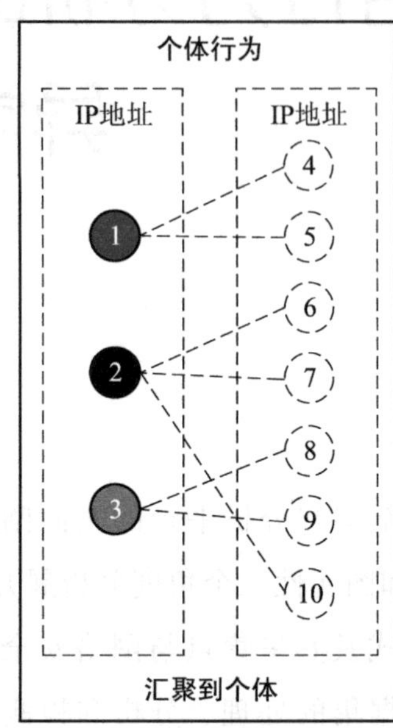

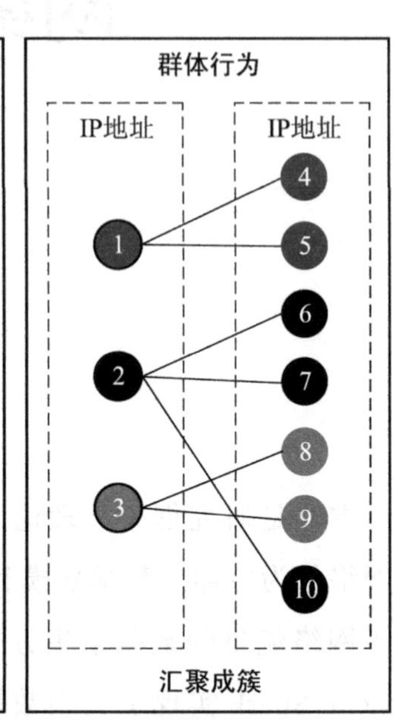

图 2-1　网络行为研究思路

将网络流量的数据集视为包括 n 个主机的个体集合，即 $S=\{s_1,s_2,\cdots,s_n\}$，IP 地址根据位置信息进行划分，网络中的主机分为网络内部主机和网络外部主机，属于内部主机的 IP 地址称为内部 IP，来自外部用户访问的 IP 地址称为外部 IP，同理外部用户 IP 地址的集合表示为 $C=\{c_1,c_2,\cdots,c_m\}$。当内部 IP 地址与外部 IP 地址存在交互时，意味着某高校内部的主机与外部用户发生交互行为。如图 2-1 所示，整体网络行为关注内部主机和外部主机的通信，不特别关注某个主机，研究全部主机 host=$\{s_1,s_2,s_3,c_4,c_5,c_6,c_7,c_8,c_9,s_{10}\}$ 对网络流量产生的影响；网络个体行为关注汇聚到主机个体的网络行为，研究集合 hostserver=$\{s_1,s_2,s_3\}$ 中个体主机的网络行为；主机群行为关注汇聚成群的主机群，研究集合 hostcluster=$\{\{s_1,c_4,c_5\},\{s_2,c_6,c_7,s_{10}\},\{s_3,c_8,c_9\}\}$ 中每个主机群的网络行为。

1）研究网络行为，针对内部 IP 地址和外部 IP 地址之间的全部网络活动体现的网络行为开展研究工作，从宏观的角度研究所有网络行为主体的网络行为；

2）面向网络个体行为的研究，将网络行为分别汇聚到每个主机，从而开展网络个体行为的研究工作，从微观的角度纵深研究主机的个体网络行为；

3）面向主机群行为的研究，通过识别网络行为中汇聚成群的主机群，开展主机群行为的动态演化过程的研究工作。

2. 数据变换的数据获取角度

数据源自网络流数据，基于此从数据变换的角度将数据分为基于流的数据和基于图的数据，如图 2-2 所示。将网络流量构建为网络流，每条记录可以描述一个网络通信过程的 IP 地址、端口号、字节数、数据包数、通信时长等信息；流数据转化为图模型后属于图数据，图计算可以挖掘多次网络通信过程中 IP 地址之间的通信模式、交互关系。采用了时间维度后，还可描述网络行为随时间动态变化的时序属性，进而从流数据和图数据中抽取多维特征集，基于 Spark 大数据处理分析平台实现网络行为分析的并行化算法。

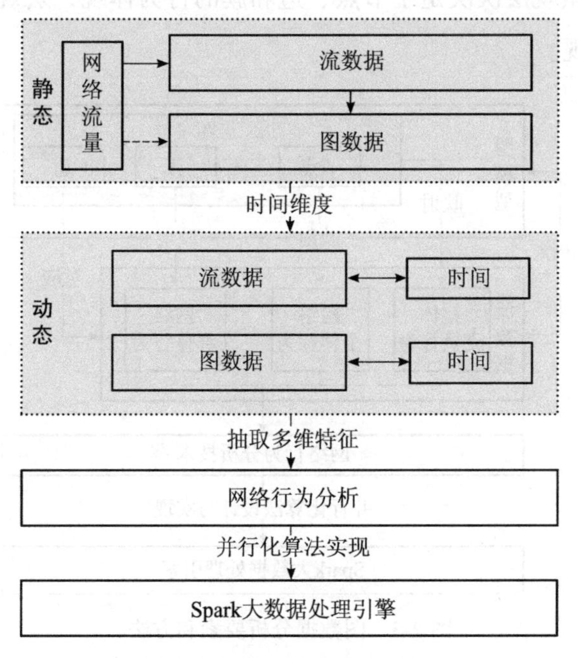

图 2-2　数据变换方法和步骤

3. 图数据的元素分析角度

从图数据的分析思路而言，图的要素分为图、节点、边和簇，如图 2-3 所示。网络行为主体的通信模式能够通过图论建模，将图分析技术应用到网络行为分析中，图中的一个节点对应网络流量中的一个 IP 地址，所以图节点的集合就是 IP 地址的集合；IP 地址之间的通信构成了图的边，进而形成图。从图分析对象的角度而言，图的要素分为宏观属性，如图本身，还有微观属性，如节点、边和簇。在宏观属性的研究中，主要关注图模型的差异性、相似性等，但是信息获取难度高、效率低。在微观属性的研究中，从图的节点分析，主要关注单个节点的重要性、相似性，以及此节点的邻居节点属性等；图的边则意味着网络行为主体之间存在通信，主要关注边存在的合法性；从图的群分析，主要关注网络节点之间的交互关系，以及关联关系的紧密性、稀疏性、差异性和动态演化属性等。由此可见，将图的要素映射到实际网络环境的网络行为后，其动态属性可以通过网络行为主体的网络个体行为、网络行为主体之间的通信行为和网络行为主体之间社会化关系的微观层次给定，从而将它们与流量图的宏观层次行为区分开来。微观层次决定了节点、边和簇的行为体现，宏观层次决定了流量图宏观属性的行为体现。

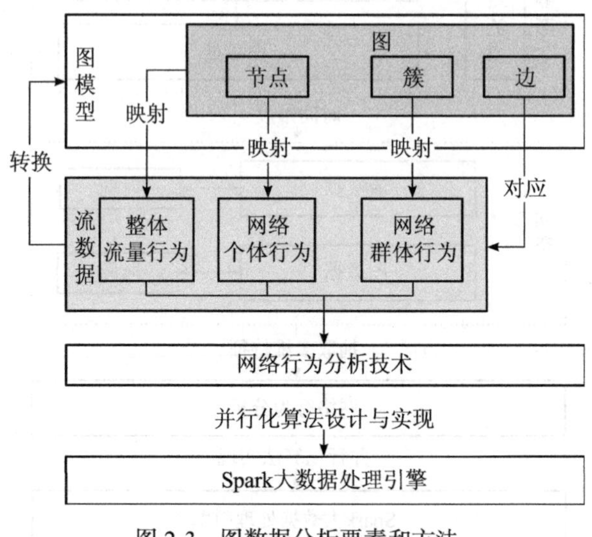

图 2-3　图数据分析要素和方法

2.1.2　网络行为分析的研究框架

1. 现有异常网络行为检测的问题

实际网络中的异常情况是多种多样的，异常对网络行为产生的影响也是多层面的。通常只对某个层面的网络行为主体的网络行为进行检测，需要综合多个层面的网络行为分析视图进行研究，从而提高网络环境的异常检测能力。针对不同研究目的和解决的具体问题，根据网络行为主体的研究对象数目的不同，网络行为可分为整体网络行为、网络个体行为和主机群行为三种。

一方面，现有异常网络行为检测的框架大多只从单一网络行为主体进行分析检测，存在如下问题。

- 从单一网络行为主体出发，由于缺乏对其他主体的网络行为轮廓的描述和异常检测，对某些异常的检测能力有限，导致无法识别的异常行为漏报，同时，由于难以构建完整的正常网络行为轮廓，导致无法识别的正常行为误报，因此，目前实际网络环境的异常检测研究仍然存在着较高的误报率和漏报率。
- 由于单一网络行为主体的异常检测不能从多对象、多视角、多层面完整地揭示异常的发生及其本质，因此不能为进一步对异常告警的响应处理的安全管理工作提供支撑。

另一方面，现有异常流量网络行为分析检测的研究，从行为特征提取、动态行为轮廓描述和数学建模等方面的方法而言，存在如下问题。

- 从网络行为特征提取的角度：对于面向数据包的特征应用难、面向网络流的特征信息量少的问题，缺乏对通信模式结构的复杂性、异构性和动态性等隐藏特征的时序数据变化特点与规律的研究。
- 从网络个体行为的角度：针对终端主机的网络个体行为研究，多以独立的特征描述行为，较少利用联合特征量化行为变化，并缺乏针对网络个体行为的动态属性的研究，现有检测技术多以特定攻击行为建立特征库，缺乏有效方法发现未知攻击、主机网络服务变更、识别隐秘通信和潜在数据泄密行为。
- 从主机群行为的角度：对于具有聚合性、协同性和大规模性的主机群网络交互行为，缺乏有效的数学描述和动态演化的量化方法。

- 从数据分析技术角度：传统单机的算法和模型无法有效处理非结构化和大规模的数据，无法满足网络流量剧增形式下网络行为的数据处理和分析的计算和存储需求。

针对上述问题，本书分别针对整体网络行为、网络个体行为和主机群行为三个网络行为主体进行了异常检测技术研究，形成了一个网络行为分析与网络流量异常检测总体框架，如图 2-4 所示。

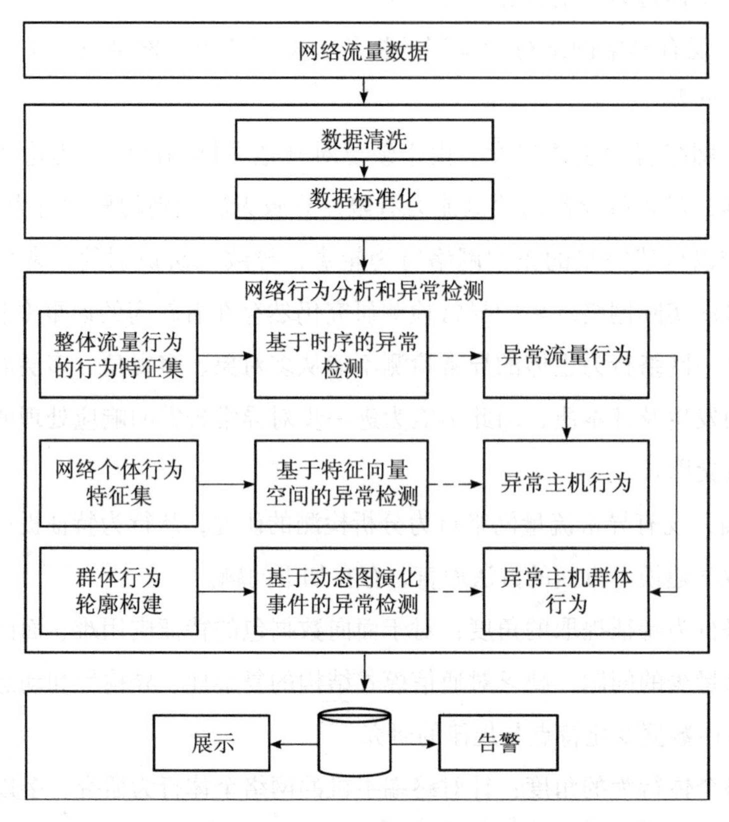

图 2-4　基于大数据的网络行为分析与网络流量异常检测总体框架

2. 整体网络行为异常检测

网络事件都会反映在网络流量上，网络故障、网络攻击以及其他网络异常事件的共同表现就是整体网络行为异常。本研究内容又称为整体网络行为异常检测，根据整体网络行为的异常类型，可将整体网络行为异常分为流量负载型（Traffic Volume）异常和通信模式异常，流量异常发生时呈现规模性且明显，此时通过流量特征构建的正常网络行为轮廓发现异常，例如 IP 地址个数、端口数、持续时间、字节数量、数据包个数等统计特征。通信模式异常发生时没有规模性且隐蔽，具有低密度和低强度的属性，此时利用流量图（Traffic Activity Graph，TAG）描述通信模式，通过抽取流量图模型的特征构建的正常网络行为轮廓发现异常，例如度均值、入度的熵值、编辑距离等图特征。

整体网络行为从宏观的角度反映所有网络行为主体的网络行为，若在网络环境中，整体网络行为偏离其行为轮廓，则认为出现了时序数据异常。根据异常行为的汇聚性，可将网络行为异常分为网络个体行为异常和主机群行为异常。网络个体行为异常相对独立，主机群行为异常则往往汇聚成群。在网络行为粗粒度分析的基础上，针对这些异常网络行为，网络个体行为异常检测和主机群行为异常检测将分别从个体和主机群的角度进一步进行细粒度分析和检测，为异常告警的响应处理提供支撑。

3. 网络个体行为异常检测

网络个体行为异常检测又称面向主机的异常网络个体行为检测，每个主机都有一个特有的网络个体行为轮廓，随着用户行为的变化，其正常行为会发生一定的改变。如在实际网络环境中，通过将网络行为在主机层次进行聚合，服务端主机的行为轮廓可以通过用户和主机之间的大量交互行为来描述，若网络个体行为偏离其正常行为轮廓，则认为出现了异常。其目的是从网络个体行为的角度发现所有的异常网络个体行为，进而为告警响应处理提供支撑。

4. 主机群行为异常检测

主机群行为异常检测又称异常主机群行为检测，主机群是由所有网络行为主体组成集合的一个子集，是基于某种属性通过主机交互行为连接在一起的主机集合，是结构上紧密连接的群，和子集外的主机连接稀疏。如在出口流量中，利用流量图发现汇聚成群的主机群，例如大量用户访问的某个网络应用，量化主机群随时间变化而产生的动态属性，通过建立主机群动态演化规律的基线，对主机群网络行为进行分析从而检测异常。

本研究在网络行为分析技术的基础上，利用图分析技术，结合大数据处理技术平台 Spark，才能够实现并行化算法，并根据数据处理需求扩展平台，本书研究了三个不同网络行为分析视图中的关键问题，以实现网络行为分析的异常检测研究。Spark 丰富的组件使其可以适应不同的生产环境，如实时、批处理、交互式等，为本研究提供了坚实的平台环境支撑和并行化技术支撑。利用 Spark Streaming、Spark SQL、Spark GraphX、Spark MLlib 技术实现了网络行为分析与检测中的数据分析、图算法等相关并行化算法。图 2-5 描述了三个研究内容对应的支撑。

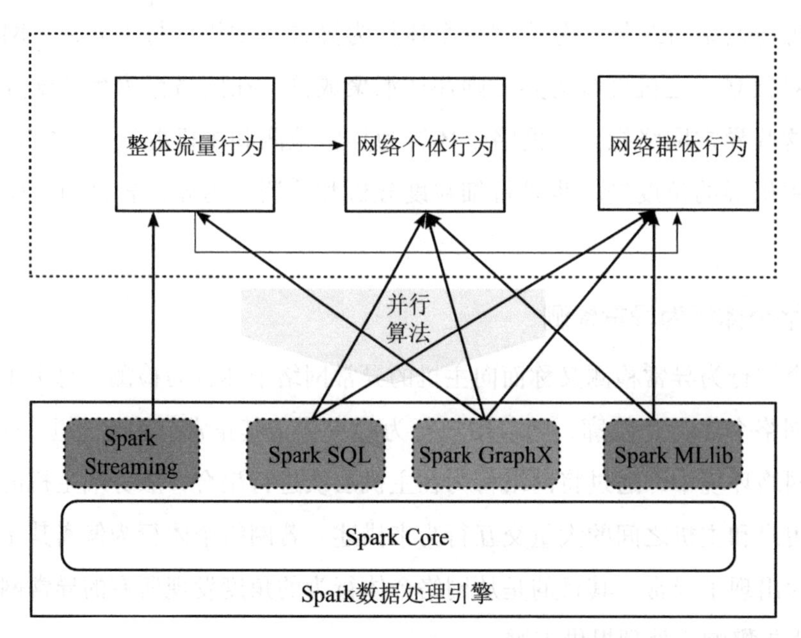

图 2-5　Apache Spark 大数据分析技术应用

综上所述，通过本研究可以对异常网络行为准确检测，使网络管理者及时、有效地发现网络异常事件，并为网络监测、异常行为发现和阻断、网络服务完善等相关的网络管理工作提供理论依据，并为网络安全管控提供技术支持。

2.2 网络流量采集

为了保护网络内部主机的安全性，将安全设备部署到网络边界、划分网络安全域、增加内部主机与外部主机之间的安全策略和通信规则以降低网络攻击带来的危害是必要的。防火墙如同第一道防线，而攻击步骤也可以简单概括为内网主机入侵，进而可以利用所控制的内部主机发动网络攻击，大多数情况下以隐蔽的方式实施网络攻击，与明显而会突然改变网络状态的外部直接发起的 DDoS 攻击相比，有时可能造成更大的损失。企事业单位的网络边界进出流量与下一代防火墙的常见部署方式如图 2-6 所示，进入企事业单位的网络边界的网络流量经过下一代防火墙。外部攻击者对企事业单位的网络边界的攻击、实施的不期望网络行为，这些流量都是经过下一代防火墙过滤后的数据。对采集到的数据进行分析，能够检测到网络异常行为，正说明这部分流量是传统安全设备未发现的数据，这也体现了网络行为分析方法对未知网络异常有效检测的优势。

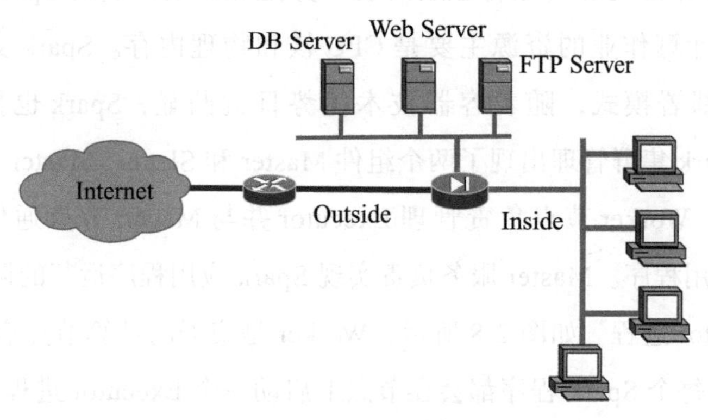

图 2-6　网络流量捕获示意图

研究中分析了大量的真实计算机网络环境流量数据，通过对这些实际数据长期的观察和分析展开了不同的网络行为的实验。这部分数据集来源于某高校的网络流量，采集服务器部署 10GB 光纤网卡捕获网络流量，网络流量数据利用 PF_RING、Libpcap 等技术，通过采集服务器实现网络流的数据采集，再利用分布式采集和传输技术，例如 Apache Flume 和 Apache Kafka 开源项目，将待分析的数据传输到 Apache

Spark大数据平台集群，进一步实现网络流量的数据处理、分析、可视化和分布式存储等操作。

2.3 Spark数据分析原理

2.3.1 Spark工作机理

Apache Spark是一个开源的分布式集群计算通用框架，采用内存数据处理引擎实现大规模数据的数据分析、机器学习和图处理，核心组件包括Spark SQL、MLlib，GraphX和Spark Streaming，平台同时支持多种高级编程语言，如Scala、Python、Java、R等。Spark平台主要分为三层，包括了资源管理层、Spark批处理和数据分析层（Apache Spark社区活跃、技术迭代速度快，若最新版与本书相关图片不同请大家谅解，这也是Apache Spark备受追捧的原因)，如图2-7所示。

通过底层计算机集群资源管理层的统一分配和调度，实现Spark分布式计算程序运行，Spark计算作业的资源主要是CPU核和物理内存。Spark支持Standalone、Mesos、YARN部署模式，随着容器技术优势日益凸显，Spark也推出了Spark on Kubernetes。Spark集群管理出现了两个组件Master和Slave。Master节点负责管理全部Worker节点，Worker节点负责管理Executor并与Master节点通信，Dirvier实际上就是Spark应用程序。Master服务负责实现Spark应用程序运行的调度，Slave服务就是运行Executor进程。如图2-8所示，Worker是集群的计算节点启动的一个进程，负责节点管理，每个Spark程序都会在节点上启动一个Executor进程，初始化程序要执行的上下文SparkEnv，解决应用程序需要运行时的jar包的依赖，加载类，以及启动Spark程序相关的Task，这是执行器上执行的最小单元，一个节点运行多个Spark程序则有多个Executor。

Spark部署为YARN进行资源管理，包括Yarn-Cluster和Yarn-Client两种运行模式，在Yarn-Cluster模式下，Driver运行在Application Master中，它负责向YARN申请资源，并监督作业的运行状况，Spark作业提交后会继续在YARN上运行。在

YARN上运行Spark作业，每个Spark Executor作为一个YARN容器运行，Spark作业的多个Task就可以在同一个容器里面运行。

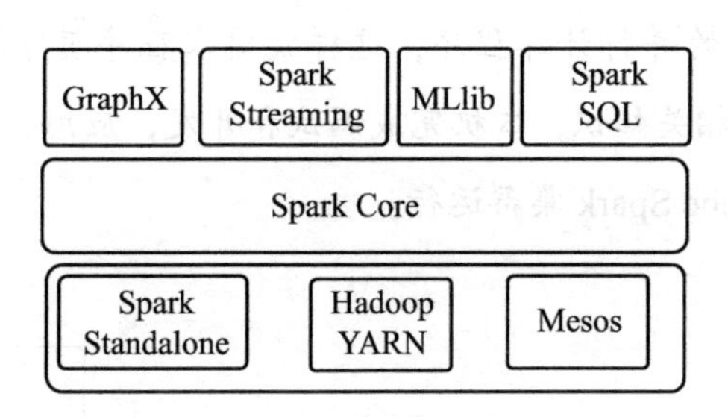

图2-7 Apache Spark平台框架

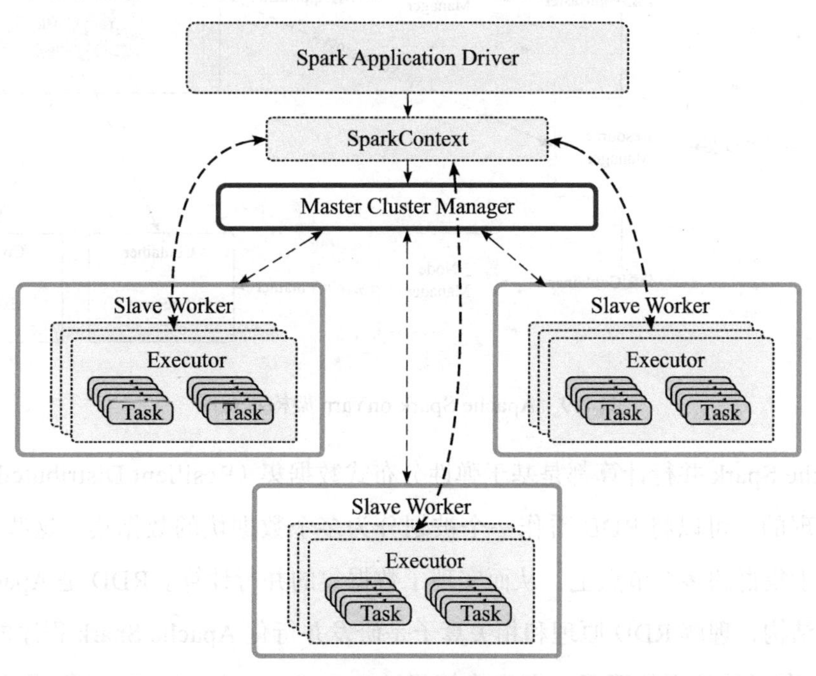

图2-8 Apache Spark核心架构运行示意图

采用Yarn-Cluster模式，需要先将Spark程序打包为jar上传到HDFS，并以Spark的执行命令Spark-Submit提交程序所需参数和资源信息，再指定Yarn-Cluster运行模式。Spark onYarn架构示意图，如图2-9所示。

问答 没有Apache Spark集群如何学习开发Apache Spark并行算法程序？可

以采用 Spark Standalone 调试和部署程序，这也是 Spark 相较于 Hadoop 编写并行代码的一个重要优势，Spark 计算框架的目标就是让程序员像编写单机程序一样编写集群运行的并行计算程序，这样就要求程序员掌握 Apache Spark 并行计算的算子及其相关知识，本机完成调试和开发，应用程序的功能开发成熟后，再提交到 Apache Spark 集群运行。

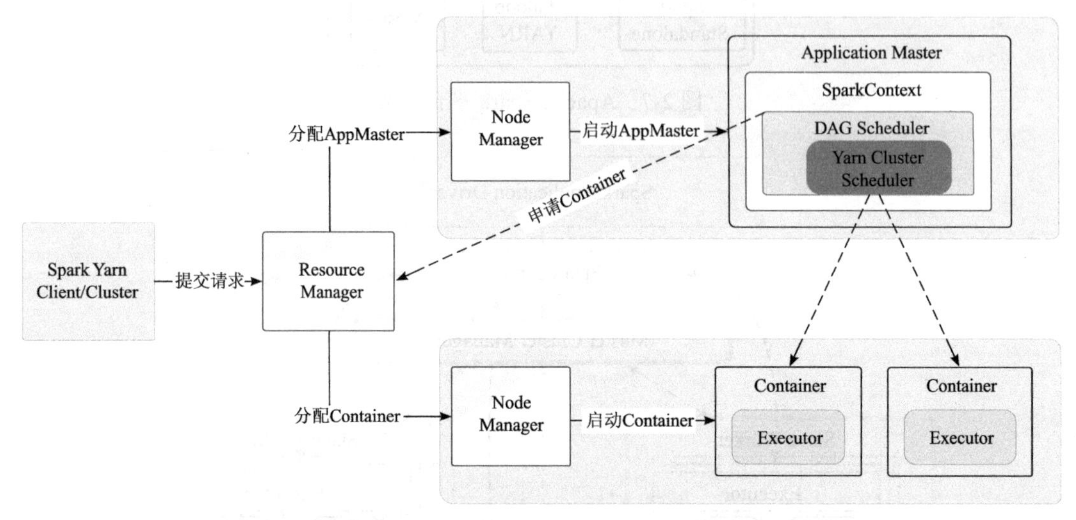

图 2-9　Apache Spark onYarn 架构示意图

Apache Spark 并行计算都是基于弹性分布式数据集（Resilient Distributed Dataset，RDD）实现的，可以将 RDD 看作一个被划分为多个数据块的数据集，这些数据块分布式存储于集群的多个节点上，从而实现了数据集的并行计算。RDD 是 Apache Spark 核心数据结构，理解 RDD 原理和相关算子是研发并行化 Apache Spark 程序的基础。

RDD 有两种类型的算子，即变换算子（Transformation）和行动算子（Action），变换算子并不触发提交作业，行动算子才会触发 SparkContext 提交作业。Spark RDD 的行动算子计算会生成一个作业，作业包含很多任务。Spark 程序中提交的作业会被分解成阶段（Stage）和任务。一个作业会被拆分为多组任务，每组任务被称为一个 Stage，如 Map Stage、Reduce Stage。一个 RDD 有多少个分块（Partition），就会有多少个任务，因为每个任务只处理一个 Partition 上的数据。图 2-10 描绘了

Apache Spark 程序提交后 RDD、分块、行动算子、作业和阶段之间的交互关系。

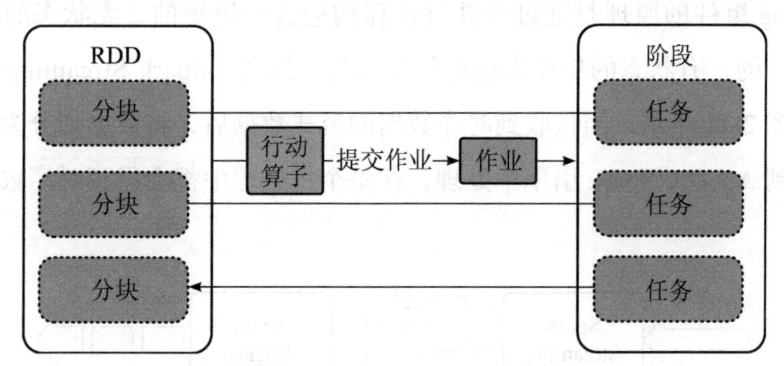

图 2-10 Apache Spark 程序提交示意图

综上所述，RDD 作为全新的数据抽象模式为分布式程序开发人员提供了一种直接控制数据共享的方式，能够直接指定数据集持久化（例如存储到内存、硬盘）以及数据集在集群的分区等，即使集群节点失效导致分区数据丢失，只需再次计算即可恢复。行动算子的属性也成为开发高质量 Apache Spark 代码的重要指导，实际开发经验得出，大量变换算子串联后进行行动（Action）比行动算子穿插到变换算子的程序性能高，对实现大规模数据并行化处理提供了良好的平台解决方案。

2.3.2 Spark Streaming

Spark Streaming 流式计算组件是基于 Spark 的核心组件之一，应用于实际业务场景中时序数据流式数据处理需求，时序数据处理级别达到毫秒级，具有高容错性、高吞吐量等优势。Streaming 支持多种类型的数据源，如 Kafka、Flume、Kinesis、TCP sockets、Twitter 等，在时序数据处理过程中应用 Apache Spark 的其他组件，或者采用 Apache Spark 高级算子实现逻辑复杂的算法，并将结果写入分布式文件系统、数据库和时序数据展示系统等。Spark Streaming 提供了一种新型流式处理模型，解决了流式数据处理的系统故障和慢节点问题，用离散流（Discretized Stream，DStream）描述一个持续的数据流的高层抽象。模型将时序数据流式数据处理转换为具有一定时间间隔的无状态的、确定的批处理。Spark Streaming 将状态存放在计算节点的内存中，再通过弹性分布式数据集（Resilient Distributed Dataset，RDD）重新计算出该状态。Streaming 组件的原理是通过将并行计算构造为一组短的、无状态的、确定性的任务代替连续的、有状态的操作来避免传统流处理问题。Spark Streaming 内部数据处理示意图如图 2-11 所示，当接收到时序数据的流式数据后，将数据切分为多个批次的数据并提交到 Apache Spark 引擎中处理，在每个批处理中都会得到时序数据流的计算结果。

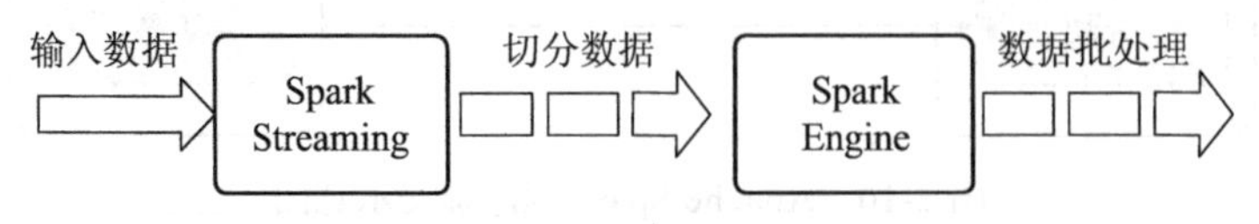

图 2-11　Spark Streaming 内部数据处理示意图

如图 2-12 所示为 DStream 处理模型，其中每个时间窗口的离散流就是一个数据集，基于此进行批处理运算，得到新的数据集，这个数据集可以和下个时间窗口的离散流数据集一起参与运算，在这个过程中可以存储并输出数据处理的结果。

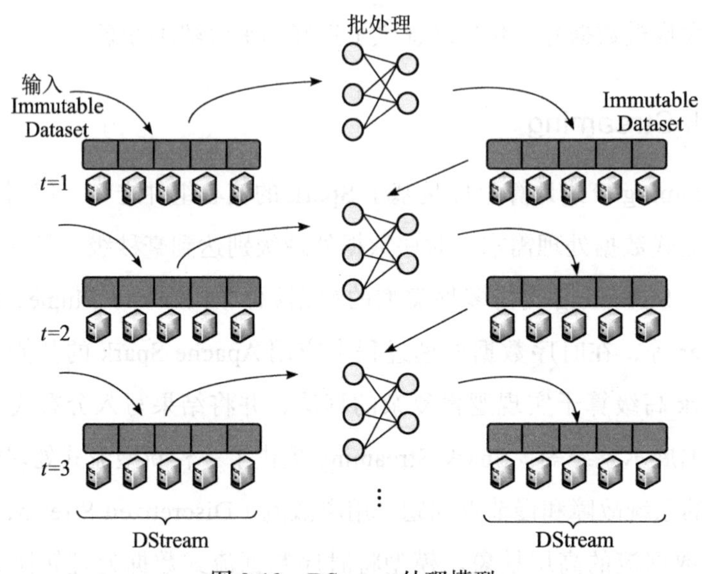

图 2-12　DStream 处理模型

DStream 处理模型在固定的时间间隔，将接收的数据存储在 Spark 集群，形成一个不可变的分区的数据集。然后，针对这个数据集进行并行计算，得到批处理后的新数据集，还能够将其作为下一个间隔并行计算的输入。因此，Spark Streaming 可以支持基于时间窗口的计算，图 2-13 描绘了时间间隔和固定时间窗口及其数据集之间的关系。

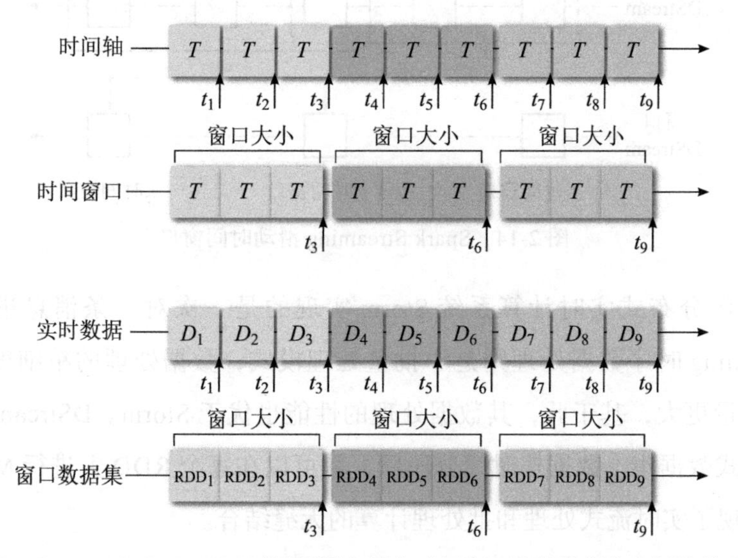

图 2-13 Spark Streaming 时间间隔和固定时间窗口及其数据集之间的关系

如图 2-13 所示，时间间隔设置为 T，每个时间窗口的大小必须是时间间隔的整数倍，这里时间窗口大小是 $3T$，每个时间间隔都有一个数据集，那么，每个时间窗口数据有 3 个时间间隔的数据集，时间间隔、时间窗口、时间间隔数据和时间窗口数据集之间的关系如式（2-1）所示，其中 D_i 表示 t_i 的数据集，RDD_i 表示 t_i 时间的时间窗口数据集。

$$\begin{aligned} t_3 &\to \mathrm{RDD}_3 = \{D_1 \cup D_2 \cup D_3, \mathrm{RDD}_1, \mathrm{RDD}_2\} \\ t_i &\to \mathrm{RDD}_i = \{D_{i-2} \cup D_{i-1} \cup D_i, \mathrm{RDD}_{i-2}, \mathrm{RDD}_{i-1}\} \\ t_9 &\to \mathrm{RDD}_9 = \{D_7 \cup D_8 \cup D_9, \mathrm{RDD}_7, \mathrm{RDD}_8\} \end{aligned} \tag{2-1}$$

Spark Streaming 支持基于时间窗口的计算，能够应用算子到滑动窗口的数据，

图 2-14 描绘了滑动时间窗口的工作原理。那么原始 DStream 将合并为一个窗口的 DStream，时间窗口长度是 3 个时间单元，窗口滑动区间是 2 个时间单元，每次并行计算要处理 3 个时间单元的数据。

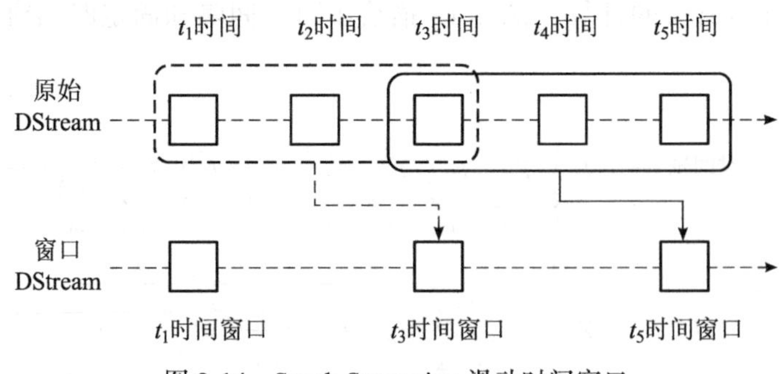

图 2-14 Spark Streaming 滑动时间窗口

知名开源分布式实时计算系统 Storm 实现的是一次对一条消息进行处理，而 Spark Streaming 时序数据处理则是小批量处理模式，数据处理的精细度较低，但优势在于吞吐量更大，基于此，其数据处理的性能也优于 Storm。DStream 实际上是一个弹性分布式数据集，数据按时间分段后，就可以在每个 RDD 上进行 MapReduce 操作，从而实现了实时流式处理和批处理计算的无缝结合。

综上所述，DStream 同样具有 RDD 大部分功能算子的支持。那么，在实际研发过程中，数据分析功能的扩展和更新将批处理的 Spark 程序转为实时处理的 Spark Streaming 程序，可以降低研发时间，基于 Spark Streaming 本身并行计算流程的逻辑，对算法处理逻辑的改动相对较少。

2.3.3 Spark GraphX

Spark GraphX 是一个分布式图处理组件，提供 Spark RDD 建立的图数据结构（例如顶点 RDD、边 RDD 等），并提供了丰富的 API 处理图数据结构（例如图初始化、顶点连接操作、消息汇聚等），实现了属性图的概念，而且顶点和边都可以关联属性集。如图 2-15 所示，Spark GraphX 内置了一些基础图算法（如 PageRank、三角形个数、连通图等）和图属性（如节点入度、出度等）。

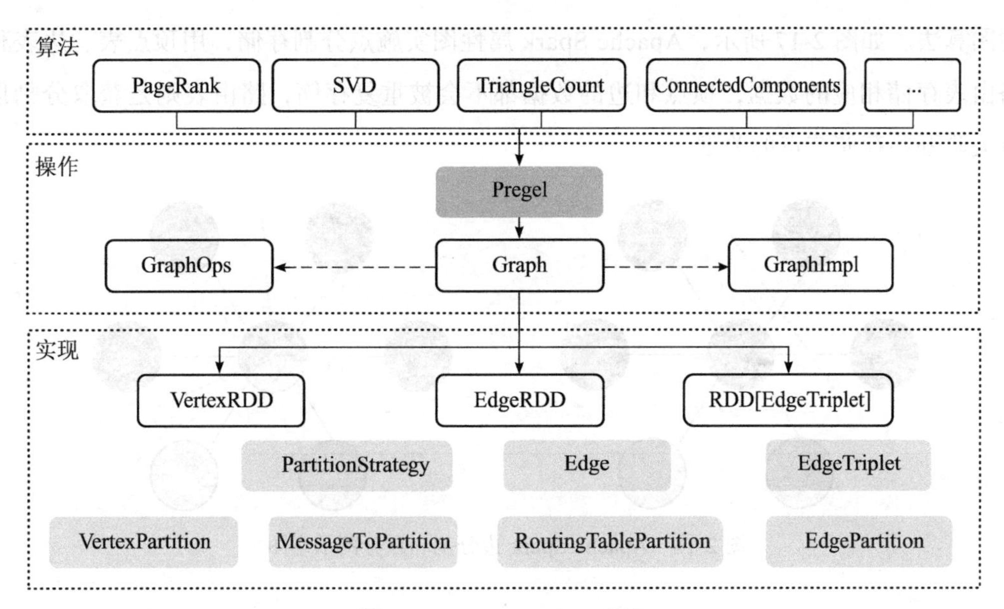

图 2-15　Spark GraphX 框架

Apache Spark 基于内存的分布式计算进行数据处理，这也是 Spark 更适用于处理随机访问的图数据的原因。图规模越大，信息量就越多，结构就越复杂。当单机无法存储一个图时，图分区是分布式图处理系统面临的首要问题，也是实现图分布式计算的基础，通过切分图将图分配到集群的多个节点上存储。目前，主要有两种图切分方式，如图 2-16 所示，左图是边切割，每个顶点都存储一次，但有的边会被切分到两个节点，当一条边的两个顶点被分配到不同节点时，计算节点通信量大；右图是点分割，每条边只存储一次，顶点会存储到多个节点上，增加了存储开销，与边分割相比，计算节点通信量少。点分割方法包括 EdgePartition2d、EdgePartition1d、RandomVertexCut 和 CanonicalRandomVertexCut 4 种策略，Spark GraphX 采用了点分割方法的 EdgePartition2d 策略。

Spark GraphX 扩展了 RDD 的抽象，有 Table 和 Graph 两种视图，它们都有相应运算的操作 API，两种视图底层共用的物理数据由 VertexRDD 和 EdgeRDD 这两个 RDD 组成，针对任意视图的操作都将转换成相应的 RDD 操作来完成。因此，Spark GraphX 为实现图的分布式计算还提供了丰富的 API 操作，可以进一步开发符合需求的图算法。如图 2-17 所示，Apache Spark 属性图实施点分割存储，用顶点表、边表和路由表存储相应的数据，顶点和边的数据都不会被重复存储，路由表则是获取分割顶点关联哪些存储节点的关键。

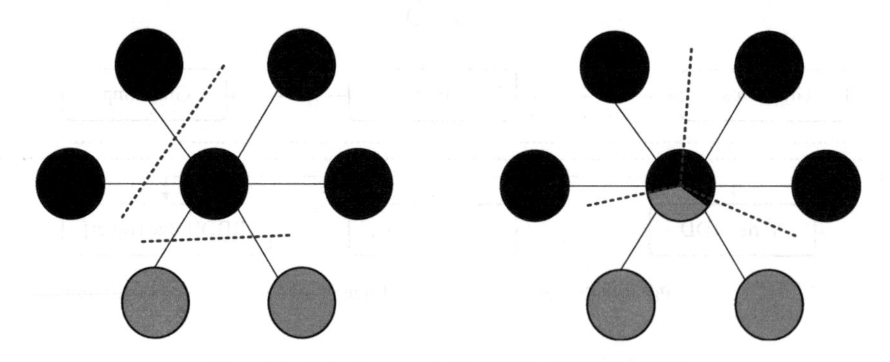

图 2-16　Apache Spark 边分割和点分割示意图

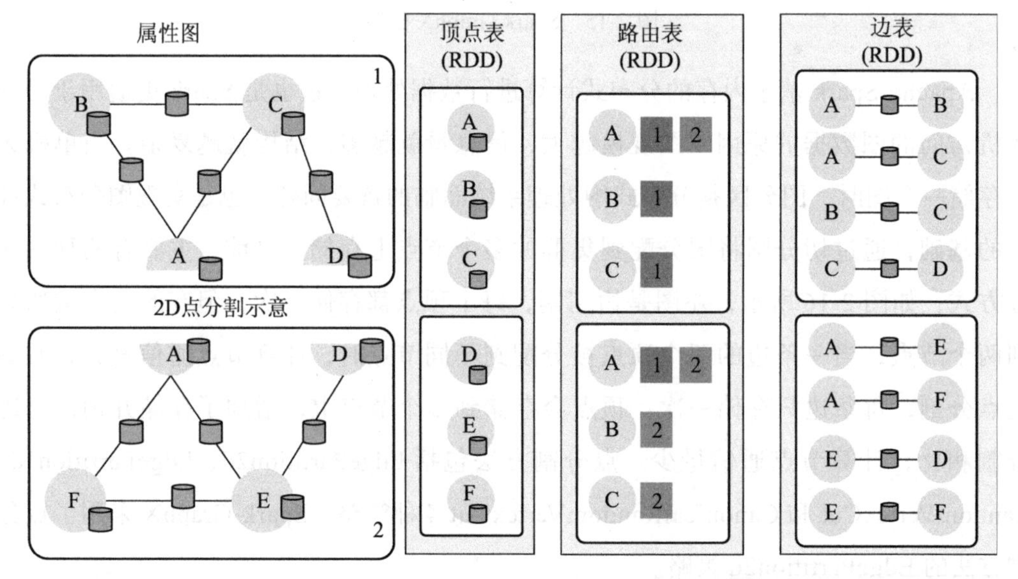

图 2-17　Apache Spark GraphX 点分割存储示意图

Spark GraphX 中 Graph、VertexRDD 和 EdgeRDD 类之间还具有继承和聚合关系（参见图 2-18）。其中，所有的顶点的标识 VertexID 是 64 位的长整型，如果顶点标识为字符串，则需要进行数据类型转换。

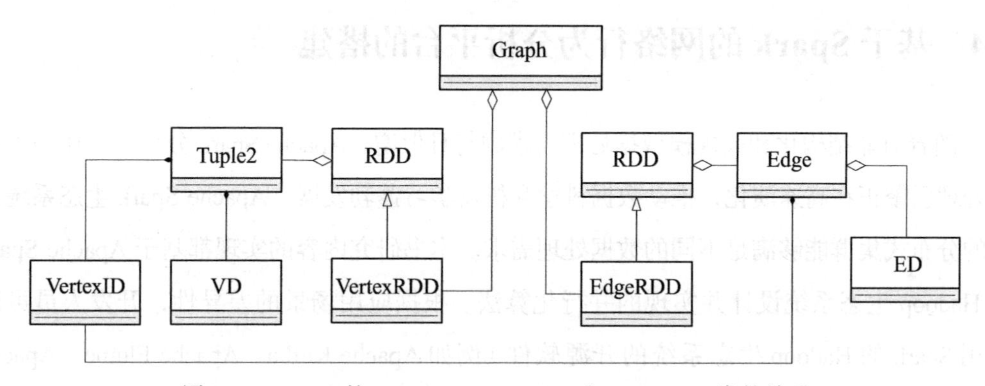

图 2-18　Spark 的 Graph、VertexRDD 和 EdgeRDD 类的关系

Spark GraphX 使用了整体同步并行（Bulk Synchronous Parallel，BSP）计算模型的概念实现了 Pregel，为开发者提供了一个简明的函数式算法接口。图算法就是由多个超步组成的，每个超步是一次单独的迭代过程，超步内部的顶点都是并行化处理消息的，每个顶点为其他顶点生成消息，这些消息会进入下一步迭代过程。Spark GraphX 中的同步机制要求每个迭代的计算全部完成后，才能够开始执行下一次迭代。上一个超步发送到各个顶点的消息都会在每个顶点汇聚，并由消息合并函数 mergeMsg 反复并行化处理所有消息，并返回一个结果数据，但不会直接更新顶点信息。这相当于 RDD 的数据变化操作，需通过采用 outerJoinVertices 方法实现原来顶点 RDD 信息更新。如图 2-19 所示，顶点的消息来自上一个超步，顶点通过 mergeMsg 函数处理来自其他顶点的消息，再通过用户自定义函数 vprog 实现顶点数据更新，然后，顶点 sendMsg 发送的消息将决定下一个超步接收到的消息。

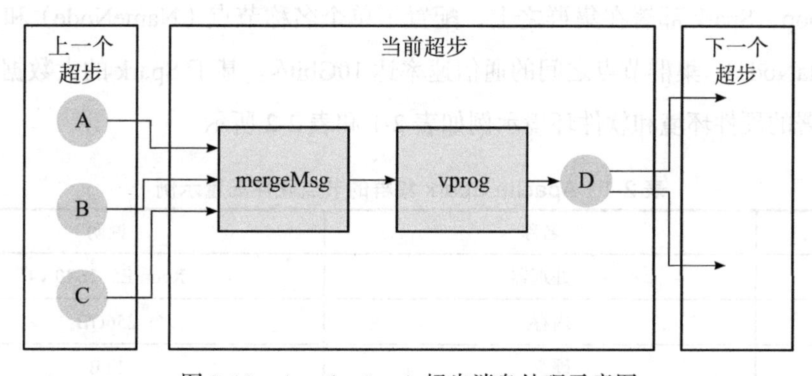

图 2-19　Apache Spark 超步消息处理示意图

2.4 基于 Spark 的网络行为分析平台的搭建

随着对非结构化和大规模数据处理需求的与日俱增，Apache Spark 分析平台作为大数据处理引擎正在高速演化，推动数据科学和机器学习蓬勃发展。Apache Spark 生态系统构建的分布式集群能够满足不同的数据处理需求。本书研究内容的实现都基于 Apache Spark 的 Hadoop 生态系统设计并实现的并行化算法。根据应用场景的差异性，开发人员可以利用 Spark 的 Hadoop 生态系统的开源软件（例如 Apache Kafka、Apache Flume、Apache Zookeeper、Apache Hadoop 和 Apache Spark 等）构建大数据平台，协同完成数据源的采集、传输、分布式存储以及资源的调度、数据的实时和离线处理等功能。

2.4.1 Spark 作业运行环境

构建 Apache Spark 技术的大数据平台，集群节点的配置要根据业务处理需求进行选择。为了充分发挥 Spark 平台的计算能力，服务器参数方面关注处理器的核数和内存容量，充分考虑计算和存储的可扩展性，例如华为机架式服务器 FusionServer RH2288H V3。由于 Apache Spark 属于内存计算型并行计算框架，内存及其扩展槽个数是选择硬件时很重要的参数，此外，并行计算的节点也会影响计算性能，那么网卡参数同样需要重点关注，最好的方式是先评估数据量，再根据数据量级选择性价比高的硬件，选择这个平台的优势在于后期可以对硬件进行扩展以适应网络环境的变化。Spark 大数据平台建立在 Hadoop 生态系统的基础上，每个节点配置相同，例如，选择 CentOS 操作系统部署 Hadoop，Spark 部署在集群之上，配置了单个名称节点（NameNode）和多个数据节点（DataNode），集群节点之间的通信速率达 10Gbit/s。基于 Spark 的大数据平台作业运行和部署的硬件环境和软件环境示例如表 2-1 和表 2-2 所示。

表 2-1 Apache Spark 集群的节点硬件配置示例

序号	名称	说明
1	处理器	Xeon E5–2620 v4
2	内存	256GB
3	硬盘	1TB

表 2-2　Apache Spark 集群的节点软件配置示例

序号	名称	说明
1	CentOS	6.10s
2	Apache Spark	1.6
3	Scala/Python/R	2.10/3.8/4.0
4	Apache Flume	1.9
5	Apache Kafka	2.6
6	Apache Hadoop	2.6
7	JDK	1.8

本书选择 Scala 语言进行 Spark 并行程序开发，实现网络行为与异常流量分析。将 Spark 程序在 Yarn-Cluster 模式执行，通常有命令行、程序设置两种方式为 Spark 程序运行所分配的资源，根据集群资源设置值，下面列出了配置的资源信息示例，如表 2-3 所示。

表 2-3　Apache Spark 程序部署的资源配置示例

序号	属性	值
1	Deploy Mode	cluster
2	Driver Cores	2
3	Driver Memory	2GB
4	Executors Counts	16
5	Executor Memory	1GB
6	Executor Cores	10

注意　平台上所有开源软件有序运行，各类软件的版本号是否匹配是关键，否则会导致应用程序运行环境冲突或者程序无法正常运行。初次学习，需查阅部署的 Spark 版本，正确选择生态系统相关的软件、类库 jar 包和开发语言的版本。尤其是对于莫名其妙的编译错误，请先排查 jar 包冲突。

2.4.2　Spark 作业顶层程序流程

如图 2-20 所示为 Spark 作业实现的顶层程序流程图。所有 Apache Spark 程序通过入口函数进入后，先处理输入参数，接着就可以创建所有 Apache Spark 程序都必须创建的上下文对象 SparkContext 了，若还要用到 Spark Streaming 组件，则同时创建 StreamingContext 对象，然后通过支持的数据源读取数据创建 RDD，通过执行相关算子以实现算法，得到新的 RDD 或者标量数据，最后存储这些分布式计算的结果或者输出数据到其他支持的系统。

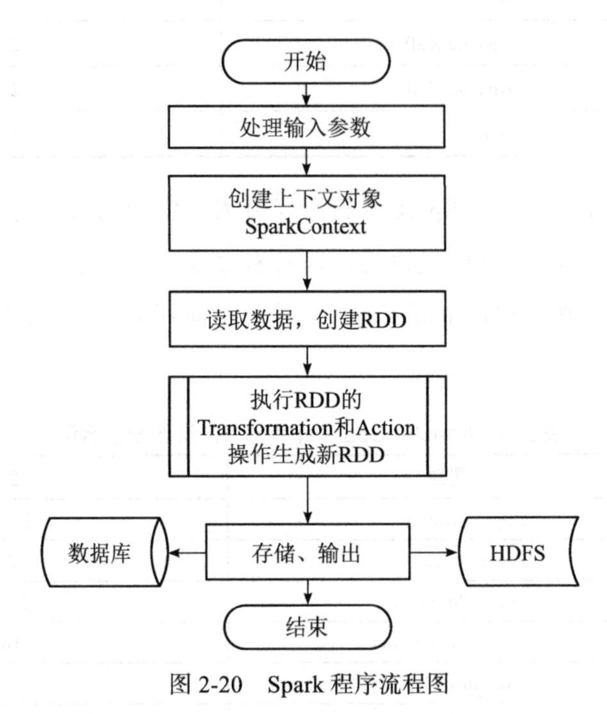

图 2-20 Spark 程序流程图

2.4.3 Spark 大数据分析技术平台搭建

通过 Apache Spark 还可以灵活实现数据的转换、过滤、分割和聚集操作，有机融合 Hadoop 生态系统的相关软件实现数据采集、数据处理、数据存储、数据统计分析、数据挖掘、数据建模和数据可视化功能，可应对实时场景、交互式场景、非交互式场景和批处理场景，能够为大数据技术实现并行化算法提供可伸缩的计算资源。以 Apache Hadoop 生态系统构建的 Apache Spark 数据分析平台的技术架构图如图 2-21 所示。

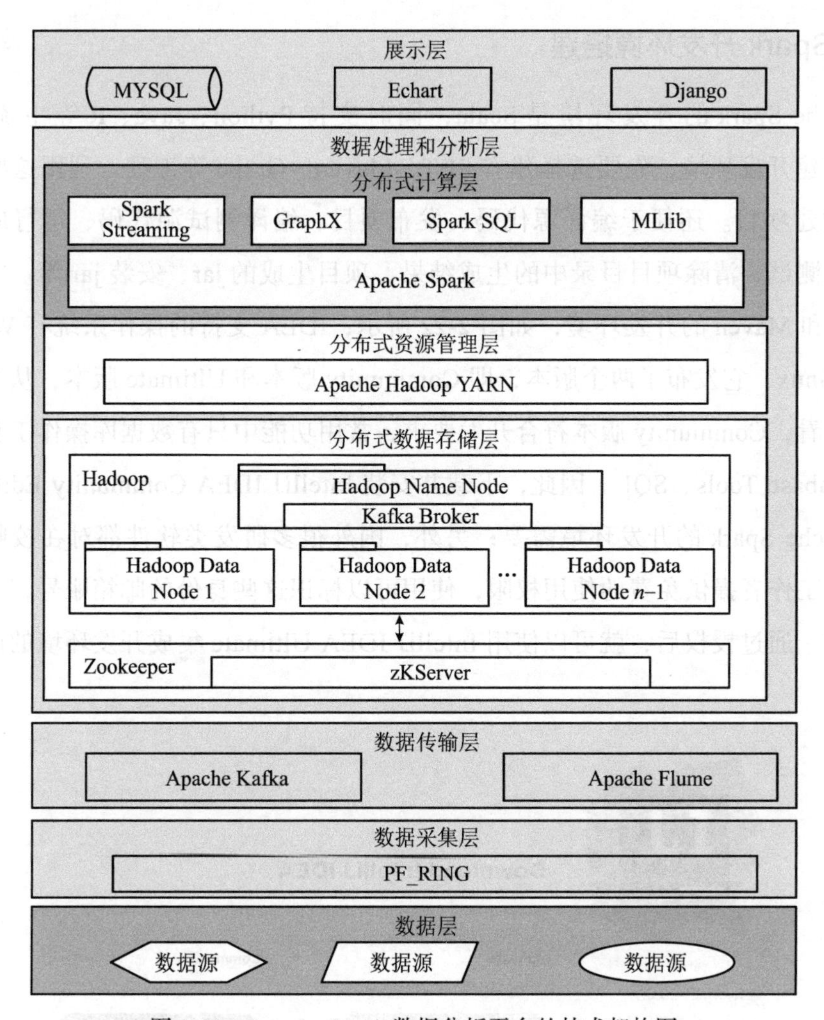

图 2-21　Apache Spark 数据分析平台的技术架构图

平台分为存储层、资源管理层和计算层。存储层采用 Apache Hadoop 的 HDFS 技术保存数据文件，资源管理层采用 Hadoop Yarn 资源管理模式，计算层是 Spark。Apache Hadoop 用于实现分布式管理功能和离线数据的分布式存储，Apache Flume 主要将数据发送给 Apache Kafka，如果采集点多和数据量大，就需要通过 Apache Kafka 实现多个数据源数据的负载均衡。采集服务器将数据重组为会话后，将数据通过 Apache Kafka 发布消息，集群采用 Spark Streaming 通过 Apache Kafka 接收消息，实现时序数据网络流量分析，系统同时将数据写入存储集群以备离线处理。

2.4.4 Spark 开发环境搭建

Apache Spark 的开发环境是 Scala，同时支持 Python、Java、R 等主流开发语言。要搭建开发环境，先要选择建立 SBT、Maven、Grape 等工程，利用这些项目管理工具创建项目。还便于编译源代码、发布项目、编译测试源代码、运行应用程序中的单元测试、清除项目目录中的生成结果、项目生成的 jar、安装 jar 等。本研究采用 IDEA 和 Maven 的开发环境，如图 2-22 所示，IDEA 支持的操作系统有 Windows、Mac 和 Linux，它发布了两个版本，即 Community 版本和 Ultimate 版本，从项目管理的角度来看，Community 版本符合开发要求，常用功能中只有数据库操作工具，无法使用 Database Tools、SQL。因此，下载并安装 IntelliJ IDEA Community Edition 就能满足 Apache Spark 的开发环境需要；另外，国外很多研发类软件都对在校师生和教育、科研工作者提供免费的使用权限，使用可以标识这些身份的邮箱账号，需要每年申请一次，通过授权后，就可以使用 IntelliJ IDEA Ultimate 集成开发环境的所有高级功能了。

图 2-22　IntelliJ IDEA 集成开发环境

如图 2-23 所示，为环境添加 Scala 的版本环境，Spark 的版本更新速度很快，很多版本都已投入生产环境运行，为了解决一些项目本身的问题，项目不断迭代，Apache Spark 和 Scala 版本升级紧跟，所以，现在有两个版本的更新，即 Apache Spark 2 和 Apache Spark 3，Scala 和 Python 都涉及语言版本问题，具体配置要根据发布信息为准。抛开程序逻辑问题不谈，采用开源项目集成，配置开发和运行环境，各个项目的版本、语言和 jar 包的兼容是必须要关注的问题，否则会出现意想不到的运行时错误。

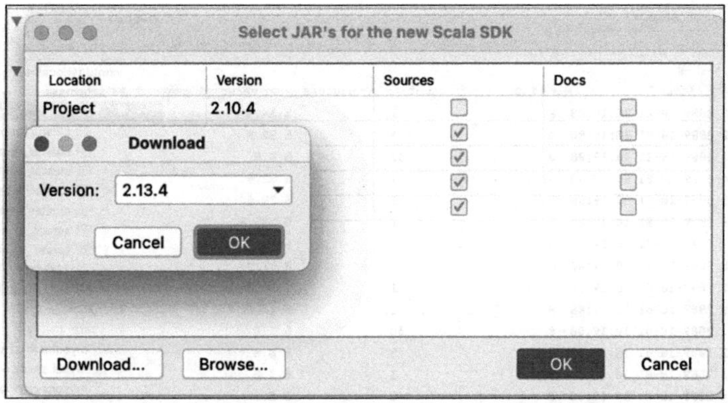

图 2-23　IntelliJ IDEA 安装 Scala SDK

图 2-24 展示了 IntelliJ IDEA Ultimate 的 Database Tools 支持的数据源和驱动，成功连接到数据库后，运行 SQL 语句查看数据表数据信息，执行数据导入、导出等操作，可以完成大多数数据库操作，界面简洁，操作方便。

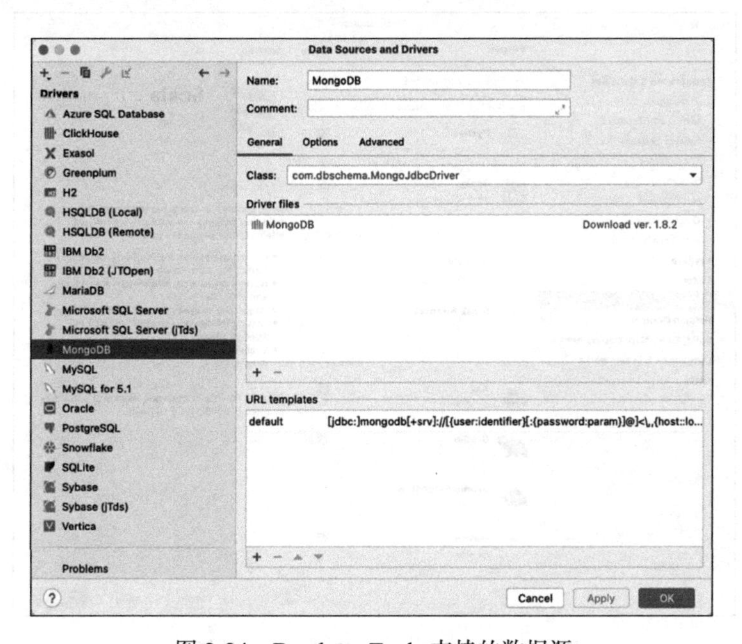

图 2-24　Database Tools 支持的数据源

图 2-25 展示了成功连接 MySQL 数据库后显示的数据库、数据表、用户等信息，在图 2-24 所示的界面中填写连接数据库时需要的连接参数。

	id	time	type	count	windows	value
1	1	2009-10-01 10:19:00	0	1	5	34.0
2	2	2009-10-01 10:19:00	0	1	5	52.0
3	3	2009-10-01 10:19:00	0	32	5	4.0
4	4	2009-10-01 10:19:00	0	1	5	82.0
5	5	2009-10-01 10:19:00	0	1	5	28.0
6	6	2009-10-01 10:19:00	0	1	5	105.0
7	7	2009-10-01 10:19:00	0	1	5	14.0
8	8	2009-10-01 10:19:00	0	1	5	50.0
9	9	2009-10-01 10:19:00	0	1	5	36.0
10	10	2009-10-01 10:19:00	0	2	5	24.0
11	11	2009-10-01 10:19:00	0	38	5	1.0
12	12	2009-10-01 10:19:00	0	5	5	6.0
13	13	2009-10-01 10:19:00	0	1	5	3.0
14	14	2009-10-01 10:19:00	0	5	5	8.0
15	15	2009-10-01 10:19:00	0	1	5	12.0

图 2-25　IntelliJ IDEA 的 Database Tools（以 MySQL 为例）

如图 2-26 所示，可以查看本 IntelliJ IDEA 环境所安装的全部插件，还可以配置这些安装的插件是否可用，也可以根据需要安装新的插件，这些操作都是在该界面中完成的。

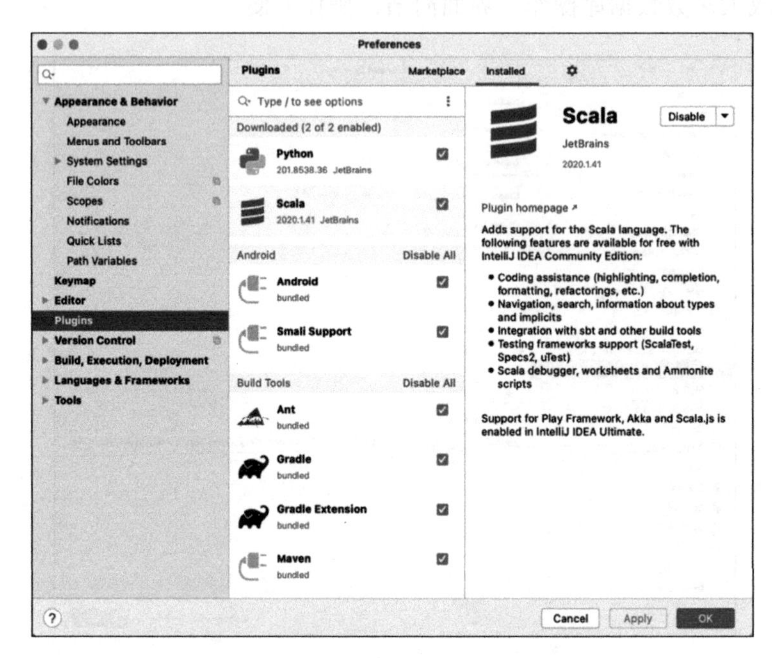

图 2-26　查看 IntelliJ IDEA 安装的插件

图 2-27 展示了 Spark SQL 的 Maven 的 jar 包的资源，根据需要的版本，可以直接下载文件，也可以在 Maven 项目中加入依赖。Maven 源的选择、配置文件的语法书写和 Maven 工具的使用等内容是研发必备技能，此处不再赘述。

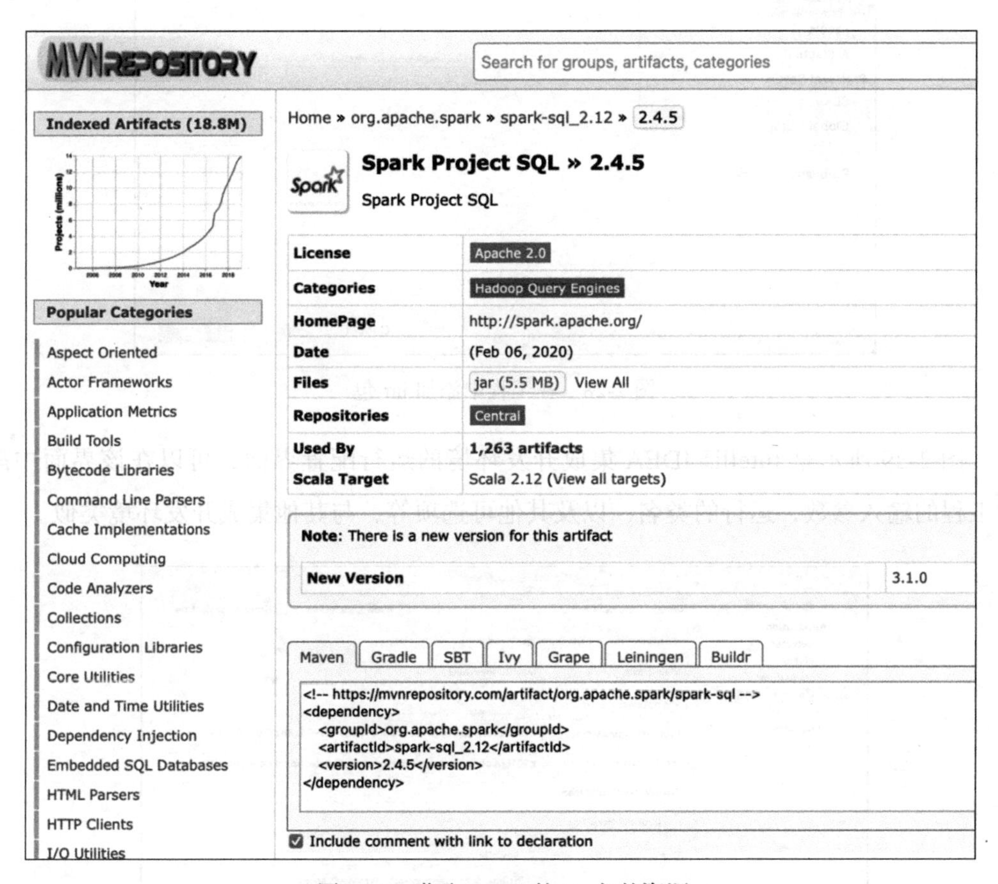

图 2-27 获取 Spark 的 jar 包的资源

如图 2-28 所示，在工程中添加 jar 包，添加的 jar 包可以是单个 jar 文件，也可以是存放 jar 文件的文件夹。通常情况下，为了保持开发环境的稳定性，可根据需要将所需的 jar 文件下载到工程。尽量不单独升级一个 jar 版本，而是同时升级所有版本。

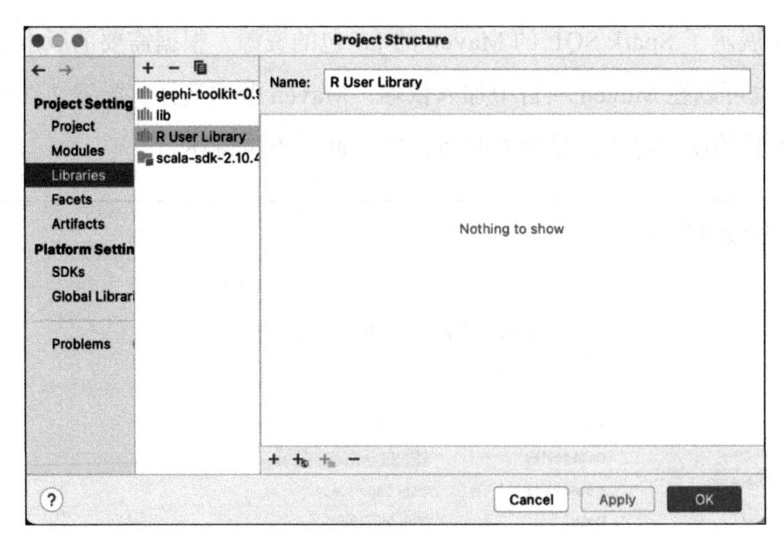

图 2-28　在工程中添加 jar 包

图 2-29 所示是 IntelliJ IDEA 集成开发环境的运行配置界面，可以在该界面中配置工程的输入参数，运行的类名，以及其他可选项等，与其他集成开发环境类似。

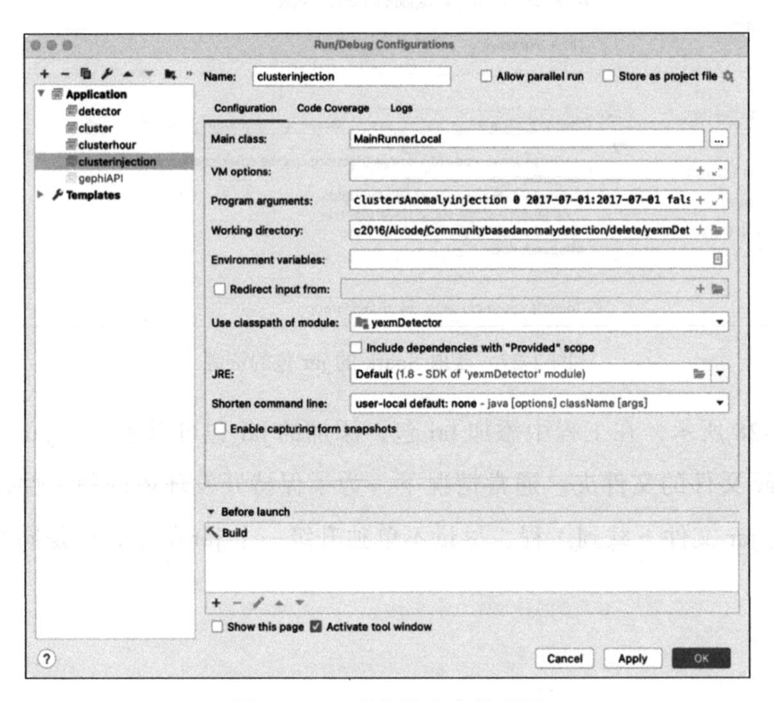

图 2-29　工程的输入参数配置

综上所述，在 IntelliJ IDEA 集成开发环境中构建一个使用 Scala 语言的 Apache Spark，开发环境就搭建完成了。

注意　IntelliJ IDEA 是现在较受欢迎的集成开发环境，通过 SDK 支持多种语言的开发，尤其是配合快捷方式，可以提高代码的编写速度，面对教学使用 Community Edition 版本非常实用。

2.5　本章小结

本章从“网络行为主体、数据变换的数据获取以及图数据的元素分析”3 个角度，围绕“分析对象、数学建模和图属性映射”3 个关键要点阐述了研究的总体思路。本书将 Spark 分析平台作为研究的大数据处理引擎，基于 Spark 生态系统构建的分布式集群能够满足不同的数据处理需求，Spark 丰富的组件可以适应不同的生产环境，进而可为本研究提供坚实的平台环境支撑和并行化技术支撑。研究中利用了 Spark Streaming、Spark SQL、Spark MLlib 和 Spark GraphX 等技术实现了相关并行化算法。

第3章

整体网络行为异常检测研究

在进行整体网络行为分析与异常检测过程中，通常通过流量属性度量方法抽取行为特征对整体网络行为的正常行为轮廓进行描述，如果偏离正常行为轮廓较远，则认为发生了异常，本章的研究思路是如何选择度量方法，构建合适的行为特征集。现有研究工作中出现了大量特征和度量方法，网络流量负载型特征是其中使用较广泛的一类，但实际应用到网络环境中依然存在误报率高、效率低等问题。然而，不同类型的网络异常对整体网络行为的影响也是不同的，不同类型的特征对应感知的网络异常也不尽相同。因此，需要进一步挖掘网络流量通信模式的属性，并在此基础上提高异常检测的精度和效率。针对网络流量时序数据的异常检测效率较低、检测精度不高等问题，定义了不同类型的多维特征集，以及整体网络行为轮廓的构建方法，以便应用于整体网络行为偏离度的计算。

本章首先描述了流量网络行为分析相关的研究现状，分析了时序数据异常检测存在的问题，定义了相应的解决思路；然后，在此基础上定义了适用于整体网络行为和流量图的度量方法以及时序数据的异常检测算法；最后通过不同的数据集进行了实验和结果分析。

3.1　问题分析和解决思路

3.1.1　问题分析

异常网络行为通常表现为网络错误、网络攻击以及其他计算机网络环境异常或不期望发生的网络事件。如何抽取、选择、分析网络流量特征是设计和实现网络行为异常检测的关键，通过观察、分析、研究不同类型的网络异常（例如网络操作异常、网络突发访问异常、网络滥用等）进而分析流量特征的变化是识别异常的常用方法。通过抽取网络流量的多维特征描述行为轮廓，从而检测网络流量异常的方法，现有研究工作主要关注流量（Traffic Volume）特征，其中面向数据包级（Packet-Level）和面向网络流级（Flow-Level）的特征得到了广泛应用，如 IP 地址个数、端口数、持续时间、字节数量、数据包个数等。

利用数据包级特征实现异常检测的深度包检测技术最先被使用。同时，随着数据包抽样技术的发展，网络流技术（如 NetFlow、NetStream）大量涌现。很多关于网络异常检测的研究工作，开始采用面向网络流的特征去发现异常网络行为。

数据包级特征存在应用难、网络流特征信息量少，以及传统网络流特征无法有效描述、量化通信模式的结构变化等问题。

1）包级特征应用难：数据包捕获是网络行为分析与检测的第一步，高速网络下的网络流量成倍地增长，致使利用数据包捕获技术进行包级特征采集和详细分析存在相当大的难度。

2）网络流特征信息量少：如以 NetFlow、NetStream 为代表的网络流数据，仅包含源地址、目的地址、源自治域、目的自治域、流入接口号等 10 余个流量特征。

针对这些问题，研究者开始着手丰富网络流特征和形式化表征通信模式结构属性的研究尝试，鉴于图模型能够有效描述复杂的节点交互关系，因此可将流数据映射为流量图，再利用图分析技术对各种真实通信模式进行比较、研究和归纳以识别异常。较多研究者致力于利用图模型属性（如节点入度和出度、度分布、编辑距离、聚类系数等）描述通信行为，并描述通信节点的依赖性、协作性与社会化关系等属性，分析图模型的变化，使研究者可以实现对网络行为的深层次分析，识别异常图模型以发现网络攻击。这为网络流量的复杂性、交互性和结构属性的研究提供了一个分析问题的新视角和新方法。

研究表明，抽取和分析网络流量特征是设计、实现网络行为异常检测的关键。传统网络流特征的分析和检测方法关注流量（Traffic Volume）强度的统计特征，这无法有效地反映通信模式、节点关系的结构属性，同时很难检测到流量负载强度没有变化的异常行为，如 DoS/DDoS 攻击、网络蠕虫、扫描和 Botnet 等导致的低强度的异常行为。

由此可见，在现有研究工作中，大量研究者开展了整体流量异常行为时序数据检测的研究工作，其中数据包级特征和网络流级特征已得到广泛应用。而基于流量图描述通信模式的研究目的则主要解决已知攻击检测，网络应用识别等典型性问题。在网络行为问题的研究上，现有研究仍存在以下不足。

- 网络流量的数据量级剧增。在高速网络环境下，面临数据包级特征抽取应用难、网络流特征信息量少以及传统网络流负载特征无法有效度量通信模式变化的难题，对网络流量数据所构建的流量图体现的结构属性，现有研究缺乏对时序数据变化特点与规律的深入研究。
- 异常网络行为的变化多样性。随着计算机网络技术的持续发展，新型网络攻击和安全事件发生后，对网络环境所造成的影响形式多样、危害延迟且难以察觉。采用传统流量负载类属性特征的检测方法无法发现流量特征波动小的异常，例如网络流量的带宽、上下行流量、数据包数据等，这些属性称为低密度、低强度的流量属性。

3.1.2 研究内容

综上所述，本研究工作的主要内容包括以下几个方面。

- 本研究针对数据包级特征抽取难以应用于高速环境，以及网络流特征信息量少等问题，采用了流量图描述通信模式的结构属性，丰富了整体网络行为的网络流特征，提高了异常检测能力；定义了静态度量和动态度量的方法，同时，研究针对通信模式异常未导致流量负载强度特征波动从而无法检测的问题，采用了流量图的全局属性，用以描述通信模式的节点交互结构的变化。本研究工作中定义了基于流量和流量图的特征抽取方法，可以检测到网络通信模式的变化和流量负载强度的波动。

- 本研究构建了多维特征构建整体网络行为轮廓，并针对多维特征时序数据异常检测算法计算成本和空间成本高的缺点，基于网络流量具有的周期性、稳定性和规律性，定义了历史时间取点法。
- 本研究定义了基于累积偏离度的时序数据异常检测算法。利用提出的历史时间取点法，针对水平时间采用绝对变化测量，针对垂直时间采用相对变化和趋势变化测量，定义了累积偏离度异常检测方法。通过与时序数据的检测算法——动态 ARIMA 算法和静态 ARIMA 算法进行比较，可有效降低计算成本，性能优势明显。

3.1.3 研究思路

如图 3-1 所示，研究定义了计算机网络环境下整体网络行为的时序数据的异常检测研究思路，主要包括“数据源 - 数据变换 - 特征抽取 - 偏离度测量 - 异常决策”几个关键研究层次和分析步骤。

数据输入是有时间戳的网络流量时序数据，针对该数据抽取描述整体网络行为轮廓的特征集，再通过时序分析技术量化整体网络行为的时序变化情况，最后，利用异常积累方法计算整体网络行为的异常偏离度，通过阈值实现整体网络行为的异常决策。整体网络行为的异常检测研究思路的关键步骤介绍如下。

- **数据源**。检测采用网络流量的流数据，作为后续数据处理的输入。实际计算机环境、公开数据集大多都具有 PCAP 文件，但是由于数据量很大，因此提供了流数据，或者直接在采集数据的时候转换为流数据，这部分用到的技术和工具会在后面进行介绍。在采集网络流量的情况下，通常会抽样捕获，全流量数据包计算成本和空间成本很高，更适用于安全性要求高的网络环境，网络流量的时序数据可以用于进一步的时序分析检测，同时这些数据存储于数据库（例如 MySQL、MongoDB）或分布式文件系统 HDFS，均可用于离线数据分析。

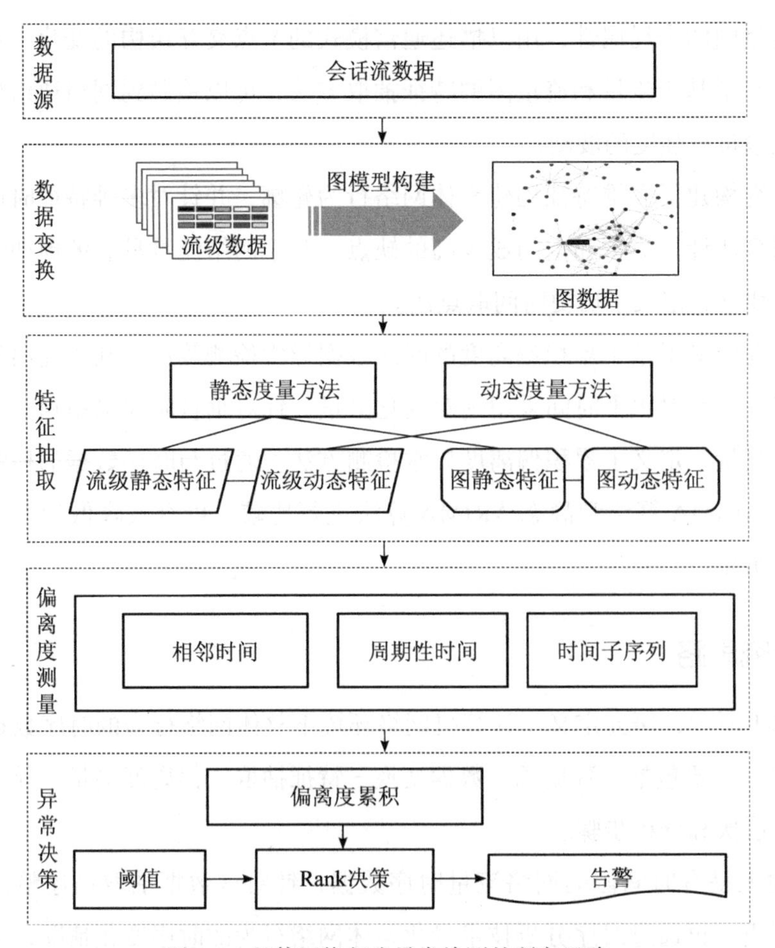

图 3-1　整体网络行为异常检测的研究思路

- **数据变换**。将流数据转换为图数据，实现流量图的模型构建，为特征抽取步骤中提取图模型属性提供了数据基础。
- **特征抽取**。以固定时间窗口统计时序数据的特征，包括流数据和图数据。还定义了静态度量和动态度量方法，分别对上述两个度量空间进行特征抽取，描述当前时间窗口的整体网络行为情况，以及相邻时间窗口的整体网络行为变化情况，从而形成描述整体网络行为的时序行为轮廓的特征向量。
- **偏离度测量**。将整体网络行为的多维特征集作为输入，结合定义的历史时间取点法选择历史数据，结合时序数据单点分析和子序列分析的检测思路，定义了绝对变化、相对变化和趋势变化量化的角度，从而构建了时序数据偏离度的量化方法，进而可以度量整体网络行为多维特征的时序变化情况。

- **异常决策**。定义了异常累积方法，通过计算多维特征行为的时序累积值，以及长期观察经验设置的阈值，对当前整体网络行为的状态是否异常实现时序数据异常的决策。

3.2　整体网络行为构建方法和定义

通过观测和研究对安全事件不同流量特征产生的网络异常，下面将网络异常归纳为两类，即流量负载型异常和通信模式型异常，分别与网络流特征和流量图特征相对应，描述整体网络行为轮廓。

- **定义 3-1：流量负载型异常**。当安全事件的影响使流量负载发生异常改变时，网络上行或下行流量会呈现出不符合日常波动范围的情况。流量特征明显呈现出字节数、数据包数的时序曲线增长或者降低到一个不期望的水平，这是由很多因素造成的。外部的突发攻击、热点新闻、选课导致网络流量的增长；在一个网站或主机上发布一个受欢迎的视频、报告、新软件或者蠕虫病毒爆发；主机互相感染并连接远程控制端主机、拖库行为造成流量的突发性改变；通过这些事件场景可以观测到异常的流量负载型特征的突然变化。
- **定义 3-2：通信模式型异常**。当安全事件的影响使通信模式发生异常改变时，流量图构建出的图模型会随之发生变化。而很多时候发现流量负载型特征，如字节数、数据包数等，并没有发生足以引起网络安全管理员关注的异常波动，这并不意味着网络正常。网络攻击中还存在大量低频率、低强度、低密度的网络攻击行为，或者计算机网络环境中突然出现了不同寻常的主机网络交互行为。除此之外，还有一个目标是理解网络节点通信模式的变化，例如网络设备的功能失效、网络操作异常、网络设备中断，以及由于网络配置、添加新设备、迁移设备、变更设备网络地址等都会导致通信模式的不寻常的变化，很多网络都需要利用网络通信行为发现设备失效。

本书将定义网络流量特征抽取的静态方法和动态方法，并结合流量负载强度特征和通信模式特征，从而检测低强度异常行为和传统流量异常。静态度量和动态度量的方法与步骤描述如下。

- **定义 3-3：静态度量方法。**静态度量方法用于在进行特征抽取时只关联一个时间窗口的数据集，只对当前时间窗口的数据集进行所需的特征抽取。
- **定义 3-4：动态度量方法。**动态度量方法用于在特征抽取时只关联相邻时间窗口的两个数据集，包括当前数据窗口的数据集以及相邻历史时间窗口的数据集，计算所需特征在相邻窗口的动态变化。

根据上述定义归纳了 4 种特征集，如表 3-1 所示，包括网络流静态特征集、网络流动态特征集、流量图静态特征集和流量图动态特征集。

表 3-1　整体网络行为的特征分类

数据	方法	
	静态度量	动态度量
网络流	网络流静态特征	网络流动态特征
流量图	流量图静态特征	流量图动态特征

3.2.1　流数据形式化表征

获取数据的途径主要是公开数据集和生产环境。在实际环境中设置网络流量采集点，捕获全流量、抽样的 IP 数据包，利用 NetFlow 生成工具生成流数据，可以进行网络流时序数据检测，实时分析或先存储后进行离线检测。在公开数据集中，至少会提供一种数据格式文件以供使用，考虑到 PCAP 文件较大，在提供原始数据包的 PCAP 文件的同时，越来越多的研究机构还提供了 PCAP 文件所生成的流数据，以满足不同研究的需要。

IP 数据包的五元组包括源 IP 地址、源端口号、目的 IP 地址、目的端口号和传输层协议。网络流可以通过解析数据包的方式获取，以相同的属性五元组聚集数据包，生成一条网络流记录。

- **TCP 网络流。**TCP 网络流是指从源 IP 地址和目的 IP 地址间通过 TCP 传输的

SYN 包开始第一个 FIN 包发送之前所有的 IP 数据包集合。TCP 网络流中的 IP 数据包集合具有相同的五元组。在进行数据采集时，鉴于网络环境中丢包或延迟等情况的发生，TCP 的网络流会设置过期时间，一段时间内没有收到任何数据包意味着这条 TCP 网络流通信结束。

- **UDP 网络流**。UDP 网络流是源 IP 地址和目的 IP 地址间通过 UDP 传输的所有数据包，它们具有相同的五元组。同样鉴于网络环境中丢包或延迟等情况的发生，UDP 的网络流会设置过期时间，一段时间内没有收到任何数据包意味着这条 UDP 网络流通信结束。

TCP 和 UDP 是必不可少的，对其他协议的支持可以根据需求来选择，还可以在此基础上进一步生成其他协议的数据。网络流的记录格式和内容则取决于网络设备，不同厂商的产品对应不同的网络流采集协议，例如普遍使用的思科 NetFlow、华为 NetStream，以及其他厂商的 CFlowd、sFlow、IPFIX 等协议较为常见。除此之外，还有大量开源和生产级的网络流生成器，例如 netmate-flowcalc、Tranalyzer 等。不同的数据获取方式具有各自的优缺点，可以在研发过程进行选择，优缺点的比较如表 3-2 所示。

表 3-2　网络流生成方式的比较

	网络设备	工具软件	自主研发
	网络采集设备本身的生成网络流功能	通过捕获网络流量的 IP 数据包导出 PCAP 文件，用流生成器生成网络流数据	开发适用于网络安全需求高的企事业单位研发定制的流生成器
优点	通过网络配置即可获取数据	协议、数据格式和字段相对第一种更丰富，还可以按需进行二次开发	数据包采集频率、数据格式、网络流属性都可以自定义
缺点	网络流的属性较少，IP 数据包采样频率低，支持协议和字段少，有局限性	为了保持良好性能和功能，需不断进行工具软件的更新，可能会不间断地进行接口变更等烦琐的升级工作	研发和测试周期长

将计算机网络环境的 IP 数据包生成网络流数据集，即可用于进一步的数据处理和异常检测等研究。传统的整体网络行为的时序数据检测关注当前时间窗口的特征值，本书基于此还定义了时序数据的动态度量方法，这个方法关注当前时间窗口、

相邻时间窗口的两个窗口网络时序特征的变化值。为了介绍动态度量方法，下面定义两个时间相关的数据集：持续连接数据集和活动连接数据集。其中，slwn 表示当前时间窗口，slwh 表示与当前时间窗口相邻的前一个时间窗口（或后一个时间窗口），cicf 代表流数据，$cicf_{slwn}$ 则表示当前时间窗口的流数据，$cicf_{slwh}$ 则表示历史时间窗口的流数据。

- **持续连接数据集 C_{cicf}**

持续连接数据集，意味着存在 IP 地址对出现在前一个历史时间窗口 slwh 的网络流数据 $cicf_{slwh}$ 中，同时这些 IP 地址对还存在于当前时间窗口 slwn 的网络流数据 $cicf_{slwn}$ 中，表示为：

$$C_{cicf} = cicf_{slwn} \cap cicf_{slwh} \tag{3-1}$$

- **活动连接数据集 A_{cicf}**

活动连接数据集，意味着 IP 对没有出现在前一个历史时间窗口 slwh 的网络流 $cicf_{slwh}$ 中，这些 IP 地址对只存在于当前时间窗口 slwn 的网络流数据 $cicf_{slwn}$ 中，表示为：

$$A_{cicf} = cicf_{slwn} - cicf_{slwh} \tag{3-2}$$

- **网络流静态特征**。网络流静态特征是利用静态度量方法抽取网络流数据的统计特征集，只使用一个时间窗口的数据，例如数据包数、数据包大小、通信持续时间、端口号、IP 地址、传输层协议数等，如图 3-2 所示。

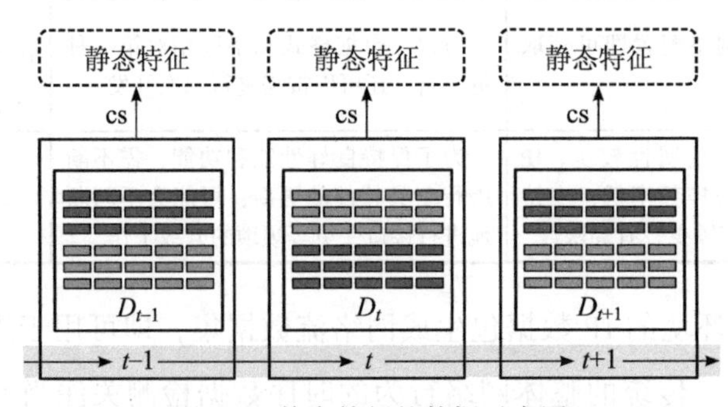

图 3-2　静态特征的数据示意图

- **网络流动态特征**。网络流动态特征是利用动态度量方法抽取流数据的统计特征集，例如相邻窗口的字节数、包数、去重的 IP 地址数的比率等，需要相邻时间窗口的数据，如图 3-3 所示。

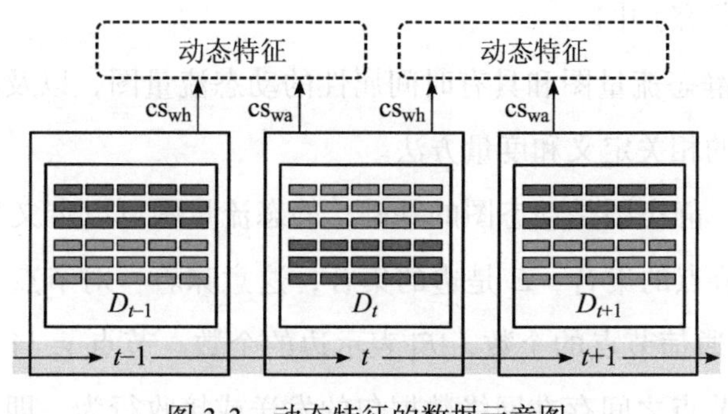

图 3-3　动态特征的数据示意图

分析整体网络行为时主要关注当前时间窗口的特征值，数据包生成网络流，还可以考虑时序数据的动态属性，相邻时间窗口数据相近而不会突变。动态度量方法是先从数据集 $\text{cicf}_{\text{slwh}}$ 和数据集 $\text{cicf}_{\text{slwn}}$ 中根据定义分离出持续连接数据集 C_{cicf} 和活动连接数据集 A_{cicf}，再计算每个特征占比 $f^{C}{}_{\text{cicf}}/f^{A}{}_{\text{cicf}}$，其中，$f=\{f_1, f_2,\cdots, f_n\}$，$f_i$ 表示数据集的第 i 个特征值，考虑到 A_{cicf} 数据集的特征值存在为零的情况，为了避免出现被除数为零的情况，用 e 指数解决，数学计算方法如式（3-3）所示。

$$f\_\text{ratio}=\left|\mathrm{e}^{f^{C}{}_{\text{cicf}}}-\mathrm{e}^{f^{A}{}_{\text{cicf}}}\right| \tag{3-3}$$

3.2.2　流量图形式化表征

为了描述网络节点的交互通信行为，在流量网络行为中，采用了图论分析方法。基于网络流量的数据应用场景，将其定义为“一条网络流记录中的源地址、目的地址表示图中的节点，一条网络流记录表示源地址和目的地址所对应图中的节点之间有一条边，意味着进行了一次网络通信”，下面的描述中统称为流量图。

目前，将网络流数据构建为图模型的国内外相关研究工作中，还没有给这一方法设置统一名称，或称为流量散布图，或称为流量图（Traffic Activity Graph，TAG），或称为基于图的流量分析。这些研究工作的共同点在于，都是将网络流量转换为图模型的描述方式，以便分析计算机网络中的通信节点谁与谁有网络通信、节点与节点之间的交互，进而将图论分析方法应用到网络流量分析（例如流量分类、异常检测、网络安全监控等相关研究）中。

下面依次介绍静态流量图和具有时间属性的动态流量图，以及静态流量图和动态流量图的特征抽取的相关定义和度量方法。

- **静态流量图**。静态图是动态图的基础，静态流量图可以定义为一个图 $G=(V,E)$，V 代表通信节点的集合，E 是边的集合，这意味着一对节点 $e_{ij}=(v_i,v_j)$ 之间有连接，$|V|$ 表示通信节点的个数，$|E|$ 表示边的个数。节点 v_i 与节点 v_j 的通信行为意味着两个节点之间存在网络数据包的发送或接收行为，即两个节点存在网络通信。

如图 3-4 所示，节点 v_5 和节点 v_6 都与三个节点有网络通信，具有两个节点通信行为的节点包括节点 v_1、节点 v_2、节点 v_4，仅与一个节点有通信行为的节点包括节点 v_3 和节点 v_7。

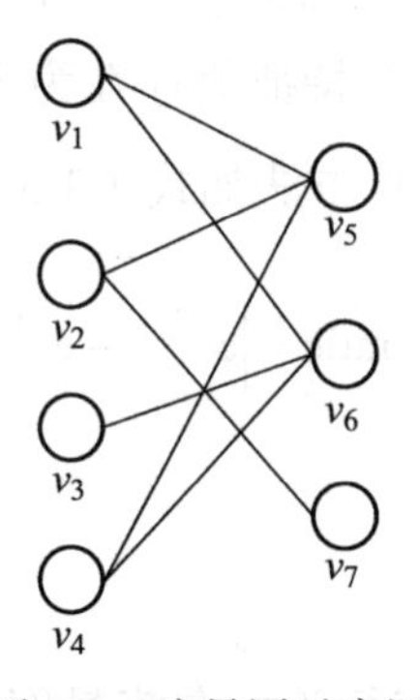

图 3-4　流量图示意图

- **动态流量图**。动态流量图表示随时间 $t-n < t-n-1 <\cdots< t-1< t$ 形成的一个流量图序列 $G=\{G(t-n),G(t-n-1),\cdots,G(t-1),G(t)\}$，其中 $G(t)$ 表示 G 在时间 t 上静态流量图的快照，图的顶点集合、边集合、顶点个数、边个数（V、E、$|V|$、$|E|$）会随着时间发生变化，由此可知 $G_i \neq G_{i+1}$。

因此，可以利用图分析方法对静态流量图和动态流量图分别抽取特征值。其一，描述图模型属性的静态特征；其二，描述图模型随时间变化的动态特征，相关定义介绍如下。

- **静态流量图的特征**。从静态流量图获取的特征称为图的静态特征，是静态流量图快照的统计摘要信息，用来描述和区分图。只使用一个时间窗口的图数据如图 3-5 所示。

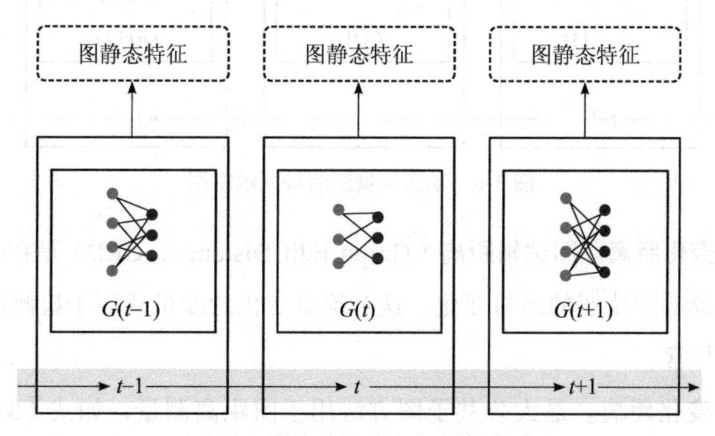

图 3-5　静态流量图的特征示意图

静态特征关注图模型的相关属性，主要包括节点度、度分布、最大度、度、平均最短距离、聚类系数、度相关系数和度 – 度相关性等统计特征。

- **动态流量图的特征**。从动态流量图获取的特征称为图的动态特征，是整体网络行为动态图随时间变化的差异度，从图模型属性描述相邻两个图的变化，通常是度量两个连续时间序列的动态流量图。例如两个相邻时序图的编辑距离、动态图的边距离、动态图的节点距离等。

动态图度量可以比较两个相邻时间窗口的图的相似性，计算 t 时间的图动态特征涉及两个图快照，即 $G(t-1)$ 和 $G(t)$ 的图数据，如图 3-6 所示。

在图序列中，测量两个连续图的变化时采用了图编辑距离的方法和最大公共子图方法，其中，图编辑距离的测量方法描述相邻两个图的绝对变化，最大公共子图方法则描述其相对变化。绝对变化的测量方法针对图的规模，这更适用于检测大量减少或增加的图元素，可以描述动态的网络行为，具体方法如下。

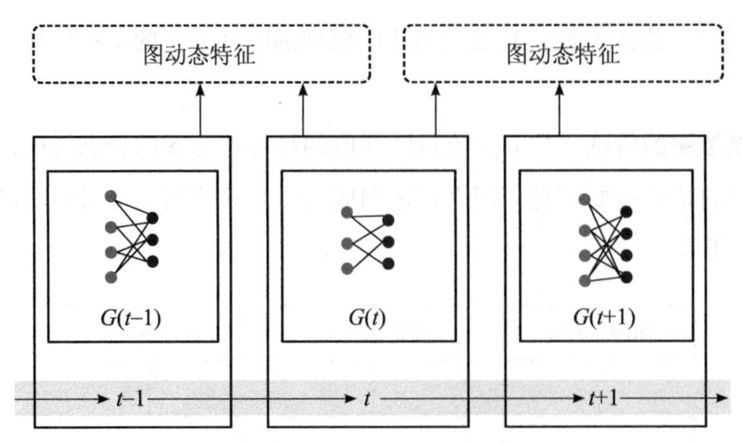

图 3-6 动态流量图的特征示意图

- **图绝对变化距离。**图编辑距离（Graph Edit Distance，GED）是在时间序列图中两个连续的图快照的绝对变化。这个绝对变化的度量适用于检测图尺寸或者图模型的异常。
- **图相对变化距离。**最大公共子图方法用于图距离测量，如式（3-4）所示，描述的是变化的相对程度，用到了最大公共子图（Maximal Common Subgraph，MCS）的概念。

$$\mathrm{ged}(G_i,G_j)=|V_i|+|V_j|-2|V_i \cap V_j|+|E_i|+|E_j|-2|E_i \cap E_j| \tag{3-4}$$

最大公共子图是指若 G 是 G_1 和 G_2 的公共子图，则不存在其他公共子图的节点数比 G 多。两个非空图 G_1 和 G_2 的距离定义如式（3-5）所示，此处 $|G|$ 可以表示图的节点数，也可以表示图的边数，其中，$0 \leqslant d(G_1,G_2) \leqslant 1$，当距离为 0 时，表示两个图同构。

$$d(G_1,G_2)=1-|\mathrm{mcs}(G_1,G_2)| / \max(|G_1|,|G_2|) \tag{3-5}$$

受图模型距离计算方法启发，还定义了动态图边变化距离和动态图节点变化距离的度量方法，量化相邻时序图的节点和图的边的变化。

- **动态图边距离。**动态图边距离是在时间序列图中两个连续的图快照的边的绝对变化。

$$\mathrm{de}(G_i,G_j)=2|E_i \cap E_j| / (|E_i|+|E_j|) \tag{3-6}$$

- **动态图节点距离**。动态图节点距离是在时间序列图中两个连续的图快照的节点的绝对变化。

$$\mathrm{dn}(G_i,G_j)=2|V_i \cap V_j| / (|V_i|+|V_j|) \tag{3-7}$$

根据网络流量分析的网络行为主体对象的不同，可以分别采用不同的图属性进行量化，如整体网络行为度量时采用的图特征，目的是描述图整体的结构和属性，例如图编辑距离、图节点度均值等；对网络流量分析网络个体行为采用的是图节点的特征，例如：图节点的度、节点的邻居节点的入度等；对主机群行为分析采用的是图演化和演化事件的特征，例如：主机群数、主机群成员数、演化事件数等。对于流量图的相关定义，后面不再赘述。

3.2.3 整体网络行为特征集和抽取算法

研究发现，对网络流量进行分析时，网络特征选择的结果直接影响网络异常行为的检测结果，适当的网络异常分类有助于提取通用的异常表征的特征集。不同网络安全事件触发的异常行为会导致不同的网络流量的特征变化。在对已有整体网络行为特征研究的基础上，有效融合特征集，总结了整体网络行为代表特征示例，如表3-3所示。

表3-3 整体网络行为代表特征示例

特征分类	特征描述
网络流静态特征	字节数
	数据包数
	IP 个数
	端口数
网络流动态特征	协议比率
	连接数比率
	字节数比率
	数据包数比率

（续）

特征分类	特征描述
流量图静态特征	度
	入度、出度
	度的熵值
	入度、出度的熵值
	只有入度的节点数
	只有出度的节点数
	同时有入度和出度的节点数
流量图动态特征	图编辑距离
	边重叠数
	节点重叠数

这里定义了针对整体网络行为特征抽取的算法，算法的输入数据是网络流数据，输出是描述整体网络行为轮廓的特征集。网络流量数据集包括时间戳，为了对离线PCAP文件和NetFlow文件进行处理，可以使用滑动窗口技术，通过抽取固定时间戳记录集的方式实现。下面介绍针对整体网络行为特征的构建算法，算法输入数据是流数据，输出是特征值集合，用来作为下一步存储、网络安全可视化分析的数据输入，Spark算法描述如下。

算法1：整体网络行为特征抽取算法

```
输入：流数据
输出：特征向量
1  SparkContext 的初始化；
2  获取数据 KafkaStream=KafkaU tils.createStream()；
3  获取时间窗口数据 datawin=KafkaStream.window()；
4  for each rdd in DStream do
5    slice_his= 获取前一个时间窗口数据 datawin.slice(0)；
6    slice_now= 获取当前时间窗口数据 datawin.slice(1)；
7    解析数据 rddslice_his=slicehis.map().cache()；
8    解析数据 rddslice_now=slicenow.map().cache()；
9    if rddslice_his ≠ null then
10     ftv_s= 计算网络流静态特征；
       // 初始化边数据；
```

```
11      edgeRDD=rddslicenow.map(new Edge(_.srcip,_.dstip,1L));
        //构建图;
12      rddgraph=Graph.fromEdges(edgeRDD,None);
13      ftag_s =计算流量图静态特征;
14    end
15    if rddslicehis ≠ null and rddslicenow ≠ null then
    //计算持续连接数据集 rddcommon;
16      rddcommon=rddslice_his.intersection(rddslice_now);
        //计算活动连接数据集 rddactive;
17      rddactive=rddslice_now.subtract(rddcommon);
18      ftv_d=计算网络流动态特征;
19      ftag_d=计算流量图动态特征;
20    end
21      f=ftv_s ∪ ftag_s ∪ ftv_d ∪ ftag_d
        //数据存储和处理;
22      f 特征向量作为异常检测算法的数据输入;
23    end
24    启动 StreamingContext;
25    直到 StreamingContext 终止;
```

3.3 整体网络行为异常检测方法研究

时间序列是指数据随着时间变化而变化的特征序列，广泛应用于金融分析、气象预报、统计预测等多个研究领域。针对多维特征时序异常检测算法存储成本和空间成本高等问题，采用了异常累积算法，定义了适用于网络流量时序数据的历史时间取点法；在水平时间轴采用绝对变化测量，在垂直时间轴采用相对变化和趋势变化测量，进而定义了多维特征的时序累积偏离度异常检测算法。

下面介绍检测算法的数学描述和计算方法，包括子序列异常的符号化聚集近似方法、历史时间取点法等。

3.3.1 时序数据历史时间取点法

为了定义网络流时序数据异常累积的检测算法，先描述历史时间取点法的定义，通过历史数据检测时序数据异常并降低计算成本和存储成本。历史时间取点法包括两个重要的定义：垂直时间轴和水平时间轴。

- **定义 3-5：垂直时间轴**。垂直时间轴以天为单位且天是相同的时间类型，例如同为工作日或周末，进而构建垂直距离。
- **定义 3-6：水平时间轴**。水平时间轴是固定一天内的数据，时间单位可以根据需要设置，例如小时或分钟等。

在网络流量时序数据中，流量特征呈现出工作日和周末的差异性，历史时间取点法同样也区分了工作日和周末的网络流时序数据，示意图如图 3-7 所示。

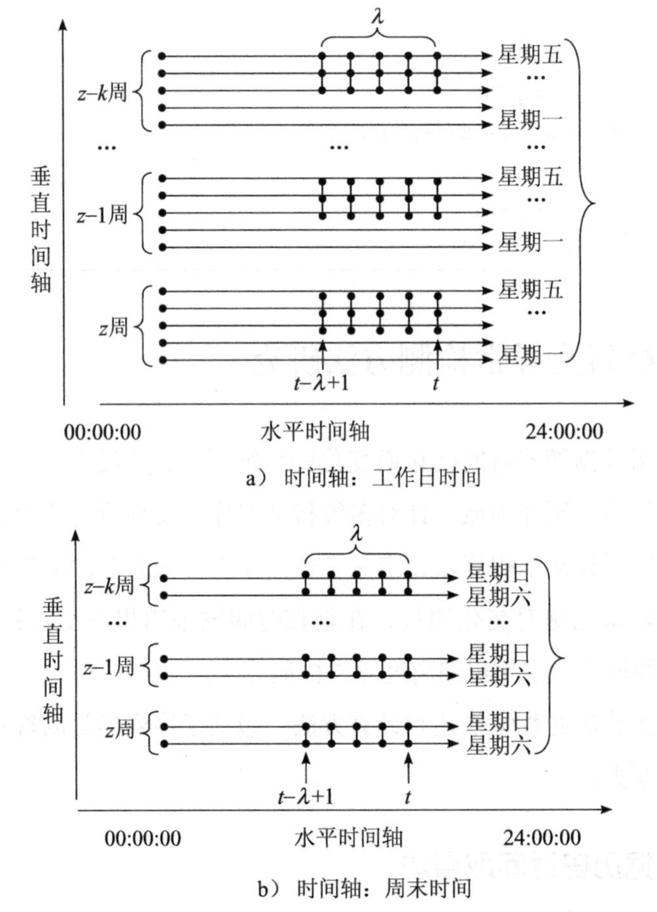

a）时间轴：工作日时间

b）时间轴：周末时间

图 3-7　时间轴历史时间取点示意图

根据图 3-7 所示的历史时间取点法示意图，抽取的数据集作为累积异常的检测方法的历史数据，数据集及符号描述如表 3-4 所示。

表 3-4　历史数据取点法的数据集及符号

序号	距离	值类型	描述
1	水平距离	相邻相关数据	时间 t 相邻的 ∂ 个时间点
2	垂直距离	周期性相关数据	获取前 K 周时间 t 相邻的 ∂ 个点
3	垂直距离	子序列 $(t_0,t_1,\cdots,t_{N-1})$	获取前一天时间 t 相邻的 ∂ 个点； 获取前一周同一天的时间 t 相邻的 ∂ 个点

3.3.2　时序异常检测方法

根据历史时间取点法进行数据选择，通过绝对变化、相对变化和趋势变化进一步度量整体网络行为的偏离度。该算法的优势在于保留了计算机网络环境中用户网络行为驱动下真实的整体网络行为轮廓，具有多维特征、较小计算成本等优势，提高了整体网络行为时序数据监控的准确性，可以减少误报，具有更高的实际应用价值。下面分别介绍这三个方法的含义和解决的问题。

- **绝对变化**。网络流时序数据的绝对变化主要关注相邻数据的变化情况，旨在发现整体网络行为时序轮廓多维特征的突然增加或减少，以解决整体网络行为时序轮廓突变问题。
- **相对变化**。网络流时序数据的相对变化主要关注周期性相关数据的变化情况，例如服务器长期提供服务时，考虑到提供定时、周期性的网络服务，用户访问行为存在集中访问的情况，旨在减少误报、发现服务中断等，以解决定时、周期性、集中性的用户访问行为导致的误报问题。
- **趋势变化**。网络流时序数据的趋势变化主要关注趋势性、周期性数据的变化情况，考虑到网络攻击行为趋向于低频、低强度和慢速的问题，旨在发现整体网络行为时序轮廓不符合时间演化趋势的情况。

整体网络行为时序轮廓异常检测分为单点异常检测和子序列异常检测两种类型。针对整体网络行为时序轮廓突发变化的问题，采用时序单点异常检测；针对整体网络行为时序轮廓波动趋势变化的问题，采用子序列异常检测。根据上述描述，偏离度量化的数学计算方法和定义如下。

- **定义 3-7：绝对变化**。计算当前时间 t 的整体网络行为时序轮廓，获取整体网络行为时序轮廓历史数据，计算第 i 个特征相邻时间的绝对值 $|f_i(t)-f_i(t')|$，w_i 表示特征值 i 的权重，$\sum w_i=1$（$i=1, i\leqslant m$）。这里从相邻数据中选择了多个数据点 i，整体网络行为时序轮廓绝对变化的累积值如式（3-8）所示：

$$\mathrm{EA}^{(1)}(t)=\sum_{i=1}^{m}\left(w_i\cdot\max\left\{\left|f_i(t)-f_i(x)\right|, x\in i\right\}\right) \tag{3-8}$$

- **定义 3-8：相对变化**。计算当前时间 t 的整体网络行为时序轮廓，获取整体网络行为时序轮廓历史数据，抽取当前时刻 t 第 i 个特征的周期性相关数据，计算第 K 周时间 t 相邻的前 ∂ 个数据点的最大值的比值，$f_i(t)$ / $\max(f_i(t), f_i(t-1),\cdots, f_i(t-\partial))$，如式（3-9）所示：

$$\mathrm{EA}^{(2)}(t)=\sum_{i=1}^{m}\left(\frac{w_i}{k}\sum_{j=1}^{k}\left(f_i^{\,j}(t)\big/\max\left\{f_i^{\,j}(x), x\in\partial\right\}\right)\right) \tag{3-9}$$

- **定义 3-9：趋势变化**。整体网络行为时序轮廓特征值在当前时间 t 建立当前的形状子序列 C′，获取整体网络行为时序轮廓历史数据，计算子序列的欧氏距离。整体网络行为时序轮廓的形状变化值主要关注这个时间段的整体网络行为时序轮廓特征形状趋势，而不关注具体的特征值大小。

如图 3-8 所示，时间轴描绘了三个周期数据，仅仅考虑数据分布，时序图中 t_1 与 t_2 的值相同，不认为是异常时序点，但是从整个周期数据分布观察，t_2 时间点的值是异常值，数据趋势不同于正常周期的时序曲线形状。

在分段聚集近似（Piecewise Aggregate Approximation，PAA）方法的基础上，Jessica 等人提出了时间序列的符号化聚集近似表示（Symbolic Aggregate Approximation，SAX）方法。书中采用了 SAX 方法研究时序数据的近似性，为了描述整体网络行为时序轮廓的异常检测算法实现的要点，下面归纳了将要使用的符号及其含义，如表 3-5 所示。

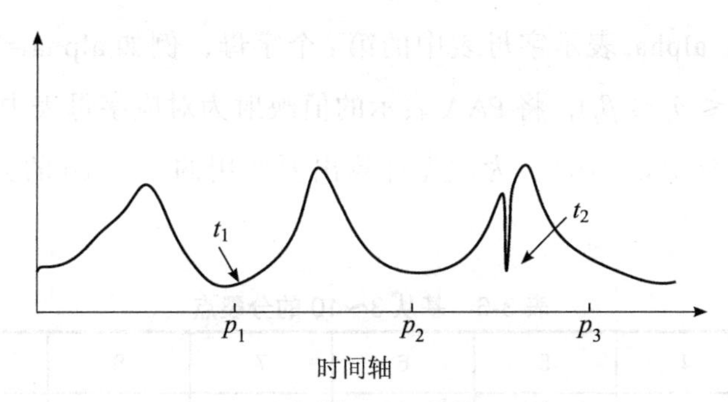

图 3-8　时序数据形状变化的示意图

表 3-5　定义的符号和含义

符号	描述
$U=\{U_1,U_2,\cdots,U_N\}$	一个时间序列
$\bar{u}=\{\bar{u}_1,\bar{u}_2,\cdots,\bar{u}_N\}$	一个分段聚集近似的时间序列
$\hat{O}=\{\hat{o}_1,\hat{o}_2,\cdots,\hat{o}_N\}$	一个符号化聚集近似的时间序列
N	用长度为 N 的分段聚集近似的时间序列描述时序 U
a	字母表个数

获取检测时刻之前最近 N 个数据点的子序列，已知当前时间相邻 N 个数据点的时间序列 $U'=\{U_1',U_2',\cdots,U_N'\}$，利用 SAX 表示进行子序列比较的关键步骤如下。

1）规格化。将时间序列 U' 规格化为均值为 uu、标准差为 v 的标准序列 $U=\{U_1,U_2,\cdots,U_N\}$，如式（3-10）所示：

$$U_i=\frac{U_i'-\mathrm{uu}}{v} \tag{3-10}$$

2）PAA 降维。对 U 进行 PAA 表示得到 $\bar{u}=\{\bar{u}_1,\bar{u}_2,\cdots,\bar{u}_N\}$，$1\leqslant N\leqslant n$。其中 N 为时间序列的 PAA 表示的长度，可以描述 n 长度的时间序列，如式（3-11）所示：

$$\bar{u}_i=\frac{N}{n}\sum_{j=\frac{n}{N}(i-1)+1}^{\frac{n}{N}i}U_i \tag{3-11}$$

3）符号化。选定基大小 a=10，根据字母基大小在高斯分布表如下所示，查找

区间的分裂点 β_i。$alpha_i$ 表示字母表中的第 i 个字母，例如 $alpha_2$=b、$alpha_3$=c，通过 $\hat{o}_j=alpha_i$（$\beta_{j-1} \leqslant \hat{o}_j \leqslant \beta_j$），将 PAA 表示的值映射为对应字母表中的字母，最终离散化为字符串 $\hat{O}=\{\hat{o}_1,\hat{o}_2,\cdots,\hat{o}_N\}$。为此先计算出要使用的 3 ～ 10 的分裂点，如表 3-6 所示。

表 3-6　基从 3～10 的分裂点

β_i	3	4	5	6	7	8	9	10
β_1	−0.43	−0.67	−0.84	−0.97	−1.07	−1.15	−1.22	−1.28
β_2	0.43	0	−0.25	−0.43	−0.57	−0.67	−0.76	−0.84
β_3		0.67	0.25	0	−0.18	−0.32	−0.43	−0.52
β_4			0.84	0.43	0.18	0	−0.14	−0.25
β_5				0.97	0.57	0.32	0.14	0
β_6					1.07	0.67	0.43	0.25
β_7						1.15	0.76	0.52
β_8							1.22	0.84
β_9								1.28

接着，运用式（3-12）计算得到基为 10 的各个字母之间的距离值，如表 3-7 所示，查表计算可知 dist(a,b)=0、dist(a,d)=0.76。

$$\text{cell}_{r,c}=\begin{cases}0 & |r-c|\leqslant 1\\ \beta_{\max(r,c)-1}-\beta_{\min(r,c)} & 其他\end{cases} \tag{3-12}$$

表 3-7　基 a=10 的字母距离表

	a	*b*	*c*	*d*	*e*	*f*	*g*	*h*	*i*
a	0	0	0.44	0.76	1.03	1.28	1.53	1.8	2.12
b	0	0	0	0.32	0.59	0.84	1.09	1.36	1.68
c	0.44	0	0	0	0.27	0.52	0.77	1.04	1.36
d	0.76	0.32	0	0	0	0.25	0.5	0.77	1.09

（续）

	a	*b*	*c*	*d*	*e*	*f*	*g*	*h*	*i*
e	1.03	0.59	0.27	0	0	0	0.25	0.52	0.84
f	1.28	0.84	0.52	0.25	0	0	0	0.27	0.59
g	1.53	1.09	0.77	0.5	0.25	0	0	0	0.32
h	1.8	1.36	1.04	0.77	0.52	0.27	0	0	0
i	2.12	1.68	1.36	1.09	0.84	0.59	0.32	0	0

4）相似性度量。将当前时刻每个特征值的 SAX 序列进行比较累积。式（3-13）用于计算字符串序列 $\hat{O}$ 与 $\hat{A}$ 的最小距离。

$$\text{MIDIST}(\hat{O},\hat{A})=\sqrt{\frac{n}{w}}\sqrt{\sum_{i=1}^{w}(\text{dist}(\hat{o},\hat{a}))^2} \tag{3-13}$$

基于上述时序算法要点和参数选择的介绍，$\hat{A}$ 是 A 的字符串形式，通过时序数据构建。其中，w 是特征的权重值，δ 是子序列距离当前子序列时间远近的权重，时间序列趋势累积值的计算如式（3-14）所示：

$$\text{EA}^{(3)}(t)=\sum_{i}^{m}\left(\sum_{j}^{k}\left(w_i\cdot\delta_j\cdot\text{MIDIST}(\hat{O}_i,\hat{A}_i^j)\right)\right)+\varepsilon \tag{3-14}$$

综上所述，根据式（3-14），基于时间序列分析方法的整体网络行为时序轮廓累积偏离度的公式如式（3-15）所示，其中 $\sum_{j}^{\theta}=1$（$1\leqslant j\leqslant 3$）。

$$\text{EA}=\theta_1\text{EA}^{(1)}+\theta_2\text{EA}^{(1)}+\theta_3\text{EA}^{(1)} \tag{3-15}$$

3.3.3　异常检测算法

先获取检测时间窗口特征集 f，将数据进行清洗和标准化，构建符合下一步输入要求的数据，再计算检测时间窗口的异常值，识别正常或异常，具体的 Spark 算法描述如下。

算法 2：整体网络行为异常检测算法

输入：特征向量 $f(t) = (f_1, f_2, \cdots, f_m)$

输出：异常值

1 获取检测时间窗口的时间类型 tc;

2 获取历史数据 R，基于时间类型 tc 计算绝对变化；

3 获取历史数据 Z，基于时间类型 tc 计算相对变化；

4 获取历史数据 Q，基于时间类型 tc 计算趋势变化；

5 清除历史数据 R、Z 和 Q 标注的异常；

6 构建检测时间窗口的特征向量 $singledata(t) = f(t)$; // 构建子序列 $seqdata$;

7 $seqdata(t)=\begin{bmatrix} f_1(t-\partial) & \cdots & f_1(t) \\ \vdots & \vdots & \vdots \\ f_m(t-\partial) & \cdots & f_m(t) \end{bmatrix}$

8 **for** *each* f_i *in* $singledata(t)$ **do** // 计算绝对变化；

9 $EA^{(1)}(t)=\sum_{i=1}^{m}\left(w_i \cdot \max\left\{\left|f_i(t)-f_i(x)\right|, x \in i\right\}\right)$ // 计算相对变化；

10 $EA^{(2)}(t)=\sum_{i=1}^{m}\left(\frac{w_i}{k}\sum_{j=1}^{k}\left(f_i^j(t)/\max\left\{f_i^j(x), x \in \partial\right\}\right)\right)$

11 **end**

12 **for** *each* f_i *in* $seqdata(t)$ **do** // 计算趋势变化；

13 获取 *i-th* feature subsequence history data $\hat{A}_i$;

14 获取 *i-th* feature subsequence current data $\hat{O}_i$;

15 $EA^{(3)}(t)=\sum_{i}^{m}\left(\sum_{j}^{k}\left(w_i \cdot a_j \cdot \mathrm{MIDIST}\left(\hat{O}_i, \hat{A}^j\right)\right)\right)+\varepsilon$

16 **end**

17 **if** $EA > \varphi$ **then**

18 alarm and save *EA* to *MySQL* ;

19 **end**

3.4 Spark 并行化设计

研究将时间序列的理论方法与实际数据的变化趋势结合，进行分析，实现了整体流量网络行为时序轮廓的异常检测。下面先给出 Spark 并行化程序流程图，该流程实现了抽取和分析整体网络行为时序轮廓的程序，接着进行网络流量数据的清洗和标准化，最后分别就不同实验场景的结果进行系统的分析和比较。

采用大数据分析技术 Spark 实现上述时序数据分析与异常检测算法，如图 3-9 所示。Spark Streaming 是一个批处理的流式计算框架，适用于处理时序数据与历史数据混合处理的场景，并能保证容错性。Spark 并行化程序设计思路采用滑动窗口技术，以固定时间窗口为 Apache Spark 的用户定义时间间隔，获取对应的网络流的记录集。由于 Apache Spark 已经将数据缓冲区的数据封装为 Apache Spark 数据块，每个 RDD 含有一段时间间隔内的数据，因此程序可以读取当前时间窗口和上一个历史时间窗口的数据，进而可以获取网络流数据，并构造图数据。在这个数据分析管道中，根据整体流量网络行为的特征抽取方法和定义，计算特征值，进而实现存储、可视化分析和整体流量网络行为的异常检测。

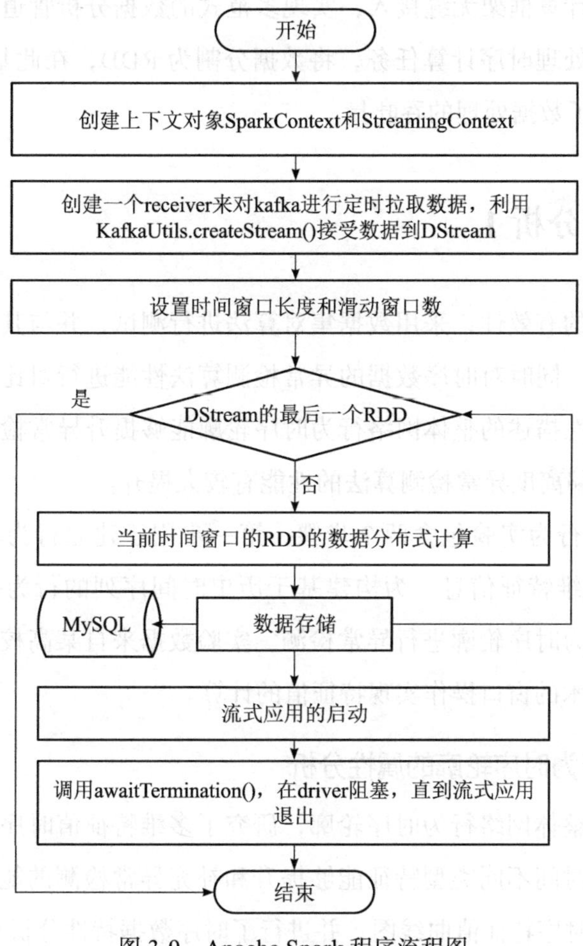

图 3-9　Apache Spark 程序流程图

Spark Streaming将数据流以时间片 Δt 为单位切分为块，每块数据作为一个RDD，实现连续的数据持久化、离散化，然后进行批量处理，Spark Streaming中对应的数据结构是DStream，DStream由连续的RDD表示。Spark Streaming从分布式集群上的不同节点接收输入的数据流，放入数据缓冲区，直到时间段等于用户定义的时间间隔，将数据缓冲区的数据封装为Apache Spark数据块，每个RDD包含一段时间间隔内的数据，每块数据产生一个Spark作业进行Transformation和Action算子计算，最终以批处理的方式操作时间片数据，将发出RDD的Action提交到作业，将作业转换为大量的任务分发给Apache Spark集群执行。Spark Streaming与Apache Spark生态系统中的其他计算框架无缝接入，实现多范式的数据分析管道，能够支持运行于百个节点的集群，处理时序计算任务，将数据分割为RDD，在此基础上进行批处理，这种方式大大提高了数据处理的吞吐量。

3.5 异常案例分析1

为了验证算法的有效性，采用数据集对算法进行测试，并与其他网络行为的特征集进行检测率比较，同时对时序数据的异常检测算法性能进行对比分析。实验目的是表明结合流量图属性描述的整体网络行为时序轮廓能够提升异常检测率，采用了历史时间取点法的累积偏离度异常检测算法的性能有较大提升。

整体流量网络行为实验包含两个步骤。第一步用于建立行为轮廓，主要是采集整体网络行为的多维特征信息，为构建基于历史时间序列的行为基线做准备；第二步用于整体网络行为时序轮廓进行异常检测。实验数据来自某高校的网络流量，通过Spark Streaming技术的窗口操作实现特征值的计算。

1. 整体网络行为时序轮廓的属性分析

本实验分析了整体网络行为时序轮廓，研究了多维特征值时序波动的规律性和关联性，验证了相同时间不同类型特征能够提升和补充异常检测的能力，下面列出了多组整体网络行为的时序特征值曲线图，并进行了时序数据特性分析和对比。

图 3-10 展示了网络流静态特征。在实验中观察发现，图中字节数的时序值与数据包数时序值的曲线形状相似，尤其是时间轴越长，特征值曲线的变化和突变性都趋于相似。图中蓝色线代表 TCP 数据，红色线代表 UDP 数据。

网络行为特征的数据包字节数和数据包数，随着时间跨度的增加，其数值曲线的变化和突变性就越相似，很明显这些特征值也展现出了每日和每周的通信模式，图 3-10 中相同时间窗口的异常波动时，两个特征出现了程度不同的数据波动。例如：第一个蓝色标注可见，时间窗口的 UDP 数据包数波动明显大于字节数；第二个蓝色标注可见，窗口 TCP 字节数波动明显大于数据包数；第三个蓝色标注可见，时间窗口的 UDP 的字节数曲线波动明显大于数据包数。尽管数据变化特征值的曲线数值波动程度不同，但是两个特征曲线的异常数据波动的时间窗口是相同的。这组特征的关联性强，波动规律也相同。

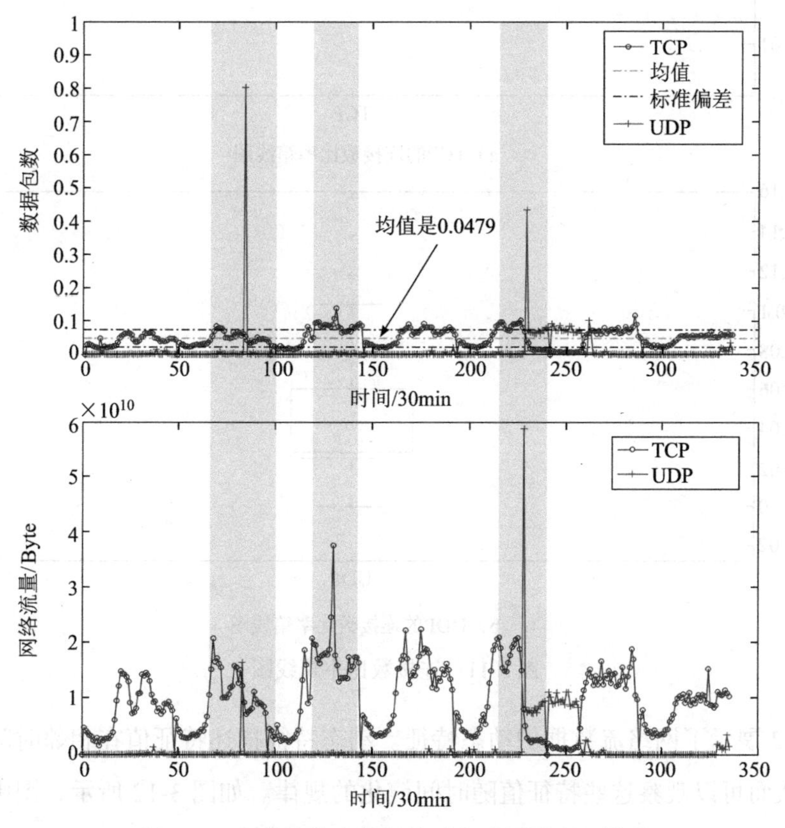

图 3-10　网络流静态特征的时序示例图（见彩插）

图 3-11 展示了连接数比率的箱线图，TCP 的中位数是 4.874，UDP 的中位数是 2.337。因而，图 3-12 中异常时间窗口的曲线突起点也很明显。由实验观测可知，整体网络行为时序轮廓在相邻窗口的特征值曲线的波动小，曲线值不会发生突变，时序数据曲线随时间演化具有稳定性。

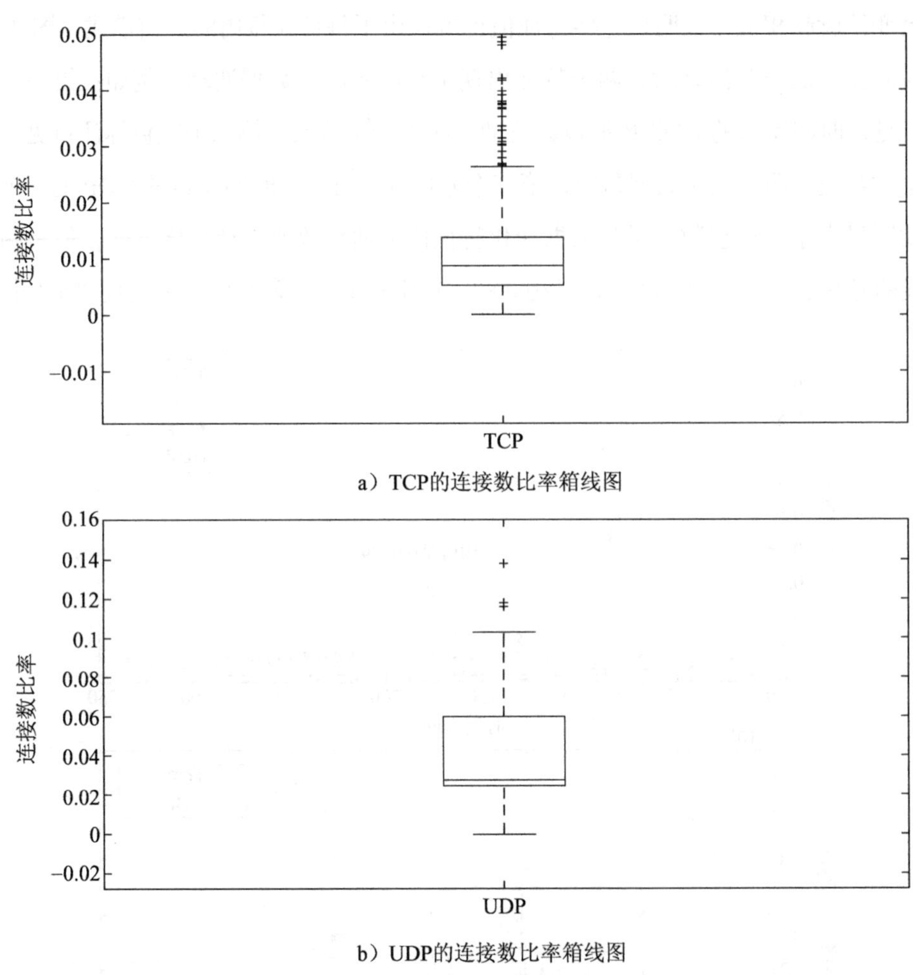

a）TCP的连接数比率箱线图

b）UDP的连接数比率箱线图

图 3-11　连接数比率箱线图

图 3-12 展示了网络流数据的动态特征。动态特征描述特征值在相邻时间窗口的变化情况，从而可以观察这些特征值随时间演化的规律。如图 3-12 所示，图中出现了曲线的数据突起点。进一步分析整体网络行为时序轮廓特征值的时序曲线可以发现，在

动态特征中，曲线出现了较为一致的小峰值，而在静态特征时序曲线中，这样的波动完全不会影响时序曲线的趋势。分析发现字节数比率和数据包数比率同样关联性强，反之其与连接数比率关联性弱，相同之处是变化率都趋于平稳。

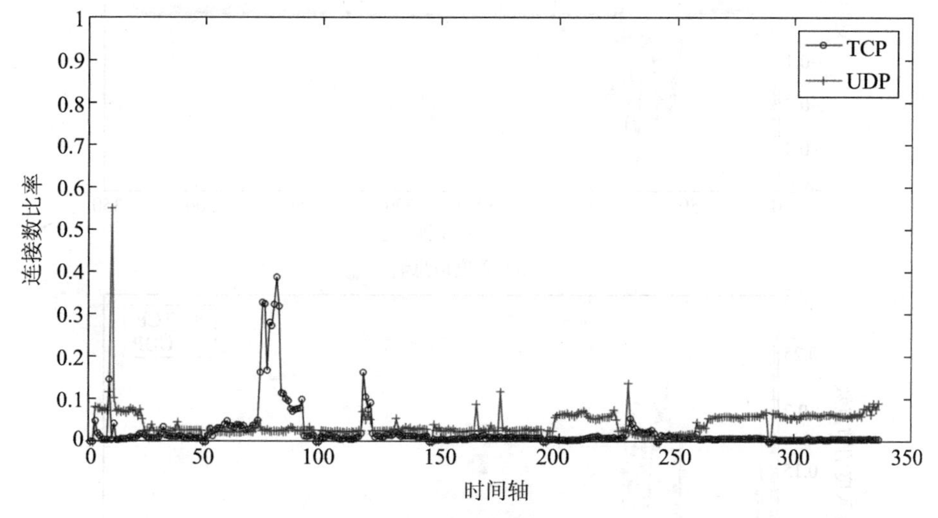

图 3-12　特征值连接数比率（见彩插）

传统的网络流量特征关注流量负载强度的统计特征，这不足以反映通信模式特性。当异常的网络行为没有呈现出流量变化时，则难于检测出这类异常行为，如蠕虫病毒传播、扫描行为、Botnet、DoS/DDoS 造成的低强度异常行为。

图 3-13 展示了流量图的静态特征。观测整体网络行为时序轮廓特征值时序曲线的特点是数据整体集中趋势稳定，只有个别曲线有或大或小的突起点。如图 3-13 所示，从第 50 个时间窗口开始，第 75 个时间窗口的入度信息熵值出现谷底，说明图中这段时间出现了大量入度相同的节点，导致入度熵值降低，相对应其他特征值都没有在相应的时间窗口变化，只有连接数比率从第 50 个时间窗口开始增加、在第 75 个时间窗口出现峰值的波动，说明相邻时间窗口持续连接数的占比突然远远大于正常活动连接数占比。在时间窗口 100 和 238 两侧，仅有入度节点数和仅有出度节点数都有不同程度的谷底波动，而入度信息熵值只在 238 附近出现了谷底波动，其他的异常波动并没有其他特征中呈现。

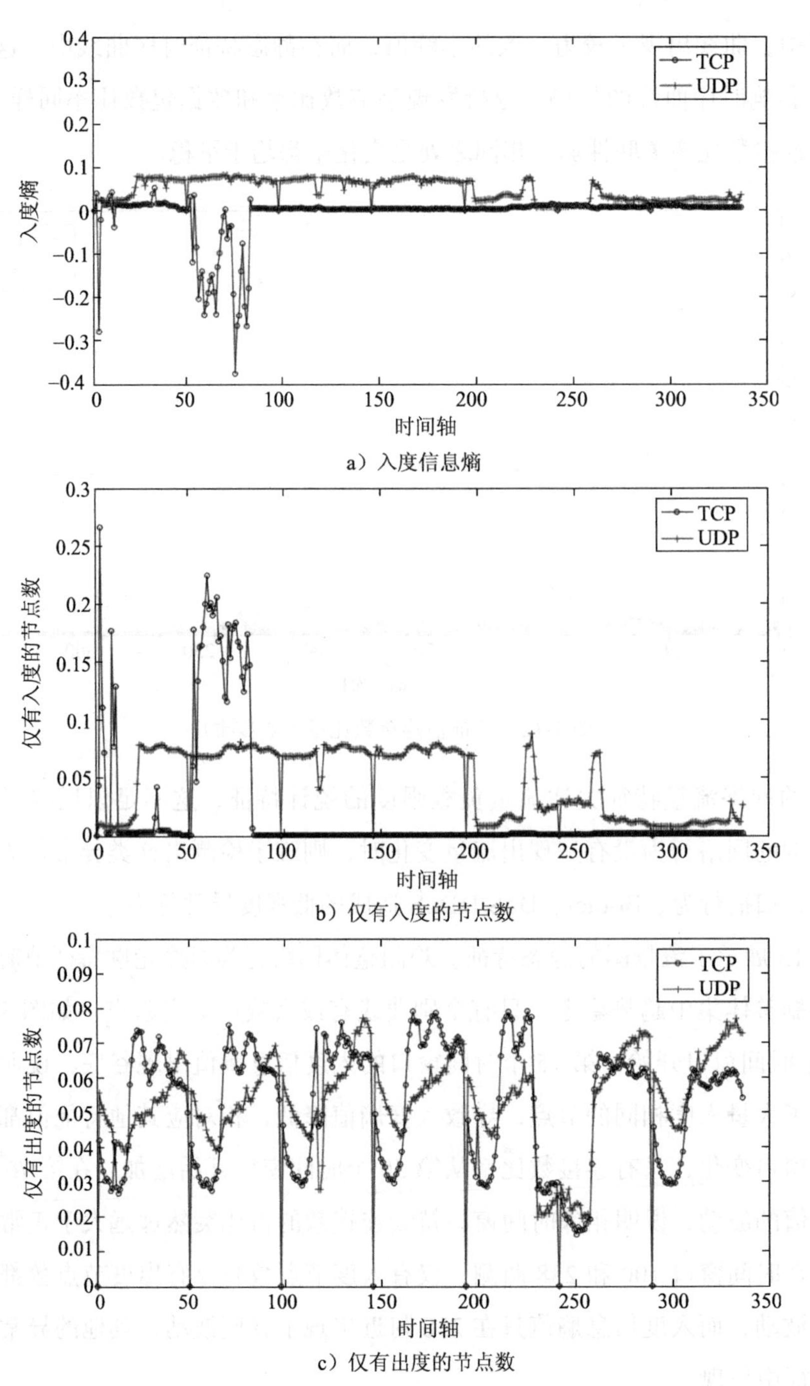

a）入度信息熵

b）仅有入度的节点数

c）仅有出度的节点数

图 3-13　图静态特征示例（见彩插）

表 3-8 所示的特征值集中趋势表与观测结果一致。数据分析中通常采用中位数、众数描述数据的集中趋势。

表 3-8　图静态特征值统计值（中位数，众数）

协议名称	入度的信息熵	仅有入度的节点数	仅有出度的节点数
TCP	0.0695，0.043	37，37	41，43
UDP	1.393，0	6，6	35，36

编辑距离为 0 时表明两个连续图是同构、同形的，流量图模型没有变化，相反，编辑距离值越大表明相邻图模型越不同。如图 3-14 所示，将 TCP 和 UDP 的数据分开分析和处理是有必要的，因为，如果其中一个特征值较小，叠加后即使网络扰动也无法及时感知，另外，TCP 和 UDP 的特征值展现出不同的时间演化规律，特征值曲线趋势较为稳定或具有规律性，即使相同也是处于不同的特征值区域。

从图 3-14 中可以发现，TCP 的相邻时间窗口的编辑距离具有时序稳定性，整体网络行为时序轮廓每个时间窗口的特征值不会发生突变。对比流量负载强度和通信模式两种类型的统计特征，特征值波动呈现出明显不同：流量图的特征中出现了峰值（剧增或突增），作为流量负载强度的特征值中并没有出现峰值。例如：第一个蓝色标注可见，图中标识的时间段中 TCP 的编辑距离两次出现峰值，而数据包数出现一次小的突点；第二个蓝色标注可见，时间段中 TCP 编辑距离从第 50 个时间窗口开始持续呈现出明显的峰值，直到第 81 个时间窗口恢复正常，而数据包数没有异常波动；第三个蓝色标注可见，时间段中 UDP 编辑距离呈现出一个明显的谷底，UDP 数据包也没有波动；第四个蓝色标注可见，时间段中 UDP 编辑距离出现突起同时 UDP 数据包也有突增。分析其他特征值从第 50 个时间窗口后的曲线变化，入度熵值出现谷底，编辑距离出现峰值，连接比率出现峰值，其他的特征值都没有异常波动，仅有入度的节点数剧增，流量图的动态图节点距离和动态图边距离剧减，说明流量中有大量进来的访问流量，是通信模式的图模型变化。

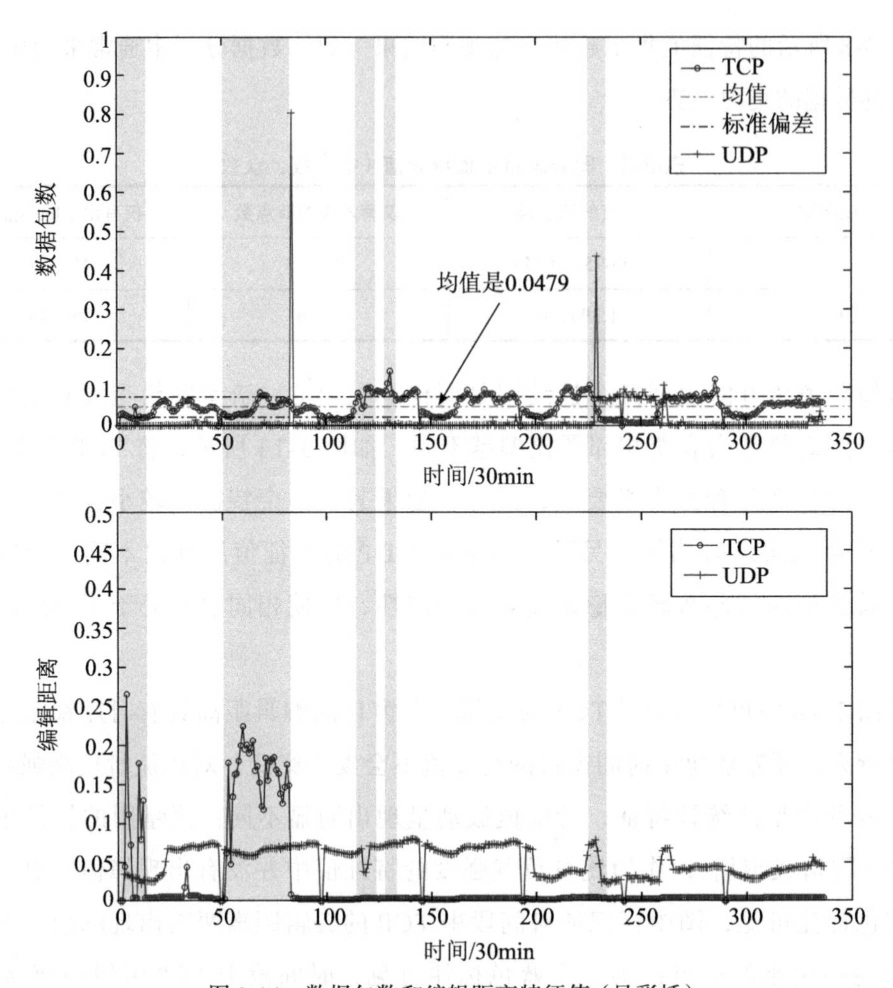

图 3-14　数据包数和编辑距离特征值（见彩插）

在整体网络行为轮廓特征值分析过程中，探索了所提出的四类特征集随时间波动的规律性和关联性，根据特征时序曲线图分析表明：

1）由于网络行为有规律的周期性，时序轮廓的属性都呈现出日和周的模式；

2）除了个别异常波动之外，时序轮廓的属性的大部分特征值几乎不发生变化，趋势平稳；

3）时序轮廓属性的通信模式特征值每隔一段时间呈现明显的增加、降低，出现了峰值和谷底；

4）当异常出现时，整体网络行为时序轮廓不同类型的特征在不同的时间窗口展现出异常波动；

5）当异常出现时，即使相同类型的特征也会呈现出不同程度的变化。

整体网络行为时序轮廓的属性分析实验表明，时序特征值是高度相关的，连续值不会突然改变，周期性值不会突然变化，相邻的多个值具有稳定变化趋势，用户访问模式的波动周期，包括日复和周复。

2. 检测算法的性能对比

通过 Spark 资源参数调优为不同算法程序选择最优参数，并与其他算法程序进行性能比较，实验结果表明通过观察网络流量，所提出的基于历史时间取点法的累积偏离度算法能够减少计算量，还能在一定程度上提高性能。

针对 Spark 资源参数调优，通过调节资源配置参数来优化分布式资源使用的效率，从而提高 Spark 作业的执行性能。通过人工枚举 48 种资源参数，统计计算时间后，选择最优资源配置参数，如表 3-9 所示。

表 3-9　资源配置参数示例

算法名称	时间 /s	Executor 数量	Core 数量
动态 ARIMA 检测算法	2.242	8	3
静态 ARIMA 检测算法	2.217	6	6
本算法	0.499	8	8

检测算法的性能对比实验中设置 driver 的 Core 数量是 2，内存是 2GB，每个 Executor 的内存是 2GB。为了选择最优的 Spark 资源配置参数，设置不同的 Executor 数量（小于等于 Spark 集群的节点数）和 Core 数量（小于等于 VCores Total / Executor 数量）提交 Spark 作业，获取不同参数、不同检测算法计算一个特征的时间均值，将最小值对应的配置参数作为算法的运行参数。

在检测算法的性能对比实验中，对比了不同算法四种类型特征的检测算法的计算时间均值，如图 3-15、图 3-16 和图 3-17 所示。

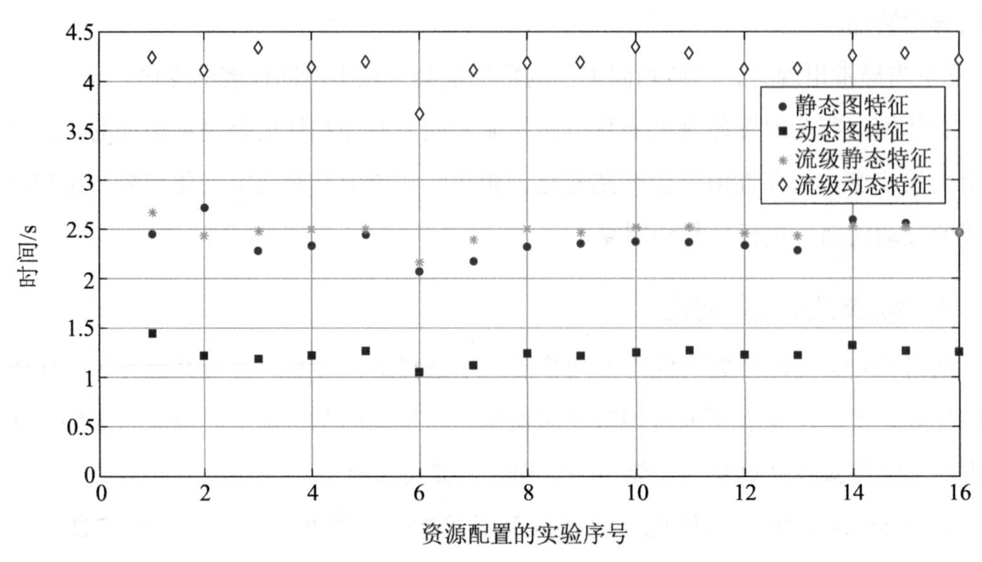

图 3-15　动态 ARIMA 检测算法的四类特征计算时间（见彩插）

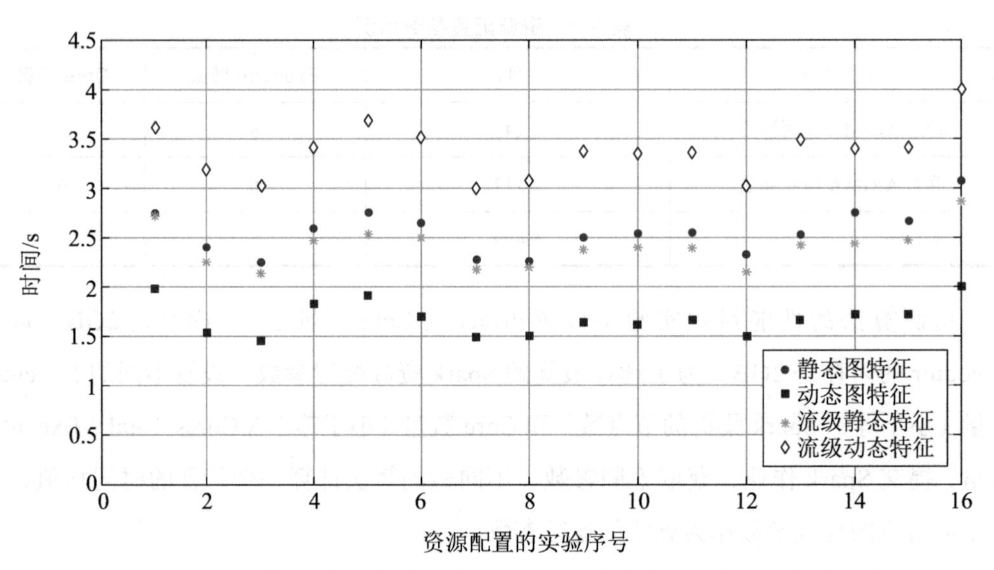

图 3-16　静态 ARIMA 检测算法的四类特征计算时间（见彩插）

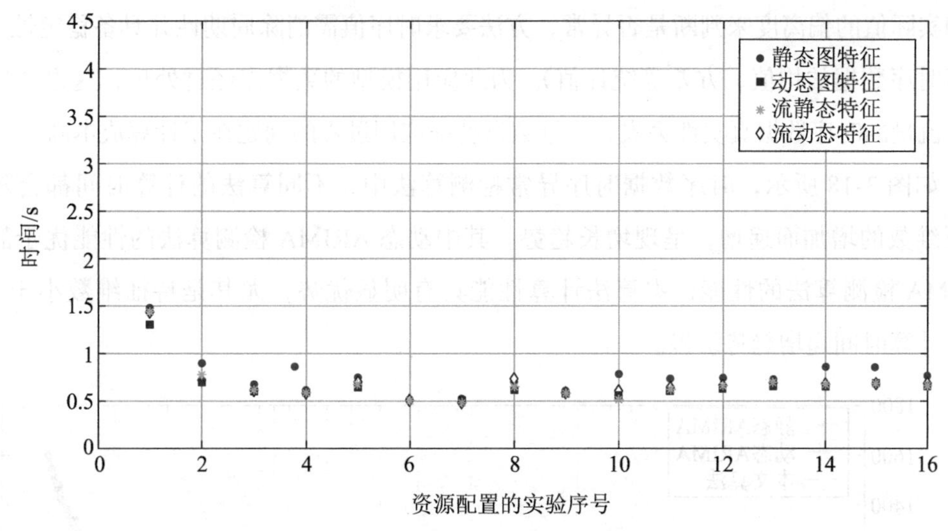

图 3-17 本检测算法的四类特征计算时间（见彩插）

检测算法的性能对比实验结果表明，在相同的资源配置条件下，不同特征检测算法的时间分布具有不同的特点，总结如下：

1）本研究的检测算法的计算时间较集中，其中配置为 Executor 数量（等于 1）和 Core 数量（等于 2）时，检测算法的计算时间均值大于 1 秒，其他配置的计算时间均小于 1 秒。

2）对于动态 ARIMA 检测算法和静态 ARIMA 检测算法，从时间分布而言，相同特征不同配置的计算时间集中于一个范围，不同类型特征的计算时间分布的范围不相交。

3）网络流的特征需经过多次回归拟合，消除时序数据的季节性，达到时序数据平稳，导致检测时间耗时长。

4）静态 ARIMA 算法将上期实际值放入历史数据集进行检测，而动态 ARIMA 算法采用上期的拟合值进行检测。从算法的计算速度可见，用上期实际值预测当前值，检测算法减少了时序数据平稳性处理的次数，因此静态 ARIMA 检测算法速度更快。

可见，在基于时间序列的异常检测方法中，利用回归模型拟合历史数据，计算预测值和实际值的偏离度来判断是否异常，方法要求时序值需消除周期性并具备稳定性（这里指时序数据的均值、方差等统计值），为此应用模型的数据需经过处理，这也会导致网络流量的时序数据真实性丢失，多维数据特征应用过程的问题在于计算成本高。

如图 3-18 所示，时序数据时序异常检测算法中，不同算法的计算时间都会随着特征维数的增加而递增，呈现增长趋势。其中动态 ARIMA 检测算法的性能优于静态 ARIMA 检测算法的性能，本算法计算性能具有明显优势，尤其是特征维数小于 100 时，计算时间递增趋势缓慢。

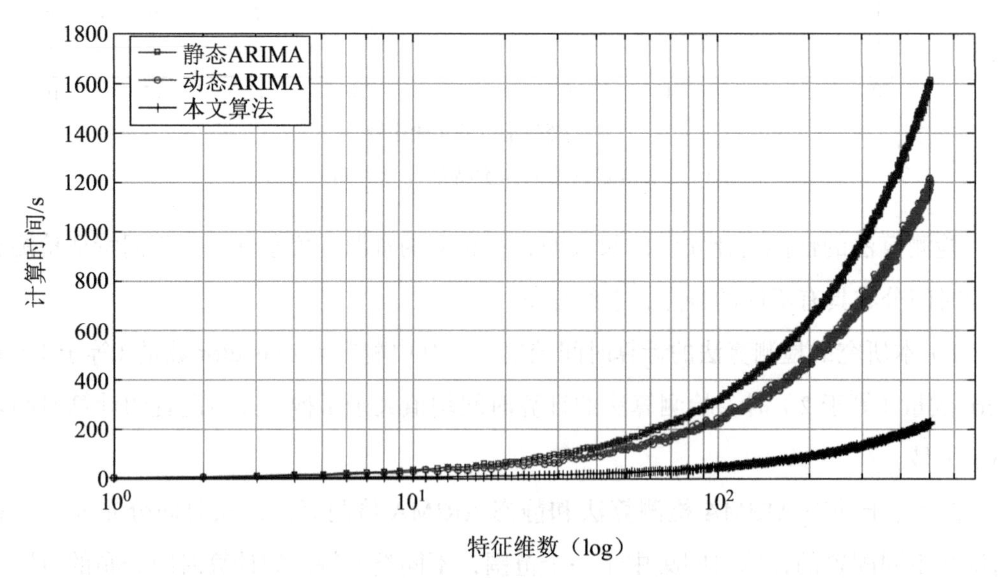

图 3-18 检测算法的性能对比（见彩插）

注意 如何进行 Apache Spark 程序性能优化是一个很重要的实践和研究领域，这与资源调度优化相关，还与代码程序相关。这里并没有做进一步探索，只是基于现有资源进行了 Apache Spark 资源参数调优的算法实验，有兴趣的读者可以查阅更多的资料。

3. 整体网络行为异常检测案例分析

本实验采用了来自某校园的数据对算法进行验证，并对整体网络行为时序轮廓的异常检测结果进行分析。实验中发现网络行为叠加使特征值波动的灵敏度降低，分类、分层分析整体网络行为时序轮廓，能够更好地检测异常行为。将 TCP 和 UDP 的网络流数据分开处理，可避免协议数据占比少的网络流量特征发生变化时被占比大的网络流量特征淹没。

计算整体网络行为时序轮廓的绝对变化时，在水平时间轴选择了给定时间相邻最近的 10 个历史时间；计算整体网络行为时序轮廓相对变化时，在垂直时间轴选择了每个特征相邻最近的 3 周数据，在水平时间轴选择了给定时间相邻最近的 3 个历史时间；计算整体网络行为时序轮廓趋势变化时，原始时间序列的长度是 20，通过 PAA 算法降维到 10。考虑到时间相关性，越近的时间点，计算的权重值越大。

在图 3-19 中，纵轴表示整体网络行为的异常偏离度，偏离度越高，认为该时间点发生异常的可能性越大。异常流量分布也存在一定的规律性，根据离群值思路可知流量中大部分数据正常，少部分数据异常。一旦偏离度值高于某一给定值，就认为发生了网络异常。为了减少噪声，所提方法只考虑当前时间累积偏离度值是正常值 3 倍的非零值变化情况。

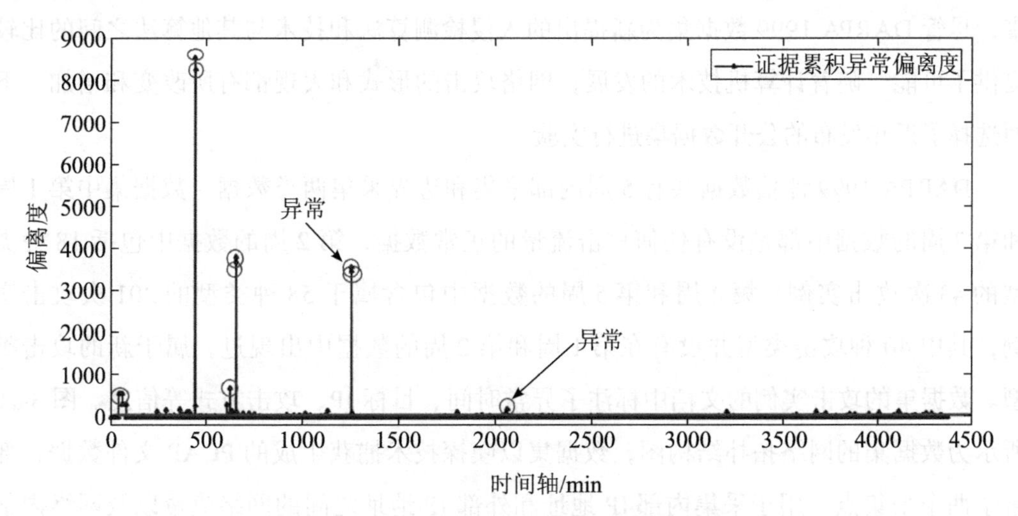

图 3-19　整体网络行为时序轮廓的异常检测示例

跟踪异常行为发现主要有网络攻击和网络管理两个来源。网络攻击导致的异常主要表现为快速和慢速的规律性扫描类攻击，还存在大量探测性攻击，如出现半连接和频繁连接的情况。除此之外，异常行为还源于网络管理员的行为，如主机地址变更、网络设备的添加和删除等。本研究提出的分析与检测方法可以保留足够的信息量，及时发现安全事件，监控网络负载的变化、网络设备的宕机和网络攻击等不期望的网络行为。

基于对整体网络行为特征时序图的观测，可进一步发现，主机流量同样具有周期性的网络通信模式（周期为每日或每周），该周期性的特征通常表现为一种应用的交互行为。

3.6 异常案例分析 2

异常案例分析的实验数据集中的实验数据取自麻省理工学院公开发布的网络异常检测的实验数据集 DARPA 1999，此数据集中包括 Probe、DoS、R2L、U2R 和 Data 等 5 大类 58 种典型攻击方式，这也是目前研究领域共同认可和广泛使用的实验数据集，尽管 DARPA 1999 数据集为新提出的入侵检测算法和技术与其他算法之间的比较提供了可能，随着计算机技术的发展，网络攻击的形式和表现都有所改变和增加。下面选择了近年发布的公开数据集进行实验。

DARPA 1999 评估数据共有 5 周内部采集和边界采集两类数据，数据集中第 1 周和第 3 周的数据中都是没有任何攻击流量的正常数据，第 2 周的数据中包括 18 种类型的 43 次攻击实例。第 4 周和第 5 周的数据中包含属于 58 种类型的 201 次攻击实例，其中 40 种攻击类型并没有在第 1 周和第 2 周的数据中出现过，属于新的攻击类型。数据集的攻击实例的文档中标注了异常时间、目标 IP、攻击方式等信息。图 3-20 所示为数据集的网络拓扑结构图，数据集以嗅探技术捕获生成的 PCAP 文件数据，部署了两个采集点，用于采集内部 IP 地址和外部 IP 地址之间的网络流量以及网络内部 IP 之间的网络流量。

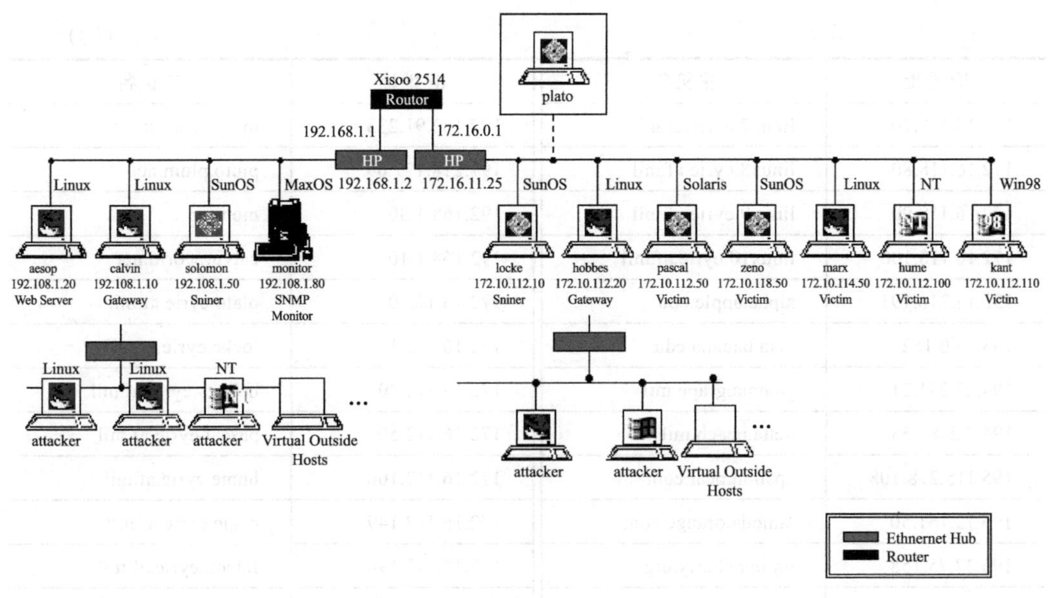

图 3-20　数据集网络拓扑结构图

数据 PCAP 文件完成数据包解析和流数据构建的预处理工作，并以特征向量表示。网络流量的数据包捕获的预处理包括：流数据内的数据包是否属于一定的时间窗口范围、数据包的时间戳是否严格单调递增、IP 头校验和是否存在错误、包头的长度及包到达时间间隔是否合理。根据网络拓扑结构和数据集说明，数据集的 IP 地址和主机名的详细信息如表 3-10 所示。

表 3-10　数据集主机列表信息示例

IP 地址	主机名	IP 地址	主机名
172.16.113.50	zeno.eyrie.af.mil	172.16.115.234	pc0.eyrie.af.mil
172.16.113.84	duck.eyrie.af.mil	172.16.116.44	pc5.eyrie.af.mil
172.16.113.105	swallow.eyrie.af.mil	172.16.116.194	pc3.eyrie.af.mil
172.16.114.168	finch.eyrie.af.mil	172.16.116.201	pc4.eyrie.af.mil
172.16.114.169	swan.eyrie.af.mil	172.16.118.30	linux3.eyrie.af.mil
172.16.114.207	pigeon.eyrie.af.mil	172.16.118.40	linux4.eyrie.af.mil
172.16.115.5	pc1.eyrie.af.mil	172.16.118.50	linux5.eyrie.af.mil
172.16.115.87	pc2.eyrie.af.mil	172.16.118.60	linux6.eyrie.af.mil

（续）

IP 地址	主机名	IP 地址	主机名
172.16.118.70	linux7.eyrie.af.mil	197.182.91.233	mars.avocado.net
172.16.118.80	linux8.eyrie.af.mil	197.218.177.69	pluto.plum.net
172.16.118.90	linux9.eyrie.af.mil	192.168.1.30	monitor
172.16.118.100	linux10.eyrie.af.mil	192.168.1.10	calvin.world.net
135.13.216.191	alpha.apple.edu	172.16.12.10	plato.eyrie.af.mil
135.8.60.182	beta.banana.edu	172.16.112.10	locke.eyrie.af.mil
194.27.251.21	gamma.grape.mil	172.16.112.20	hobbes.eyrie.af.mil
194.7.248.153	delta.peach.mil	172.16.112.50	pascal.eyrie.af.mil
195.115.218.108	epsilon.pear.com	172.16.112.100	hume.eyrie.af.mil
195.73.151.50	lambda.orange.com	172.16.112.149	eagle.eyrie.af.mil
196.37.75.158	jupiter.cherry.org	172.16.112.194	falcon.eyrie.af.mil
196.227.33.189	saturn.kiwi.org	172.16.112.207	robin.eyrie.af.mil

数据集包括正常数据和攻击数据，攻击类型统计示例如表 3-11 所示。

表 3-11 数据集攻击类型统计示例

攻击类型	实例数	攻击类型	实例数
crashiis	2	queso	14
eject	6	secret	2
fdformat	10	selfping	2
httptunnel	2	tcpreset	4
neptune	6	teardrop	2
perl	2	xsnoop	2
pod	2	xterm	8
ppmacro	22	yaga	4
ps	s6	—	—

1. 不同特征集的异常检测

为了验证整体网络行为特征抽取和异常检测方法具有有效性、可行性和精确性，采用数据集来完成下面的实验。

1）验证不同整体网络行为特征集的算法检测结果，对比实验结果表明所提出的特征集可以有效提高 J48 和 AdaBoostM1 算法的精确率和召回率。

2）验证异常时间窗口的不同类型特征值波动情况，实验对比结果表明流量图能够有效量化网络行为的结构属性变化。

3）验证相同数据集的不同异常检测方法的检测结果，实验结果表明所提出的异常检测方法的召回率高、误报率低。

实验选择了 Weka 中的 J48 和 AdaBoostM1 算法，采用三种不同的特征集进行了检测，只有一种情况下既包括流特征集又包括流量图特征集，实验结果如表 3-12 所示。

表 3-12　检测算法特征对比的实验结果

算法名称	流特征集	流量图特征集	精确率	召回率
J48	有	无	79.60%	86.10%
	无	有	79.90%	73.00%
	有	有	87.60%	89.50%
AdaBoostM1	有	无	82.30%	86.10%
	无	有	89.90%	94.80%
	有	有	94.00%	95.20%

两个算法都进行了 3 组实验：采用传统的流量特征集；采用流量图的特征集；同时采用传统流量特征集和流量图的特征集。表中检测结果显示算法 AdaBoostM1 的检测结果优于算法 J48。实验结果表明两种方法的检测结果不同，但分析发现同时采用传统流量特征集和流量图的特征集，整体网络行为异常检测的精确率最高，达到了 94.00%，召回率也最高，达到了 95.20%，这些数据说明第三个组合的特征集，即同时采用传统流量特征集和流量图的特征集能够有效提高整体网络行为时序数据的异常检测率。

2. 不同特征值的异常波动

在不同特征值的异常波动的实验中，还抽取数据集代表性的异常时刻攻击数据进行了特征分析，用可视化方式展示了异常对应的特征值波动情况，还对数据集的特征值进行了对比分析，如图 3-21 所示，可以清楚地看到蓝色矩形的时间窗口内，上面的特征曲线字节数没有发生明显的数据波动，而下面的特征曲线最大度发生了明显的数据波动。

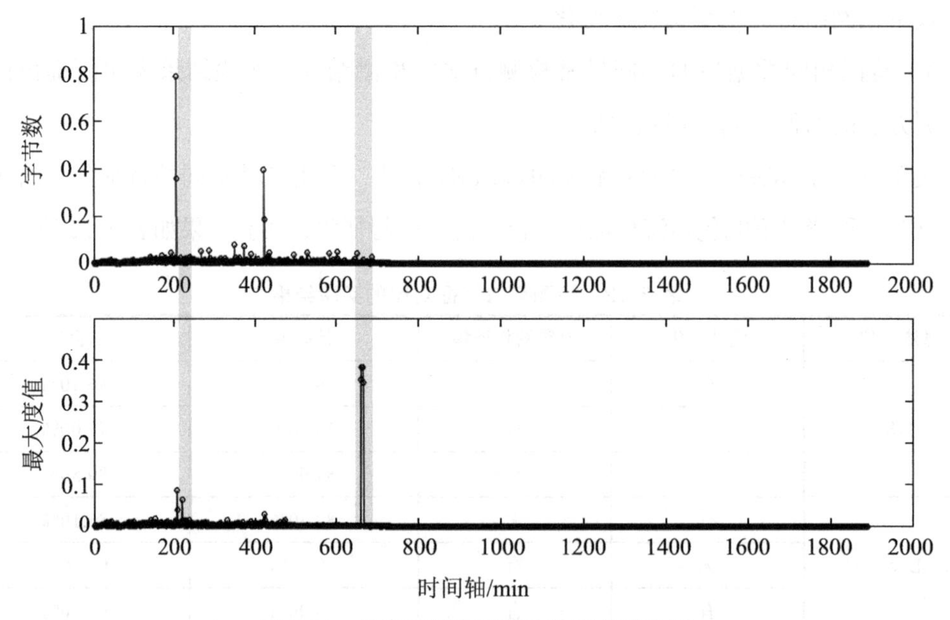

图 3-21　异常时间窗口特征值变化对比图

如图 3-22a～图 3-22d 分别描绘了四个当前网络通信的攻击前、攻击中、攻击后的流量图的结构变化情况。其中时间窗口图 3-22a 表示正常的网络行为呈现的图模型，时间窗口图 3-22b 是异常时间窗口的前一个时间窗口的网络通信的图模型，可以看出形成了 3 个相对于时间窗口图 3-22c 规模较小的聚合，根据数据集的标签数据进一步分析，攻击持续的时间跨越了两个时间窗口，前一个时间窗口的数据中涉及的节点较少，从特征值曲线图的最大度值也可以看出，时间窗口图 3-22c 是攻击达到最多节点时的流量图，时间窗口图 3-22b 形成了三个流量图中节点聚合最大，网络行为的通信模式变化更明显，时间窗口图 3-22d 展示攻击结束后通信模式又恢复正常时的流量图。

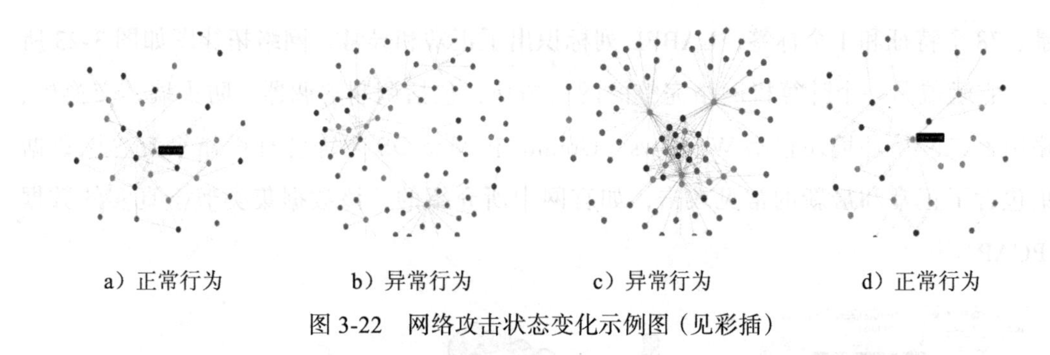

a）正常行为　b）异常行为　c）异常行为　d）正常行为

图 3-22　网络攻击状态变化示例图（见彩插）

实验分析结果表明引发网络发生通信模式改变的此类攻击，流量的字节数等负载特征没有波动或者波动不明显，流量图的特征集可以有效地检测到通信模式变化的异常网络行为，例如图最大度特征值的平稳曲线出现了二个峰值的扰动。实验结果表明网络异常对网络流量的影响是多方面的，同时采用传统流量特征集和流量图的特征集，能够更好地理解和分析网络行为的波动情况，便于真实、全面、深入地揭示整体网络行为的本质属性与运动机理，理解异常通信行为的本质。

注意　如何选择实验数据集是每个研究者验证研究工作的重要步骤。除了一般不公开的真实数据集之外，网络中还有很多研究领域的公开数据集，并不是所有的数据集都可以直接访问，部分数据集要求进行注册后才可以使用；部分数据集所属的研究机构需要申请，表明研究目的和研究内容后才可以使用；部分数据集还有更严格的限制访问机制，数据集通常都会进行数据脱敏处理。也可能无法找到完全适用的数据集，需要通过仿真数据完成实验。数据是实验的基础，进入一个研究领域后，就要开始收集可获取的公开数据集，并跟进数据集的更新。

3.7　异常案例分析 3

本异常案例的实验数据直接使用数据集提供的网络流进行处理和分析，数据文件可以从官网获取。先介绍数据集的概要信息，CICIDS2017 数据集共有 225 745 条记录、78 个特征和 1 个标签，LABEL 列标识出了正常和异常，网络拓扑图如图 3-23 所示，它涵盖了一个计算机网络完整的网络拓扑，包括调制解调器、防火墙、交换机、路由器，网络环境还包括 Windows、Ubuntu 和 Mac OS X 等各种操作系统。该数据集包含了正常和最新的常见攻击，如官网中所介绍的，该数据集类似于真实的数据（PCAP）。

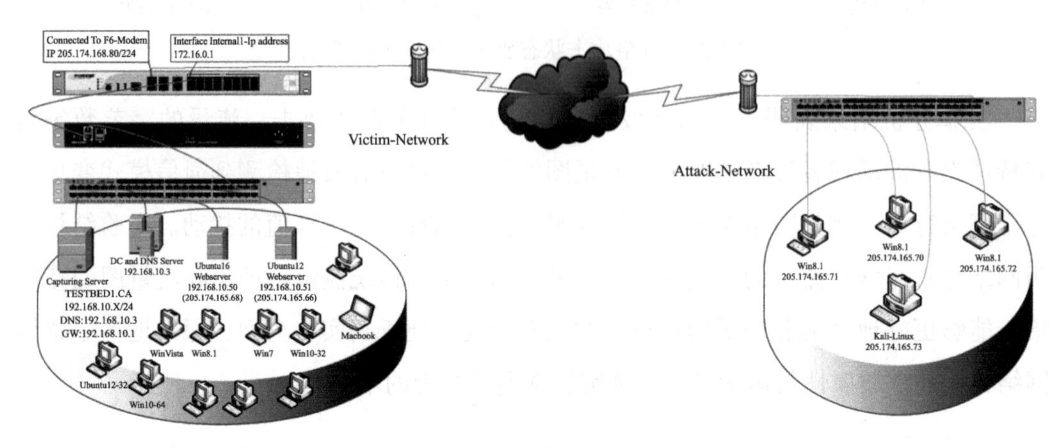

图 3-23　网络拓扑图

数据集中包括 5 天的数据，星期一是正常活动，PCAP 文件大小为 11.0GB，星期二是网络攻击（例如 BForce、SFTP 和 SSH）以及正常网络通信，PCAP 文件大小为 11GB，星期三是网络攻击（例如 DoS、Hearbleed Attacks、Slowloris、Slowhttptest、Hulk 和 GoldenEye）以及正常网络通信，PCAP 文件大小为 13GB，星期四是网络攻击（例如 Web、Infiltration Attacks、Web BForce、XSS、Sql Inject、Infiltration Dropbox Download、Cool disk）以及正常网络通信，PCAP 文件大小为 7.8GB，星期五是网络攻击（例如 DDoS LOIT、Botnet ARES、PortScans）以及正常网络通信，PCAP 文件大小为 8.3GB。

第一步是对数据集的数据本身进行分析和处理，下面描述了其中 78 个特征值未标准化处理的统计值，均值、中位数、方差和最值如表 3-13 所示，根据各个特征值统计结果，可以在实验中剔除全部是零和 NAN 的特征列，例如 Flow.Bytes.s、Flow.Packets.s、Bwd.PSH.Flags、Fwd.URG.Flags 和 Bwd.URG.Flags 等。

表 3-13 数据集 CICIDS2017 特征统计概要

序号	Var.name	mean	median	s.d.	min	max	保留列
1	Destination.Port	8879.62	80	19 754.65	0	65 532	是
2	Flow.Duration	16 241 648.53	1 452 333	31 524 374.23	−1	119 999 937	是
3	Total.Fwd.Packets	4.87	3	15.42	1	1932	是
4	Total.Backward.Packets	4.57	4	21.76	0	2942	是
5	Total.Length.of.Fwd.Packets	939.46	30	3249.4	0	183 012	是
6	Total.Length.of.Bwd.Packets	5960.48	164	39 218.34	0	5 172 346	是
7	Fwd.Packet.Length.Max	538.54	20	1864.13	0	11 680	是
8	Fwd.Packet.Length.Min	27.88	0	163.32	0	1472	是
9	Fwd.Packet.Length.Mean	164.83	8.67	504.89	0	3867	是
10	Fwd.Packet.Length.Std	214.91	5.3	797.41	0	6692.64	是
11	Bwd.Packet.Length.Max	2735.59	99	3705.12	0	11 680	是
12	Bwd.Packet.Length.Min	16.72	0	50.48	0	1460	是
13	Bwd.Packet.Length.Mean	890.54	92	1120.32	0	5800.5	是
14	Bwd.Packet.Length.Std	1230.17	2.45	1733.2	0	8194.66	是
15	Flow.Bytes.s	Inf	1136.61	NaN	−1.20E+07	Inf	否
16	Flow.Packets.s	Inf	5.18	NaN	−2.00E+06	Inf	否
17	Flow.IAT.Mean	1 580 587.24	224 516.86	2 701 595.79	−1	1.07E+08	是
18	Flow.IAT.Std	4 248 569.38	564 167.63	7 622 819.08	0	69 200 000	是
19	Flow.IAT.Max	13 489 773.82	1 422 624	26 701 716.69	−1	1.20E+08	是
20	Flow.IAT.Min	28 118.55	3	759 810.04	−12	1.07E+08	是
21	Fwd.IAT.Total	15 396 523	23 710	31 608 257.66	0	1.20E+08	是
22	Fwd.IAT.Mean	2 540 609.51	10 329.33	5 934 694	0	1.20E+08	是

（续）

序号	Var.name	mean	median	s.d.	min	max	保留列
23	Fwd.IAT.Std	5 195 207.38	12 734.99	10 786 352.44	0	76 700 000	是
24	Fwd.IAT.Max	12 994 339.1	23 028	27 488 695.82	0	1.20E+08	是
25	Fwd.IAT.Min	207 369.83	4	3 795 227.55	−12	1.20E+08	是
26	Bwd.IAT.Total	6.56E+06	41 101	21 984 549.33	0	1.20E+08	是
27	Bwd.IAT.Mean	9.48E+05	10 009.4	4 586 373.98	0	1.20E+08	是
28	Bwd.IAT.Std	1 610 306.24	14 703.72	5 475 777.67	0	76 700 000	是
29	Bwd.IAT.Max	4.57E+06	33 365	16 178 651.19	0	1.20E+08	是
30	Bwd.IAT.Min	225 781.74	3	4 019 289.76	0	1.20E+08	是
31	Fwd.PSH.Flags	0.03	0	0.18	0	1	是
32	Bwd.PSH.Flags	0	0	0	0	0	否
33	Fwd.URG.Flags	0	0	0	0	0	否
34	Bwd.URG.Flags	0	0	0	0	0	否
35	Fwd.Header.Length.1	111.52	72	375.79	0	39 396	是
36	Bwd.Header.Length	106.79	92	511.77	0	58 852	是
37	Fwd.Packets.s	12 615.08	2.32	110 670.14	0	3.00E+06	是
38	Bwd.Packets.s	1641.69	1.48	19 895.93	0	2.00E+06	是
39	Min.Packet.Length	8.07	0	15.77	0	337	是
40	Max.Packet.Length	3226.05	513	3813.13	0	11 680	是
41	Packet.Length.Mean	515	110.33	559.06	0	1936.83	是
42	Packet.Length.Std	1085.59	154.03	1269.56	0	4731.52	是
43	Packet.Length.Variance	2 789 905.55	23 725.49	4 115 940.96	0	22 400 000	是
44	FIN.Flag.Count	0	0	0.05	0	1	是
45	SYN.Flag.Count	0.03	0	0.18	0	1	是
46	RST.Flag.Count	0	0	0.01	0	1	是
47	PSH.Flag.Count	0.35	0	0.48	0	1	是
48	ACK.Flag.Count	0.5	1	0.5	0	1	是
49	URG.Flag.Count	0.14	0	0.35	0	1	是
50	CWE.Flag.Count	0	0	0	0	0	否
51	ECE.Flag.Count	0	0	0.01	0	1	是

（续）

序号	Var.name	mean	median	s.d.	min	max	保留列
52	Down.Up.Ratio	1.01	1	1.43	0	7	是
53	Average.Packet.Size	574.57	141	626.1	0	2528	是
54	Avg.Fwd.Segment.Size	164.83	8.67	504.89	0	3867	是
55	Avg.Bwd.Segment.Size	890.54	92	1120.32	0	5800.5	是
56	Fwd.Header.Length	111.52	72	375.79	0	39 396	是
57	Fwd.Avg.Bytes.Bulk	0	0	0	0	0	否
58	Fwd.Avg.Packets.Bulk	0	0	0	0	0	否
59	Fwd.Avg.Bulk.Rate	0	0	0	0	0	否
60	Bwd.Avg.Bytes.Bulk	0	0	0	0	0	否
61	Bwd.Avg.Packets.Bulk	0	0	0	0	0	否
62	Bwd.Avg.Bulk.Rate	0	0	0	0	0	否
63	Subflow.Fwd.Packets	4.87	3	15.42	1	1932	是
64	Subflow.Fwd.Bytes	939.46	30	3249.4	0	183 012	是
65	Subflow.Bwd.Packets	4.57	4	21.76	0	2942	是
66	Subflow.Bwd.Bytes	5960.48	164	39 218.34	0	5 172 346	是
67	Init_Win_bytes_forward	4247.44	256	8037.78	–1	65 535	是
68	Init_Win_bytes_backward	601.05	126	4319.72	–1	65 535	是
69	act_data_pkt_fwd	3.31	2	12.27	0	1931	是
70	min_seg_size_forward	21.48	20	4.17	0	52	是
71	Active.Mean	184 826.09	0	797 925.04	0	1.00E+08	是
72	Active.Std	12 934.36	0	210 273.67	0	39 500 000	是
73	Active.Max	208 084.87	0	900 234.99	0	1.00E+08	是
74	Active.Min	177 620.09	0	784 260.22	0	1.00E+08	是
75	Idle.Mean	10 322 143.42	0	21 853 028.15	0	1.20E+08	是
76	Idle.Std	3 611 942.93	0	12 756 893.46	0	65 300 000	是

（续）

序号	Var.name	mean	median	s.d.	min	max	保留列
77	Idle.Max	12 878 128.94	0	26 921 263.65	0	1.20E+08	是
78	Idle.Min	7 755 355.09	0	19 831 094.45	0	1.20E+08	是

3.7.1 一维数据分析

了解清楚数据集的概要信息后，可以剔除不采用的特征值，对保留的特征值进行进一步的标准化处理。下面利用统计分析方法对数据集可用值进行一维数据分析，分别对单个数据进行分析，再通过折线图观察数据的变化趋势、特点。如图 3-24a 所示，以时间索引为 X 轴，显示了一段时间内 Flow.Duration 特征值的变化情况，其缺点是无法观察到该特征值的数据分布特点。那么，对 Flow.Duration 特征值排序后，重新用折线图显示，如图 3-24b 所示，16.77% 的值大于 0.5，特征值大于 2 的占比是 14.8%，特征值大于 3 的占比只有 1.56%。

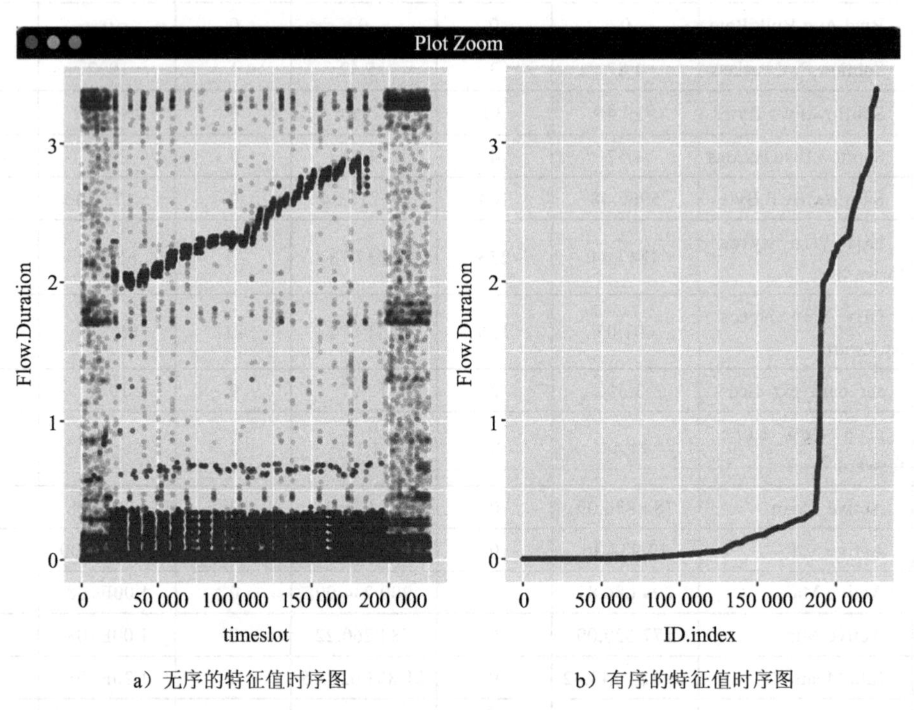

a）无序的特征值时序图　　b）有序的特征值时序图

图 3-24　Flow.Duration 特征值的变化情况

如图 3-25 和图 3-26 所示，研究依照上述同样的方法进行数据处理并显示一维特征值，展示 Down.Up.Ratio、Total.Fwd.Packets、Total.Backward.Packets、Total.Length.of.Fwd.Packets 和 Total.Length.of.Bwd.Packets 五个特征值的数据折线图。图中显示了数据范围、主要分布区域和变化情况，可以清晰地观察并分析数据分布。

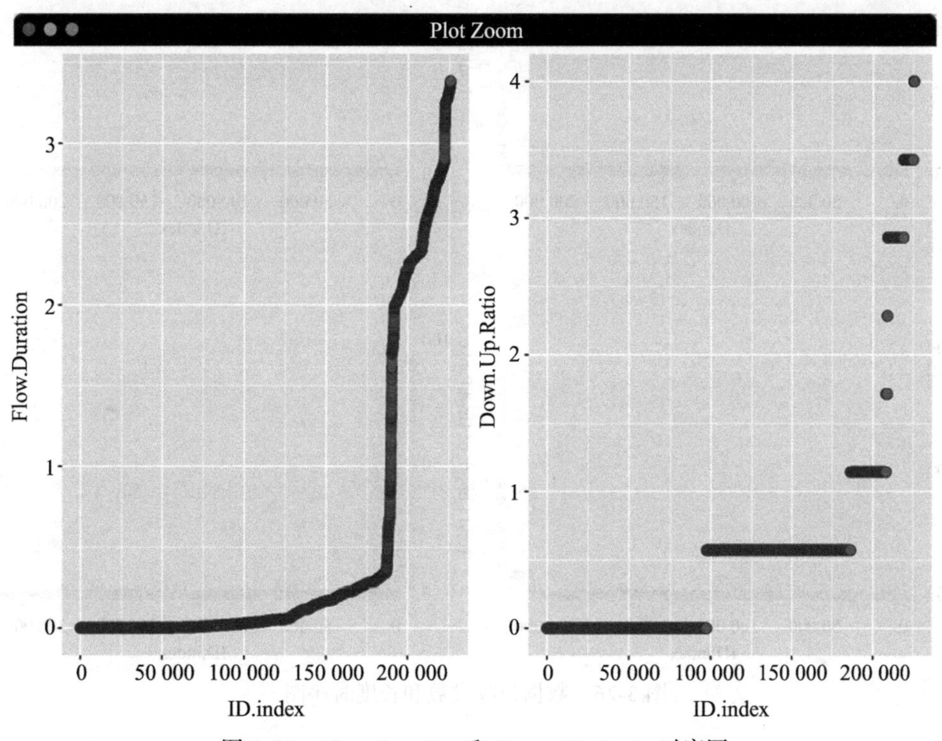

图 3-25　Flow.Duration 和 Down.Up.Ratio 时序图

3.7.2　二维数据关系分析

利用统计分析方法，通过单个数据可以分析一维特征的数据变化，通过观察一维特征值的变化发现异常，还可以通过观察两个特征值之间的数据变化发现二维数据的关系和相关性以推断异常。现将两组数据进行对比观察，示例采用 Total.Fwd.Packets 和 Total.Backward.Packets、Total.Length.of.Fwd.Packets 和 Total.Length.of.Bwd.Packets 观察两组二维特征值的数据变化，同时以标签列 Label 进行分类，以散点图展示数据的正常和异常，如图 3-27 所示。

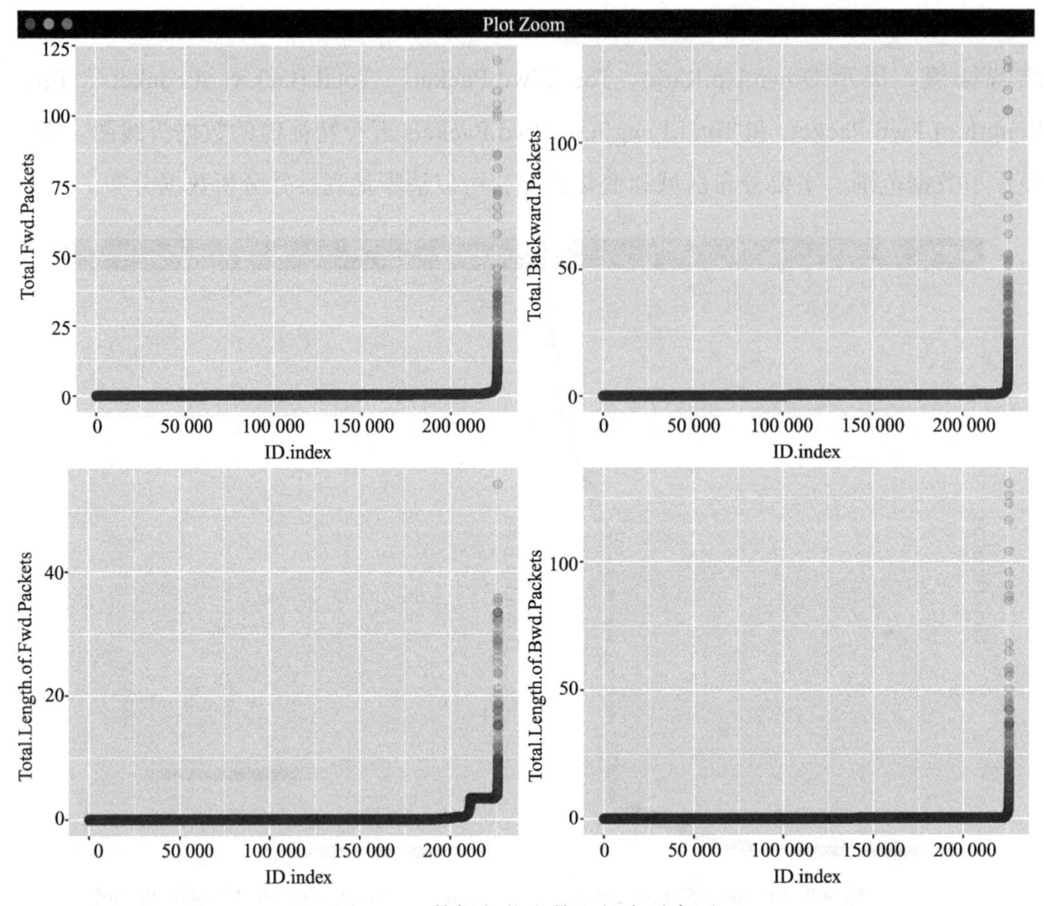

图 3-26　数据包收发数和长度时序图

对数据集的多维数据观察时，超出二维时通常会出现数据遮挡，导致观察和分析时无法清楚地发现数据之间的关系。本书在进行数据分析时同样面临这个问题。下面将分别给出本方法所观察的三组数据。如图 3-28 ～图 3-30 所示，这 3 个图共同的特点是，通过散点图所展示的二维数据关系，能够很清晰地观察到正常和异常所对应的数轴区域。例如，异常数据显示 Total.Fwd.Packets 和 Total.Backward.Packets 集中在两个特征值都在 0 区域，正常数据关系分布在 $y=x$ 的线性关系附近；Total.Length.of.Fwd.Packets 和 Total.Length.of.Bwd.Packets 的异常数据也出现在 0 区域，而正常数据关系主要分布在 $y=c+(x+b)^{-n}$ 幂函数附近。

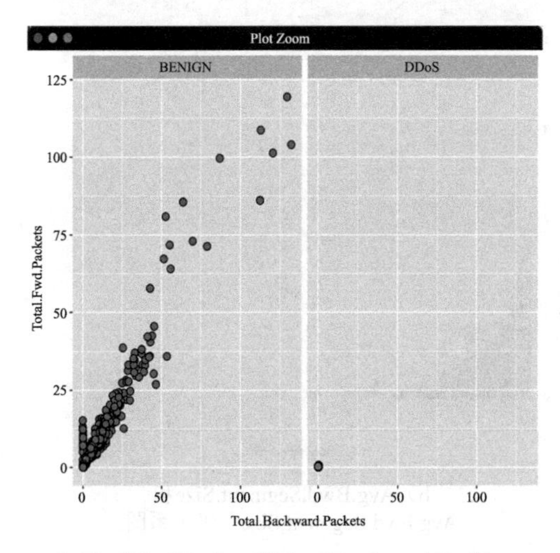

a）Total.Fwd.Packets和Total.Backward.Packets 二维关系图

b）Total.Length.of.Fwd.Packets和 Total.Length.of.Bwd.Packets二维关系图

图 3-27　二维关系图示例 1

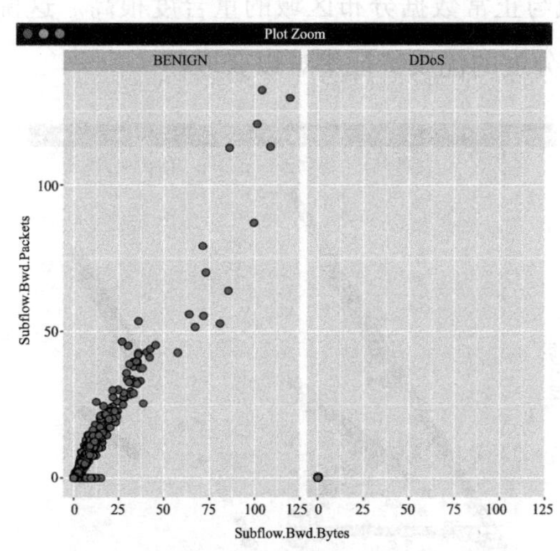

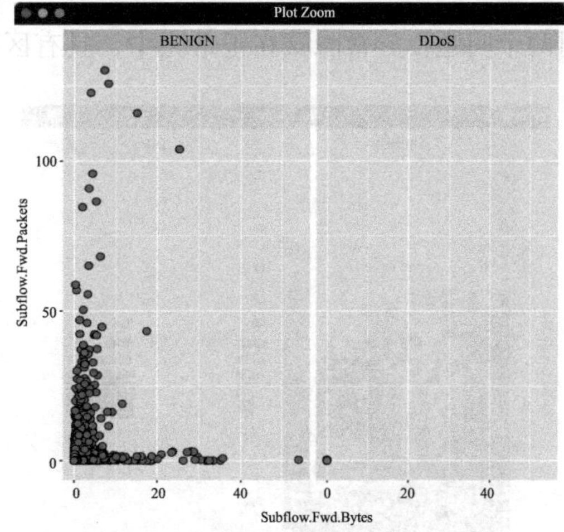

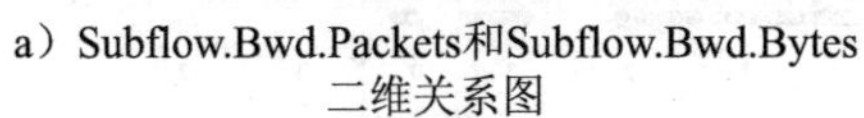
a）Subflow.Bwd.Packets和Subflow.Bwd.Bytes 二维关系图

b）Subflow.Fwd.Packets和Subflow.Fwd.Bytes 二维关系图

图 3-28　二维关系图示例 2

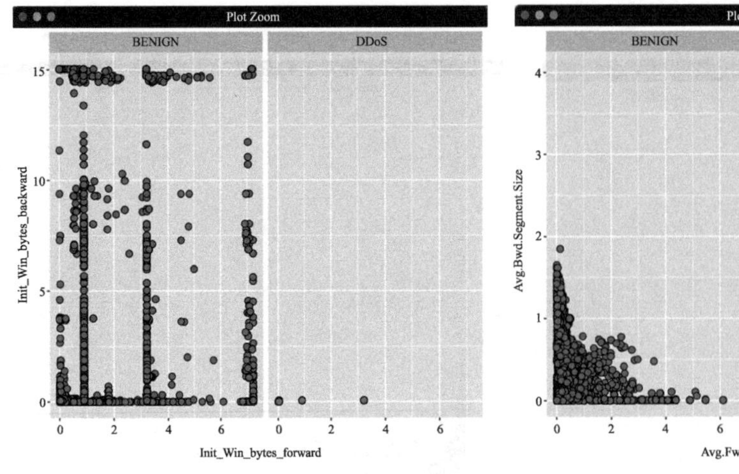

a）Init_Win_bytes_backward和Init_Win_bytes_forward二维关系图

b）Avg.Bwd.Segment.Size和Avg.Fwd.Segment.Size二维关系图

图 3-29　二维关系图示例 3

在数据分析过程中发现，特征值的选择对异常分析结果有显著的影响。由图 3-30 可以明显地看到在二维数据关系的散点图中，异常和正常数据分布的区域相对上面两组数据的区域大，尤其是异常数据分布区域与正常数据分布区域的重合度很高。这说明两个问题：异常隐藏在正常之中，具有区分度的优质特征集难以获取。

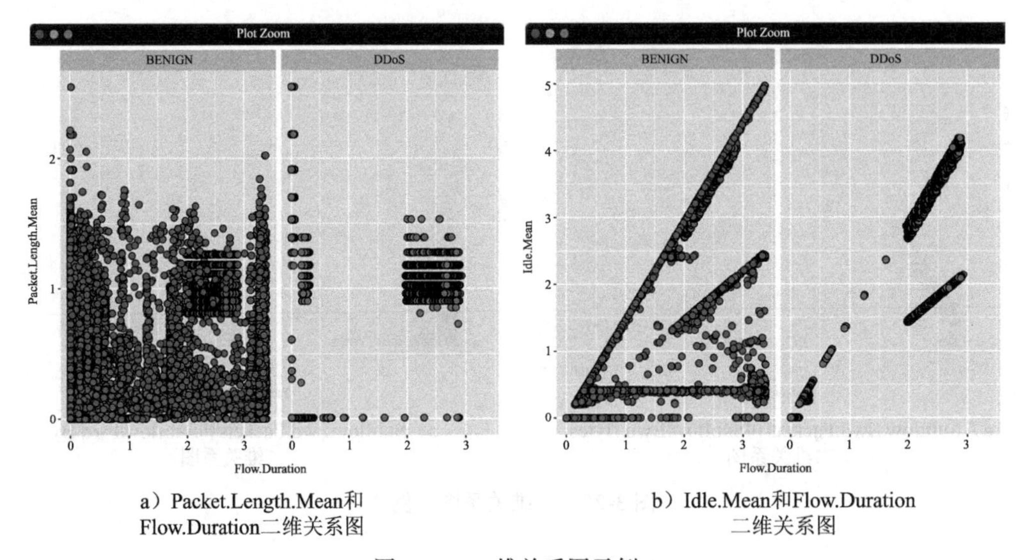

a）Packet.Length.Mean和Flow.Duration二维关系图

b）Idle.Mean和Flow.Duration二维关系图

图 3-30　二维关系图示例 4

3.7.3 时序分析方法

通过分析时序特征值后，发现时间序列数据值是高度相关的，连续值不会突然改变，周期性值不会突然变化，相邻的多个值具有稳定变化趋势。Schatzmann 等人在研究中指出用户访问模式的波动周期包括日和周。因此，网络流量数据还可以利用时间序列来分析。

通过对网络流量数据的观察分析，流量随时间的变化较为复杂，有长期的趋势变化、季节性周期变化，还会出现随机性变化。由于网络流量数据是用户访问网络的行为所产生的，与实际环境的业务、事件和用户习惯有密切关联性，因此可以通过数据平滑处理，预测时序数据的趋势。传统网络流量时序数据可视化的方式如图 3-31 所示，显示器等硬件通常会限制显示的时间跨度。

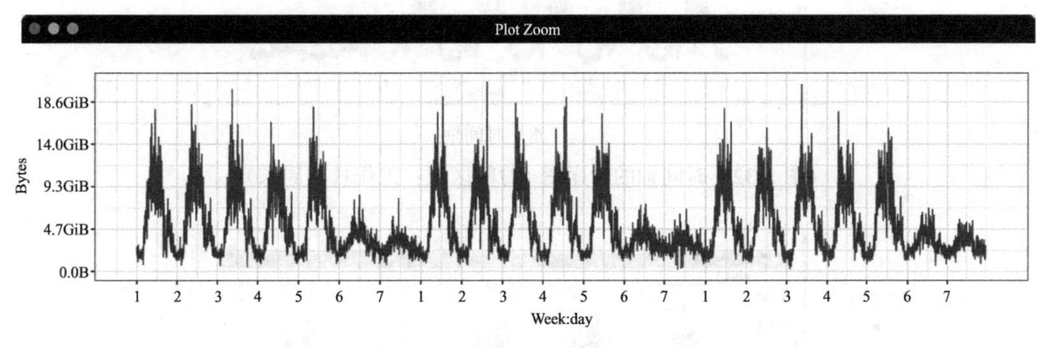

图 3-31 时序图

随着大数据可视化技术的广泛应用，网络安全异常检测变得更加直观和强大，因此，基于流数据随时间变化的特点，参照传统网络流量时序数据可视化的方式，本研究对流量时序数据可视化的分析着重关注水平时间轴和垂直时间轴两个时间轴基线。

- **水平时间轴**。将网络流的时间序列截取为相同的时间片段，水平时间轴以一天为一个时间片段，滑动窗口可以根据计算性能和响应时间定制，水平时间轴的滑动窗口单位是小时、分钟等。
- **垂直时间轴**。将相同类型的时间片段作为垂直时间轴，垂直时间轴的单位是一天，将时间片段的类型分为工作日和周末。

如图 3-32 ～图 3-34 所示，下面给出了垂直时间轴和水平时间轴进行数据对比和可视化观察分析的示意图。

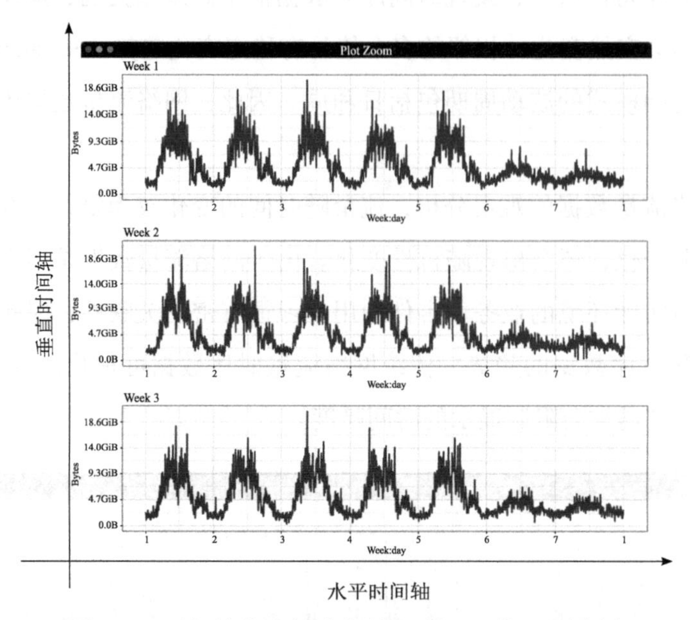

图 3-32　时间轴的时序图（时间区域：工作日和周末）

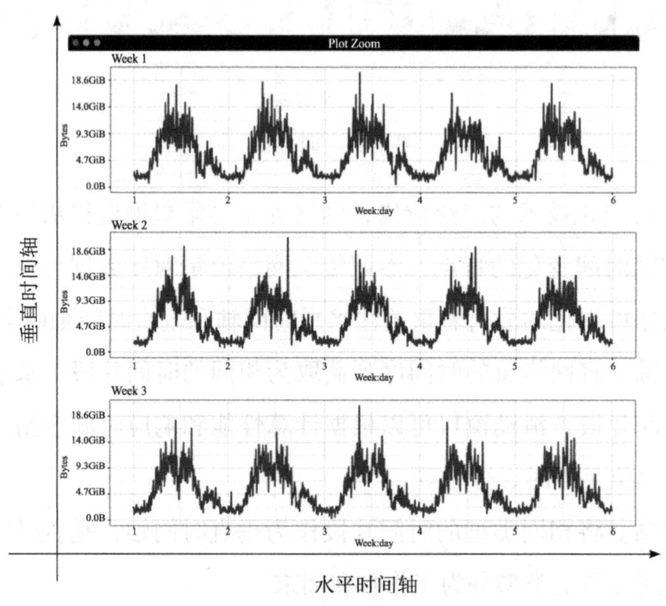

图 3-33　工作日时间轴的时序图（时间区域：工作日）

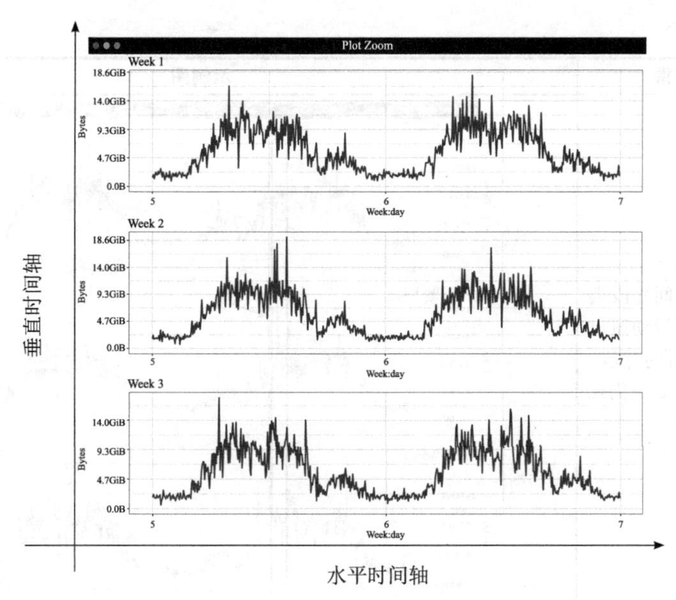

图 3-34 周末时间轴的时序图（时间区域：周末）

通过时间片段类型、水平时间轴和垂直时间轴，对网络流量数据进行分析，分析流量随时间的变化呈现出的长期趋势变化、季节性周期变化和随机性变化。根据上述分析思路，为了从可视化的时序数据中发现异常实例，归纳的几种情况如表 3-14 所示。

表 3-14 可视化的时序数据中发现异常实例

序号	异常	示例图
1	相邻时间窗口 t–1 和 t 的时序数据突变异常	Plot Zoom Week 1 18.6GiB 14.0GiB 9.3GiB 4.7GiB 0.0B Bytes 5 6 7 Week:day Week 2 18.6GiB 14.0GiB 9.3GiB 4.7GiB 0.0 B Bytes 5 6 7 Week:day Week 3 14.0GiB 9.3GiB 4.7GiB 0.0B Bytes 5 6 7 Week:day

（续）

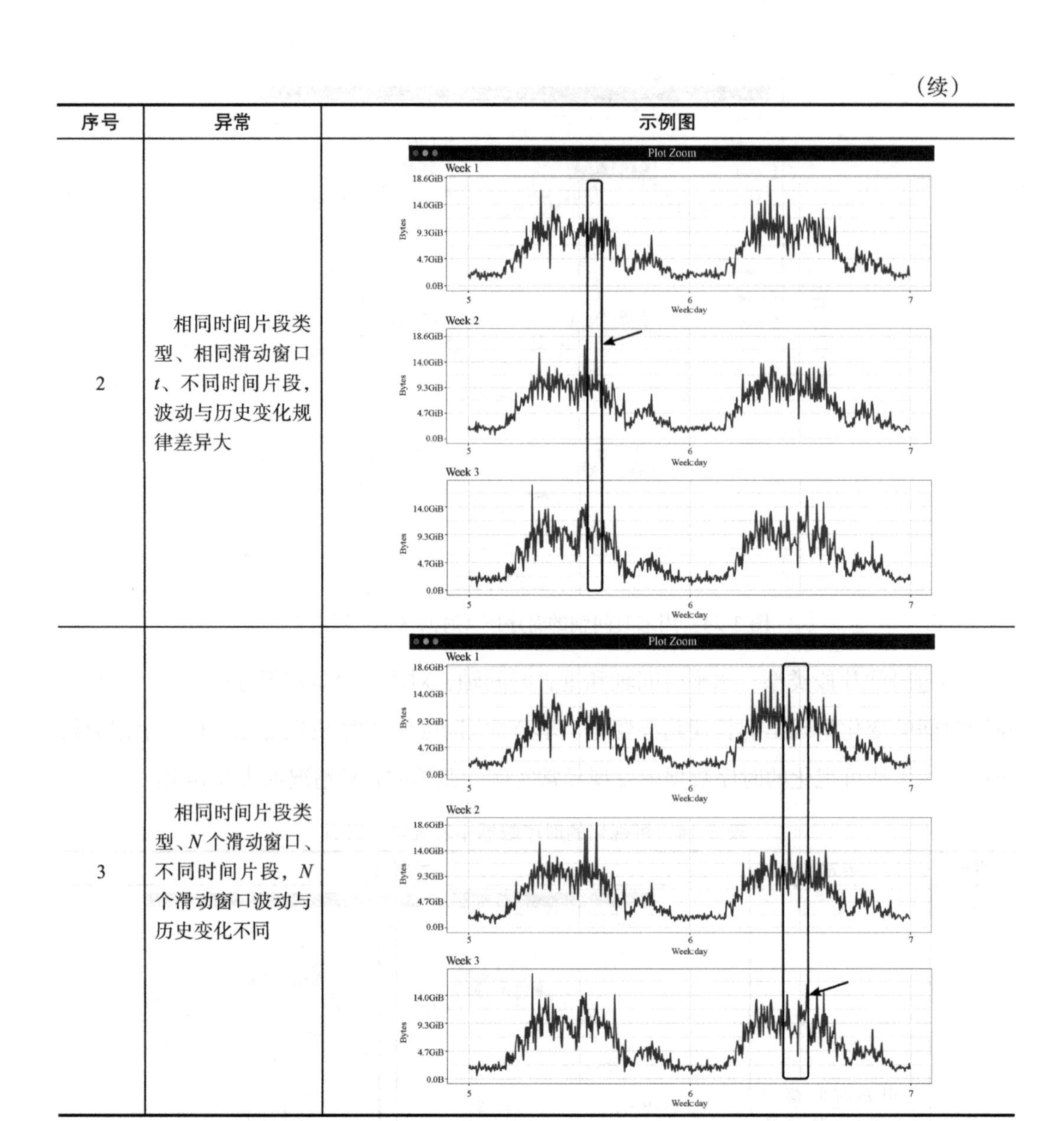

序号	异常	示例图
2	相同时间片段类型、相同滑动窗口 t、不同时间片段，波动与历史变化规律差异大	
3	相同时间片段类型、N 个滑动窗口、不同时间片段，N 个滑动窗口波动与历史变化不同	

3.7.4　特征值统计分析

针对时序数据分析和可视化，有很多工具、语言和库，如 InfluxDB、R、D3.js 等。通过对数据可视化的分析，根据异常示例逆向思考如何丰富网络流量特征集。融合流量负载强度和新型流量图特征后，结合可视化、时序数据分析方法全面和有效地发现异常实例。

异常检测实验包含的关键步骤如表 3-15 所示，研究步骤开始于原始数据集的获取、数据集预处理、数据概要分析、数据统计和可视化分析、特征集计算、构造输入数据集，直到异常检测结束。每个步骤中都列举了常见的语言、工具和算法库等资源。

表 3-15　异常检测实验包含的关键步骤

步骤描述	方法和工具
1）获取数据集。选择一个适用于研究领域、研究方向或针对性问题的实验数据集至关重要。如果没有适用的数据集，则可通过人工合成数据集或模拟攻击等方式构建	真实数据 公开数据集
2）数据集处理。官网提供的数据集有多种数据格式，根据需要选择并进一步处理数据集，以满足后面研究的需要	Java/Python/R
3）数据集概要分析。对数据集全面和有效的了解，对判断数据集是否适用、如何使用数据集提供有力的依据	Weka/Pandas/epiDisplay
4）数据统计和可视化分析。对数据集进行数据清理、标准化处理后，可以通过统计和可视化方式进一步认识数据，从一维、二维到多维数据关系，从而发现数据关系、关联趋势和离群值	jFreeChart/Matplotlib/ggplot2
5）特征值计算。对数据集的原始数据进行变换、计算特征值，例如小波变换、统计值等	Matlab/Weka
6）构建算法数据集。根据算法要求，进行数据集的数据剔除、转换等操作，形成符合算法输入的数据格式	Matlab/Weka
7）异常检测。选择无监督、有监督、统计分析等数据挖掘和人工智能算法，以发现数据集异常	Matlab/Java/Python/R 异常检测库

为了更好地理解网络行为异常导致的特征值变化，先根据特征集计算特征值，并通过可视化方式进一步分析多维特征值时序波动的规律性和关联性，根据实验已知标签，分析异常和波动的原因，对特征值进行评估。通过实验结果验证特征值的有效性，还可以分析特征值随时间变化与异常之间的关联关系。

图 3-35 展示了网络流静态特征。观察发现图中特征值字节数的时序值与特征值数据包数的时序值的曲线形状相似，尤其是时间跨度越长，特征值的曲线变化波峰、谷底越趋于相似，根据前面的分析方法所述，当临近值突变或者形状异于常规则是异常。这组特征值在数据集中的波动性一致，时序数据的规律相同。

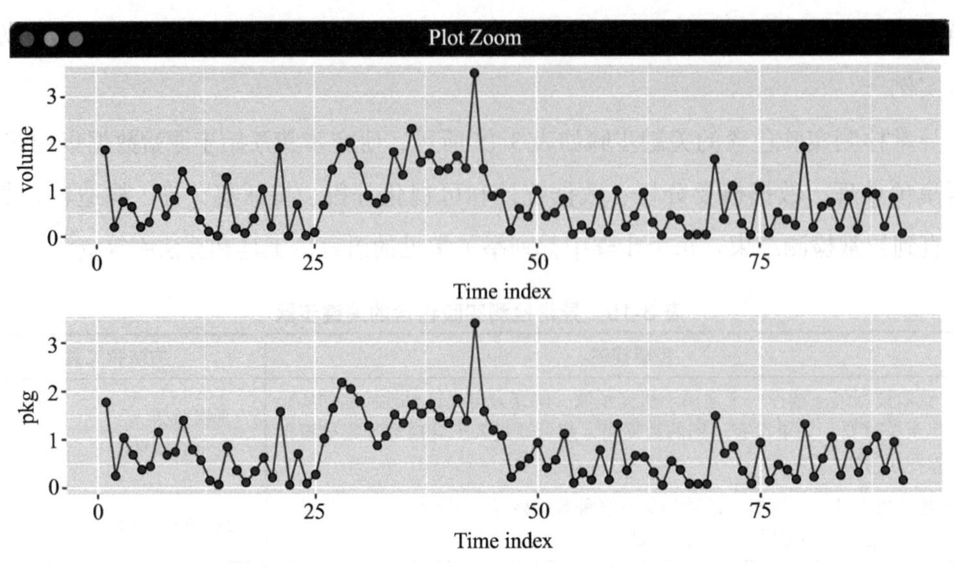

图 3-35 网络流静态特征时序图

如图 3-36 所示的箱线图，TCP 的特征值编辑距离和字节数的箱线图中显示了离群点数据，UDP 的特征值字节数的箱线图中显示了离群点，编辑距离数据分布均匀无离群点。

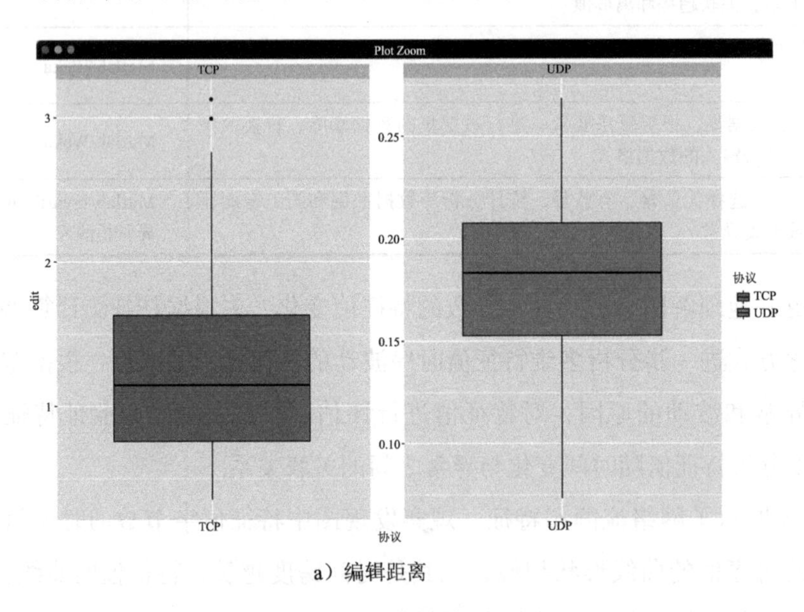

a）编辑距离

图 3-36 特征值箱线图

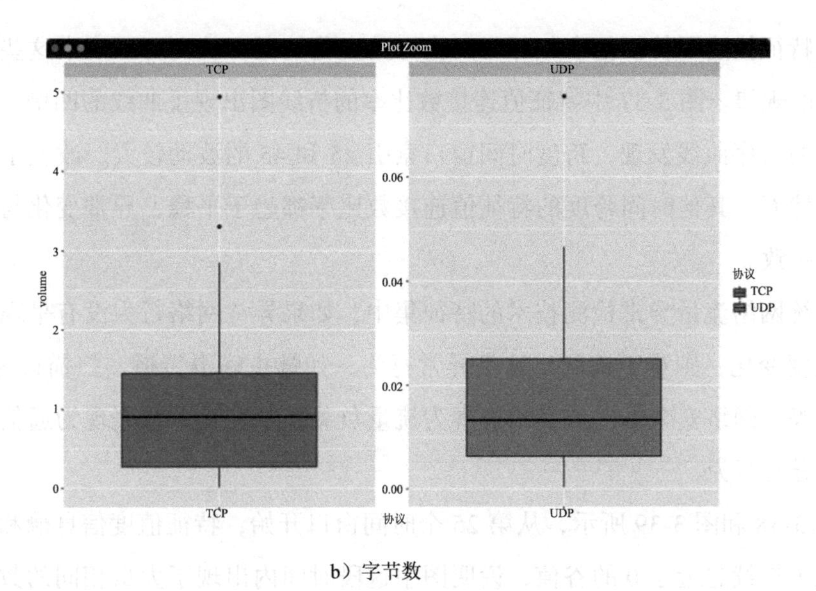

b）字节数

图 3-36 特征值箱线图（续）

箱线图视角通常用于观察数据分布规律，计算数据中的最小值、最大值、一分位数，中位数和三分位数并显示，其特点是直观可视化地显示离群点数据以及数值分布、趋势和分散程度等特性。特征值集中趋势表与观测结果一致。数据分析中通常采用中位数、众数描述数据的集中趋势。

接着，观察动态特征，图 3-37 展示了网络流的动态特征。

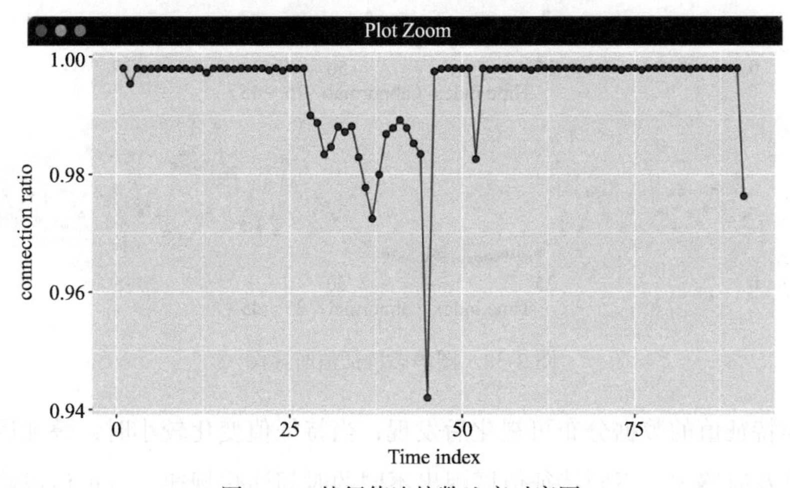

图 3-37 特征值连接数比率时序图

动态特征描述了特征值在相邻时间窗口的变化情况，从而可以观察这些特征值随时间演化的规律。图 3-37 中特征值连接数比率的折线图出现了曲线的凹槽。进一步分析特征值的时序曲线发现，跨度时间窗口索引 25 和 45 的波动较大，改变了时序曲线的趋势，然而，其他时间跨度的特征值连接数比率都趋于平稳，异常变化与数据集中异常时间一致。

在传统网络流量异常检测技术的特征集中，如果异常网络行为没有呈现明显的流量负载强度变化，则难于检测出这类异常行为，如蠕虫病毒传播、扫描行为、Botnet 和 DDoS 等，网络安全事件势必或表现为流量负载强度变化，或表现为通信模式改变的低强度异常行为。

如图 3-38 和图 3-39 所示，从第 25 个时间窗口开始，特征值度信息熵和入度信息熵都出现了持续趋近于 0 的谷值，说明图中这段时间内出现了大量相同的数据，导致入度熵值降低，熵值越小，信息量越小。与数据集描述对应，这个时间跨度出现了以 192.168.10.50 为攻击目标的 DDoS 攻击行为，记录数为 128 022，该 IP 地址的入度增加，导致入度熵值减小，时间为 2017 年 7 月 7 号 15:56～16:16。

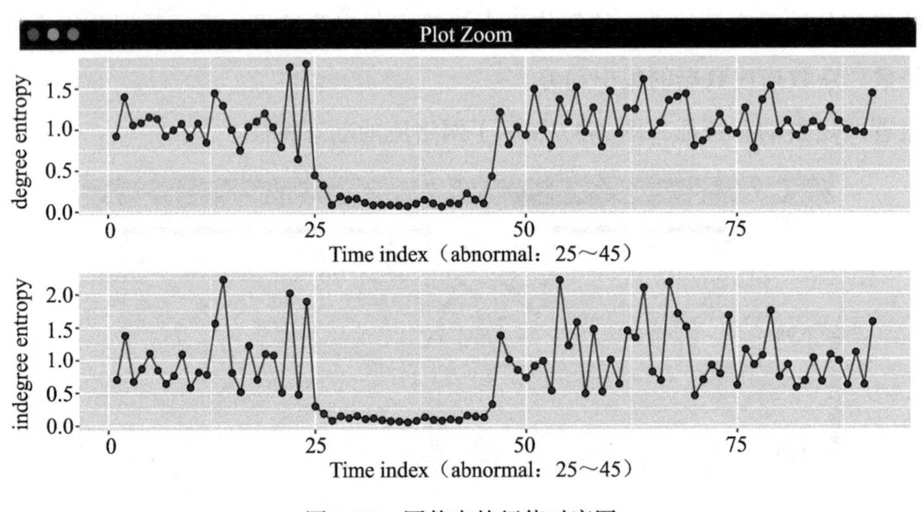

图 3-38　图静态特征值时序图

对不同特征值的数据分布可视化后发现，当特征值变化较小时，叠加后即使网络扰动也无法及时感知；不同特征值展现出不同的时间演化规律，特征值或趋势较为稳定。根据上述特征值可视化图观察，相邻时间窗口随时间变化具有时序稳定性，每个时间窗口的特征值不会发生突变。

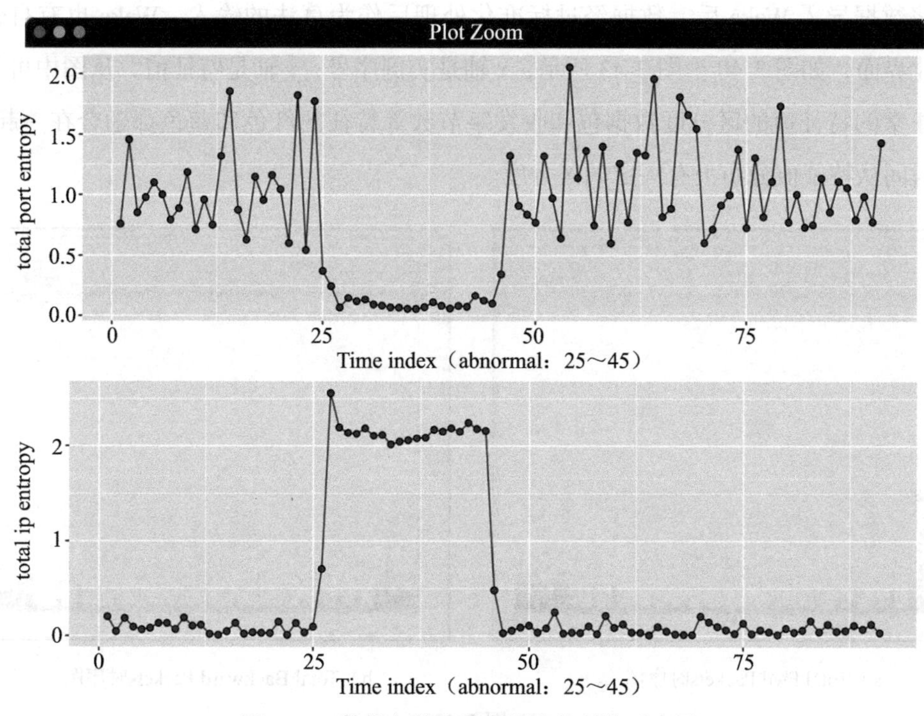

图 3-39 数据包数和编辑距离特征值时序图

对比流量负载强度和通信模式两种类型的统计特征，其特征值波动明显不同。特征值时序波动具有明显的规律性和关联性，并与网络行为时序特征值的波动规律保持一致。

3.7.5 异常案例分析

该攻击案例实验的主要目的是验证整体网络行为时序特征集的有效性、可行性和精确性，采用 CICIDS2017 数据集验证，进而可以对比不同特征集使用相同异常检测算法的检测结果。实验中发现网络行为叠加使特征值波动的灵敏度降低，分类和分层进行网络行为能够更好地检测异常行为。实验数据来源于目前使用较为广泛的入侵检测实验数据集 CICIDS2017，数据集中包括正常数据和攻击数据，该数据集具有流量多样性的特点，涵盖很多新型的已知攻击。该数据集同时提供了全流量 PCAP 文件和网络流两种类型的数据，可以满足不同的数据分析需要，而且，在网络流数据集中已经提供了 78 个网络流特征。通过 Spark 并行程序抽取特征集后，利用 Weka 3 的算法进行异常检测实验，将数据导入 Weka 后，数据经过标准化处理后作为算法的输入，Weka 也有自带的可视化界面，如图 3-40 ～图 3-43 所示，x 轴是实例序号，y 轴是特征值，从图中可见异常和正常的特征值的区分度数据包和收发字节数等特征的红色和蓝色都融合在一起了，空闲时间从特征值分布上有一定的区分度。

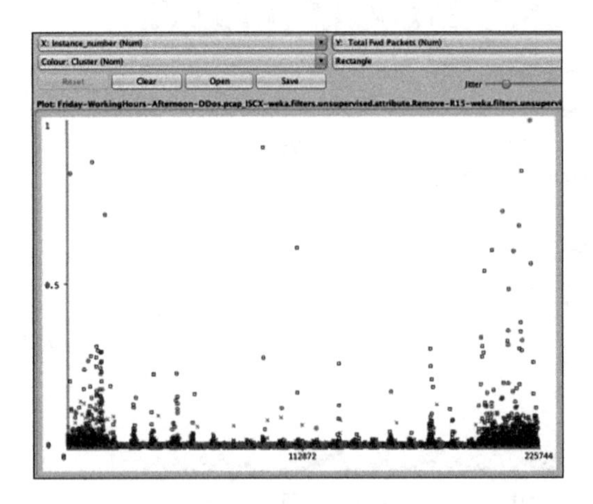

a）Total Fwd Packets时序图

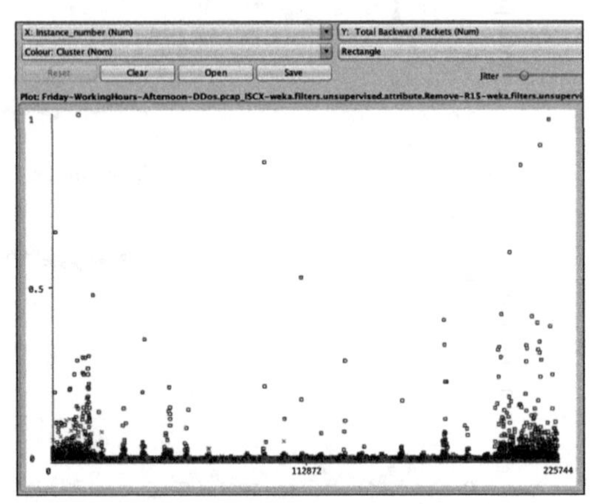

b）Total Backward Packets时序图

图 3-40

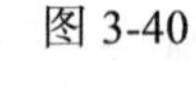

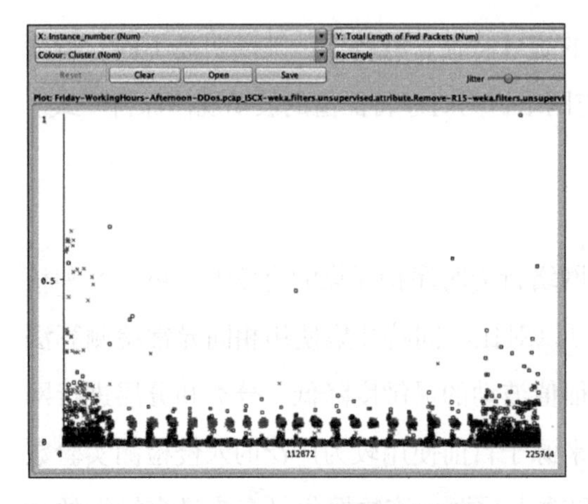

a）Total Length of Fwd Packets时序图

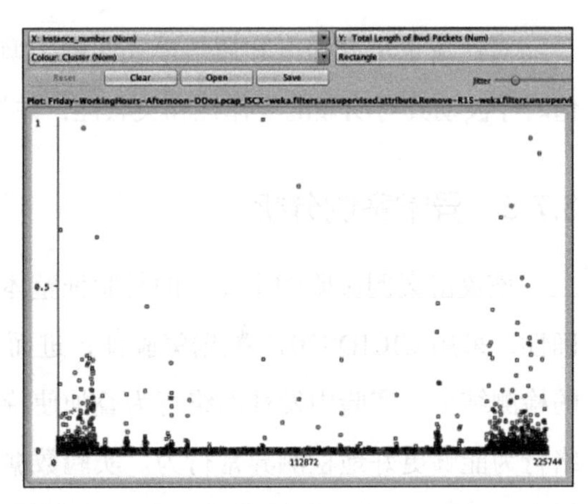

b）Total Length of Bwd Packets时序图

图 3-41

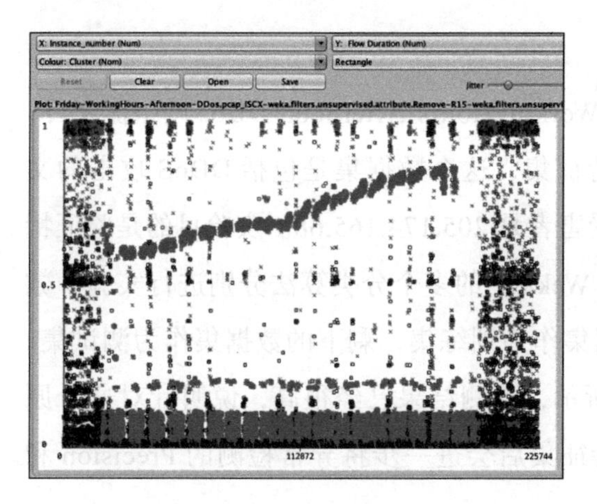

a）Flow Duration时序图

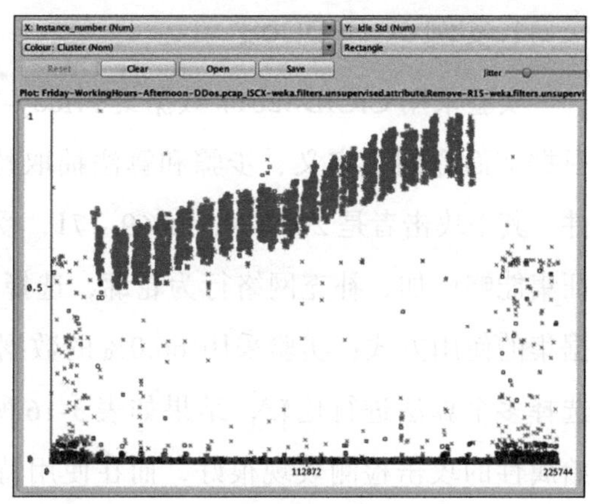

b）Idle Std时序图

图 3-42

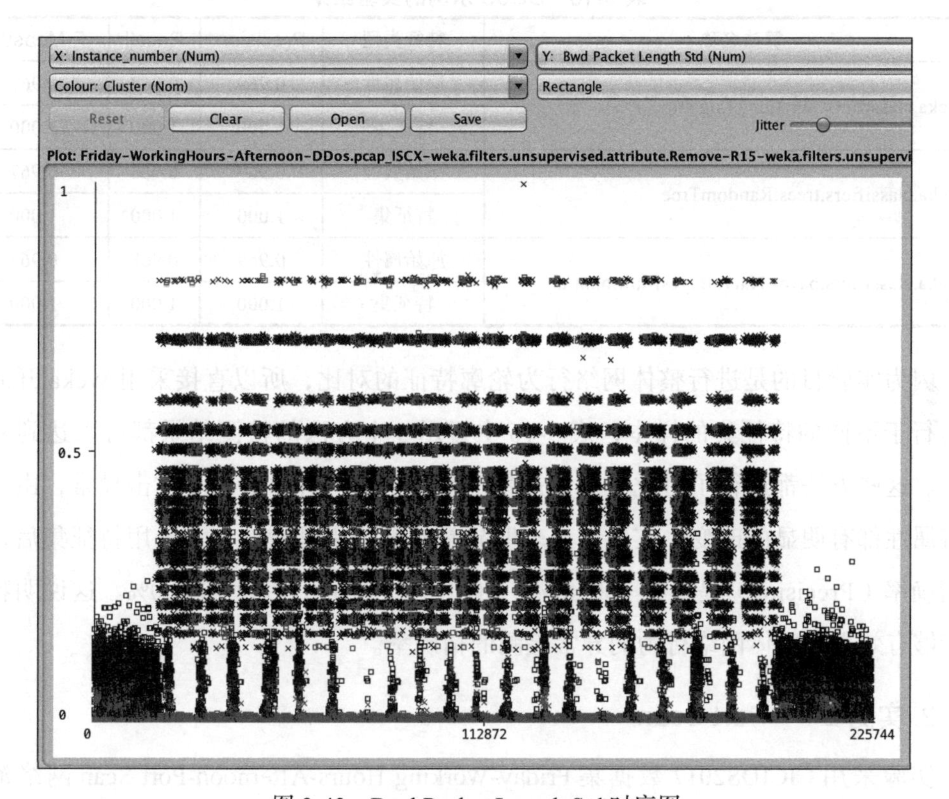

图 3-43　Bwd Packet Length Std 时序图

1. 实例 1——DDoS

实验采用 CICIDS2017 数据集 Friday-WorkingHours-Afternoon-DDos 网络流文件，根据前面介绍的定义、步骤和算法抽取特征集，这个数据集是包括 DDoS 攻击的文件，其中攻击者是 205.174.165.69 - 71，受害者是 205.174.165.68。实验目的是验证特征集能够增加、补充网络行为轮廓，选择 Weka 中的多个分类算法分别进行实验。数据集的使用方式：实验采用 66.0% 的数据集作为训练集，剩下的数据集作为测试集。选择多个算法进行比较，结果如表 3-16 所示，检测结果已经很高，说明针对这个原始属性的攻击检测表现很好，而在使用特征集后会进一步将异常检测的 Precision 和 Recall 提高到 100%。

表 3-16　DDoS 示例的实验结果

算法名称	特征类型	Precision	Recall	F-Measure
weka.classifiers.functions.Logistic	原始属性	0.969	0.968	0.967
	特征集	1.000	1.000	1.000
weka.classifiers.trees.RandomTree	原始属性	0.969	0.968	0.967
	特征集	1.000	1.000	1.000
weka.classifiers.bayes.NaiveBayesMultinomial	原始属性	0.969	0.968	0.967
	特征集	1.000	1.000	1.000

因为实验目的是进行整体网络行为轮廓特征的对比，所以直接采用 Weka 开源算法运行于不同的特征集的样本，表 3-16 中显示 3 个方法的检测结果都可以达到 95% 以上。这些方法都进行了对比不同特征集的测试实验。针对 DDoS 攻击异常，由于网络流属性都有明显的改变，实验结果表明异常检测结果都较好：当采用特征集后，检测精确率（Precision）提高到 100.00%，召回率（Recall）达到 100.00%。这说明特征集能够有效提升整体网络行为的异常检测的精确率。

2. 实例 2——Port Scan

实验采用 CICIDS2017 数据集 Friday-Working Hours-Afternoon-Port Scan 网络流文件，根据前面介绍的定义、步骤和算法抽取特征集，这个数据集是包括端口扫描攻击的数据集，分别包括持续 3 分钟（13:55，13:58，14:05，14:08，14:11，14:14，14:17，14:22）、持续 1 分钟（14:33，14:35）、持续 4 分钟（14:01）、持续 2 分钟（14:20）的攻击。攻击者是 205.174.165.73（NAT：172.16.0.1），受害者是 205.174.165.68（本地 IP：192.168.10.50）。

实验目的是验证新特征集能够增加补充网络行为的检测结果，选择 Weka 中的多个分类算法分别进行实验，同样 Weka 配置实验采用 66.0% 的数据集作为训练集，剩下的数据集作为测试集。选择了多个算法进行比较，结果如表 3-17 所示。端口扫描的攻击行为相对于 DDoS 攻击对网络流量的特征值的改变，所造成的波动不明显，这两个特征集的检测结果都没有 DDoS 攻击检测的效果好。而在融合新特征集后，异常检测的 Precision 和 Recall 都有显著提高。

表 3-17　Port Scan 示例的实验结果

算法名称	特征类型	Precision	Recall	F-Measure
weka.classifiers.trees.RandomForest	原始属性	0.740	0.800	0.757
	特征集	0.866	0.840	0.783
weka.classifiers.functions.Logistic	原始属性	0.738	0.640	0.676
	特征集	0.785	0.820	0.791
weka.classifiers.bayes.NaiveBayes	原始属性	0.740	0.800	0.757
	特征集	0.866	0.840	0.783

3. 实例 3——Botnet

实验采用 CICIDS2017 数据集 Friday-WorkingHours-Morning 网络流文件，根据前面介绍的定义、步骤和算法抽取特征集，这个数据集是包括 Botnet 攻击的文件，网络攻击从上午的 10:02 到 11:02，攻击者是 205.174.165.73，受害者有 192.168.10.15、192.168.10.9、192.168.10.14、192.168.10.5 和 192.168.10.8。实验目的是验证特征集能够增加补充网络行为的检测结果，利用 Weka 中的多个分类算法分别进行实验，同样 Weka 配置实验采用 66.0% 的数据集作为训练集，剩下的数据集作为测试集。选择了多个算法进行比较，原始属性的表现如表 3-18 所示。Botnet 攻击行为相对于 DDoS 攻击和端口扫描攻击对网络流量的原始属性所造成的波动更加不明显，原始属性和特征集实验的异常检测结果都不如端口扫描攻击和DDoS攻击检测的效果好。即使这样，采用了特征集后，该数据集异常检测的Precision和Recall都提高了，如表3-18所示。

表 3-18　Botnet 示例的实验结果

算法名称	特征类型	Precision	Recall	F-Measure
weka.classifiers.rules.DecisionTable	原始属性	0.650	0.654	0.652
	特征集	0.768	0.778	0.757
weka.classifiers.bayes.NaiveBayes	原始属性	0.605	0.630	0.603
	特征集	0.721	0.741	0.706
weka.classifiers.trees.RandomForest	原始属性	0.635	0.654	0.623
	特征集	0.843	0.827	0.807

攻击案例的三个实验结果表明异常对网络流量的影响是多方面的，结合了流量图的特征方法和定义，能够更好地解释网络行为，有利于更真实、更全面、更深入地揭示网络行为的本质属性与运动机理，理解通信异常行为的异常本质。尤其是网络发生通信模式改变的攻击时，流量的字节数等强度特征没有波动或者波动较小，特征集可以有效地检测到通信模式变化的异常整体网络行为，具体表现为图最大度特征值的平稳曲线中出现了二个峰值的扰动。

可见，流量负载强度和流量图的特征集对异常检测的贡献与网络异常的类型相关，两种特征相互补充能够有效提高检测率。同时，通过实验进一步验证了网络行为整体流量所抽取的特征能够有效提升异常检测的精确率。

3.8　本章小结

本章针对整体网络行为的时序异常检测领域内检测效率不够、检测能力偏低两个问题，以“整体网络行为－流量图－时间”进行网络行为，并将异常归纳为影响流量负载和流量通信模式两类，采用网络行为异常检测方法，充分利用整体网络行为和流量图两种特征集可以有效提高检测效率。

数据包形成网络流数据，将流数据中的 IP 地址映射为图的节点，将一条记录映射为图的边，实现流量映射到流量图的度量空间，描述网络节点的交互通信模式的图模型属性。定义了静态度量和动态度量方法的网络流特征抽取方法，量化了整体网络行为的流量负载和流量通信模式（Traffic Pattern）的特征，有效地融合流量特征以及基于流量图度量的通信模式特征，能够检测到传统的异常流量波动，以及未改变流量特征（例如带宽、上下行流量、数据包数据等的低密度、低强度）的异常通信模式。还通过实验探索了数据中存在特征之间时序波动的规律性和关联性，说明了不同网络异常行为会导致不同类型特征值的波动，基于流量图抽取的特征集可以有效补充网络行为的研究。

基于上述研究，针对时序数据的异常检测问题，进一步定义了适用于实际网络环境的突发变化、趋势变化的多维特征累积的异常值量化方法。通过 Spark 并行化设计和实现，可以在 Spark 上进行实现和部署，采用 Spark Streaming 实现了所提出的算法。利用多个数据集进行实验，并对异常案例进行了特征分析和异常检测，实验结果显示利用特征集进行异常检测，对比数据集的原始属性进行网络行为的异常检测，检测率更高；对于流量数据集，能够有效检测整体网络行为的异常，对于已知攻击数据集，由于攻击行为本身各自的属性不同，检测率存在差异性，这也是不断探索网络流量研究方法的源动力，攻击在不断演化，技术在不断更新，异常表现也在不断演化。总之，不同数据集的实验表明，流量和流量图的特征集对异常检测的贡献与网络异常的类型相关，两种特征相互补充能够有效提高检测率。

第4章

网络个体行为异常检测研究

网络行为的异常检测方法相较于基于规则库的异常检测方法更易于发现未知异常和新型攻击，但是通常只能给出异常情况的告警信息，这无法为安全管理员提供更加详细的异常信息以便采取安全管控相关举措。基于整体网络行为的异常检测方法是一种高效的整体网络行为时序轮廓的描述方式，但是同时也可能会丢弃很重要的信息，很可能被攻击者绕过。宏观的整体网络行为是微观的全体网络个体进行网络通信活动的体现，但也不是简单的网络流量的数据叠加，而是对网络的网络个体行为进行细粒度的分析和检测，为整体网络行为研究提供了更加全面的分析视图。本研究发现短期的网络个体行为可能不具有明显的行为属性和波动规律，但长期的网络个体行为则具有一定的稳定性规律，可以用数学形式描述其网络行为，分析网络个体行为的正常或异常。在一定程度上可以快速响应安全管理员查询异常主机的请求，同时发现掩盖于整体网络行为现象中隐蔽的个体异常行为。

为了实现对异常网络个体行为的检测，定义了网络个体行为轮廓的量化方法，分析和研究了网络个体行为的一般行为和动态属性，并且能够提供异常网络个体行为检测方法。下面先分析了面向网络个体行为异常检测研究的不足，描述了本研究的思路；接着介绍了 Graphlet 的概念以及在网络流量分析领域中相关研究现状；然后在此基础上，对研究内容中涉及的特征抽取算法和检测算法进行了描述；最后通过不同的数据集进行了实验和结果分析。

4.1　问题分析和解决思路

4.1.1　问题分析

随着网络应用的增加和服务类型的多样化，用户数量也在急剧增长，因此我们势必会面临一系列安全问题。在大型的网络架构中，通常会部署大量网络安全防御设备，对主机进行层层安全防护加固，每时每日都会产生大量的告警信息，这样需要大量的专业安全分析人员进行分析、排查并确认报警信息的可用性，尤其是针对特定主机的安全性分析，存在信息量大、难于收集和分析困难等实际问题。在持续变化的网络系统中，一个主机与外界具有大量的网络通信，导致难于描述网络中的网络个体行为轮廓。企事业单位的服务器作为的资源主体，其网络应用和数据资源都存放在服务端主机，除此之外，还有网络环境的关键主机正面对日益繁多的网络攻击行为。目标攻击会历经很长的时间进行潜伏，还会使用加密通信技术并模仿正常网络行为以躲避传统的安全防御措施。综上所述，利用网络流量监测发现隐藏在整体流量中的可疑网络个体行为，势必成为网络安全分析者、网络管理者一项艰难而繁重的监管任务。

网络个体行为测量和分析是研究其网络个体行为的基础，这就需要掌握网络个体行为的基本特征，发现网络个体行为变化的基本规律，并构造网络个体行为的数学模型。通过对计算机网络环境中网络个体行为的研究，可以对关键主机的网络个体行为进行准确的分析和异常检测。

如图 4-1 所示，网络行为的异常检测通常分为三个关键步骤：第一步的目的是抽取能够描述网络个体行为轮廓的特征集，接着对数据进行规范化处理；第二步的目的是降维以优化属性得到行为特征集；第三步的目的是利用建模、机器学习和数据挖掘等技术分析和研究描述网络个体行为轮廓的特征集，其中，构建正常行为基线的步骤，通常也可以理解为正常网络行为的获取过程。

在网络个体网络行为的异常检测研究中，主要解决的问题有以下两个。

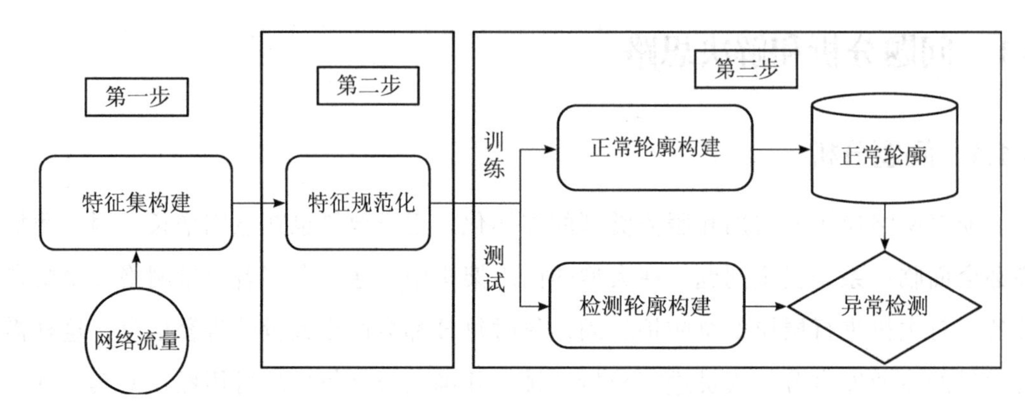

图 4-1　网络行为异常检测的关键步骤

（1）如何对网络个体行为轮廓进行数学抽象

通过网络个体行为特征的研究，可以对主机入侵行为进行有效的检测，识别可疑或非授权的网络行为，进而做出及时响应，以检测网络安全事件、降低受害程度。

针对主机系统级安全检测的研究工作，数据源多来自主机系统的审计日志、系统调用序列、内存和文件的变化情况等，通过分析系统的审计数据来区分主机中的正常和非法行为。这类研究的优势是易于监测一些系统活动，如对敏感文件、目录、程序或端口的存取行为，而这些行为难于在网络流量数据中发现。以目标攻击类型的异常行为为例，入侵者最终的目标是数据窃取，其前期的入侵行为又难于发现，那么，当攻击者获取主机的用户权限后，数据泄露行为恰恰不会对文件、内存和程序等系统内部活动造成影响，只有对外进行数据传输时才会造成网络通信行为的改变。那么，关注主机的网络个体行为的变化是检测数据泄露的最佳时机，也是降低目标攻击对企事业单位造成损失的一个关键步骤。

（2）如何对主机网络个体行为的异常进行量化，即异常检测方法

异常检测方法目前主要有两种类型：其一是基于签名的异常检测方法，需要大量攻击签名的数据样本以识别存在的攻击；其二是基于异常的检测方法，不需要先验知识和签名规则，旨在识别不寻常、未知和新型的攻击和行为。异常检测方法的优势在于新型攻击也可以被识别，甚至先于其攻击签名被发现。

异常检测系统分析网络行为的数据，而后建立“正常”网络行为基线，接着就

可以用行为轮廓特征向量与之进行比较了。当与历史数据的正常行为有相当大的偏离时，就认为是异常，认为主机被网络攻击所触发，并需要进行进一步的调查和分析。异常检测方法也是一个重要的研究内容，Singh 等人对异常检测算法进行了分类，主要包括统计分析方法、数据挖掘方法、机器学习方法和序列挖掘等方法，研究工作中会使用一种或多种方法。

综上所述，针对网络个体行为的安全监测的难点主要有如下两项。

（1）数据采集难

通过对现有研究工作的分析发现，在大型网络环境中，难于收集和分析种类繁多的主机安全日志，其中一个主要原因就是要在主机上部署软件代理，繁杂的工作势必耗费很大的成本，而且这些主机的软硬件版本、数据接口和访问控制权限不一致会导致数据采集问题，除了高昂的价格成本之外，还降低了主机性能，增加了安全管理的复杂性，同时将给企事业单位的安全管理带来更多的风险。

（2）数据波动不明显

网络安全设备对网络个体行为的变化不敏感，无法关注网络个体主机的网络流量的增加或减少及其个体主机通信模式的变化，较少对网络个体行为进行细粒度的分析与检测。

4.1.2　研究内容

通过汇集网络流量数据到主机层，进一步分析和抽象主机的网络个体行为。研究工作针对上述问题，定义了一种细粒度的网络个体网络行为方法，设计并实现了特征抽取和异常检测算法，解决了网络环境关键主机的监控问题。研究的主要内容如下所示。

- 研究利用网络流量数据分析关键主机的网络个体行为，无须为监控主机安装任何数据采集的代理软件或在主机中部署、运行检测程序，仍然可以利用网络行为分析方法对网络个体行为进行检测和告警。
- 研究利用联合特征量化行为变化，定义了面向网络个体行为的流量属性、图节点属性和 Graphlet 属性相结合的特征集，建立了网络个体行为轮廓的基线，这些特征集有效弥补了单一特征集信息不足的缺点，可以描述出更多网络个体行为变化的细节，提高了方法的可用性，增强了结果的可解释性。

- 研究定义了网络量化网络个体行为的多维向量空间中特征点位置变化的方法，能够有效地分析每个监控主机的网络个体行为的可疑度。针对新型攻击和恶意软件层出不穷的问题，无须先验知识，无须建立特定攻击或特定恶意软件的规则和特征库，通过建立主机网络行为轮廓，基于网络个体行为的稳定性和相似性，发现主机是否存在异常的网络个体行为。实验结果表明，该方法能有效地检测出异常网络个体行为，验证了该算法进行攻击检测的有效性。

4.1.3 研究思路

本研究以主机为网络个体行为的研究对象，对主机层的网络流量进行网络个体行为的分析和异常检测方法展开了研究。网络个体行为异常检测思路适用于检测网络个体行为的流量偏离、作为图节点的属性变化以及服务变更等网络个体行为异常。基于网络行为的网络个体行为的异常检测方法的具体思路和步骤如图 4-2 所示，每个步骤的研究概要描述如下。

- **数据源：** 本步骤主要对数据集进行预处理，获取可供下一步使用的网络流数据。
- **网络个体行为：** 本步骤的主要目的是计算网络个体行为特征值，包括流量属性、图节点属性和 Graphlet 特征。计算得到的特征值需要通过数据清洗、规范化、特征选择以供后面的研究步骤使用。
- **可疑度：** 本步骤的主要目的是对每个检测时间窗口生成网络个体行为轮廓，进一步计算与主机的历史网络个体行为基线的偏离度。量化指标包括网络个体行为本身的特征向量距离、相似主机的网络个体行为特征向量距离，同时使用 IP 地址公开黑名单数据。本研究认为与主机交互的 IP 地址中处于黑名单的 IP 地址的个数越多，主机被植入恶意软件或发生恶意行为的概率越高。
- **异常决策：** 本步骤的主要目的是为系统做出是否异常的决策。当检测时间窗口的主机行为接近或等于历史主机网络个体行为轮廓时，判定检查时间窗口的该主机网络个体行为是正常的，反之亦然。细粒度剔除大部分正常的主机，筛选少数主机以进行进一步分析，这样做大大减少了安全监控的管理员的工作任务，同时降低了工作难度。实验中根据数据集的实际分析结果设置异常决策值，例如输出达到三倍偏离度值的可疑主机 IP 或者列出网络个体行为偏离度靠前的可疑主机 IP 等，从而适用于不同的网络环境。

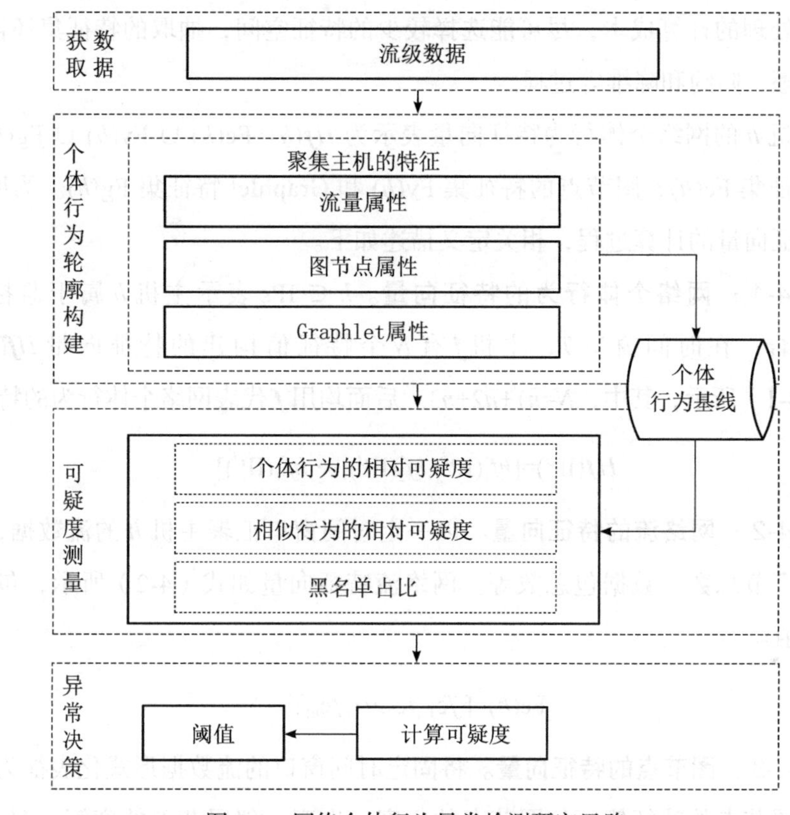

图 4-2　网络个体行为异常检测研究思路

4.2　网络个体行为轮廓构建的方法和定义

本章同样采用了图分析方法，研究中将节点属性和联合特征等因素用于量化面向主机层的网络个体网络行为方法，定义了网络流特征向量、图节点特征向量和 Graphlet 特征向量，并定义了网络行为方法的网络个体行为轮廓构建方法。

4.2.1 网络个体行为特征向量

研究将固定时间窗口 T 的数据汇聚到主机层，以网络环境中的主机作为研究对象进行特征统计，研究网络个体行为轮廓的数学形式描述。一方面考虑尽可能多地挖掘信息以描述网络个体行为，从而辨识网络个体行为的差异，另一方面还要考虑特征抽取算法分析处理的计算成本，尽可能选择较少的特征空间，抽取的特征集还需要完成数据的预处理、归约和降维等过程。

任意主机 h 的网络个体行为特征向量表示为 $Hf(h)=\mathrm{Fc}(h)\cup\mathrm{Fv}(h)\cup\mathrm{Fg}(h)$，包括网络流的特征集 $\mathrm{Fc}(h)$、图节点的特征集 $\mathrm{Fv}(h)$ 和 Graphlet 特征集 $\mathrm{Fg}(h)$。为明确网络个体行为特征向量的计算过程，相关定义描述如下。

- **定义 4-1：网络个体行为的特征向量**。$h\in\mathrm{IPs}$ 表示主机 h 属于监控主机的 IP 集合，在时间窗口 T，主机 j 有 N 个特征值构建的特征向量 $Hf(\mathrm{IP}^j)$，如式（4-1）所示，其中，$N=n1+n2+n3$。后面均用 $\boldsymbol{f}$ 代表网络个体行为的特征向量。

$$Hf(\mathrm{IP}^j)=[hf_1(\mathrm{IP}^j),hf_2(\mathrm{IP}^j),\cdots,hf_N(\mathrm{IP}^j)] \tag{4-1}$$

- **定义 4-2：网络流的特征向量**。以一定时间窗口汇聚主机 h 的流数据，计算主机的字节总数、数据包总数等。网络流特征向量如式（4-2）所示，包含 $n1$ 个特征值。

$$\mathrm{Fc}(h)=[\boldsymbol{f}\mathrm{c}_1,\boldsymbol{f}\mathrm{c}_2,\cdots,\boldsymbol{f}\mathrm{c}_{n1}]^{\mathrm{T}} \tag{4-2}$$

- **定义 4-3：图节点的特征向量**。将固定时间窗口的流数据形式化表征为流量图，计算图节点的特征值，如图节点的入度、出度、邻居节点的度等。图节点特征向量如式（4-3）所示，包含 $n2$ 个特征值。

$$\mathrm{Fv}(h)=[\boldsymbol{f}\mathrm{v}_1,\boldsymbol{f}\mathrm{v}_2,\cdots,\boldsymbol{f}\mathrm{v}_{n2}]^{\mathrm{T}} \tag{4-3}$$

- **定义 4-4：Graphlet 特征向量**。以一定时间窗口汇聚到主机 h 的流数据形式化表征为 Graphlet，计算 Graphlet 量化的特征值，例如 Graphlet 第二列最大度、第三列节点个数等。Graphlet 的特征向量如式（4-4）所示，包含 $n3$ 个属性的特征向量。

$$\mathrm{Fg}(h)=[fg_1, fg_2, \cdots, fg_{n3}]^{\mathrm{T}} \tag{4-4}$$

根据定义 4-2，网络流的特征向量可以直接从流数据中统计得到，定义 4-3 中图节点的特征向量根据流量图定义计算可得，下面详细介绍定义 4-4 的计算方法。

Graphlet 关系图最初是由 Karagiannis 等人在研究网络流量应用分类时，提出的用于解释不同类型的应用在应用层的一种描述方法，该方法主要用于描述某一个主机与其他主机之间的网络连接模式。这时采用的是四元组 { 源 IP 地址，目的 IP 地址，源端口号，目的端口号 }。

例如，用户访问网站的通信行为的 Graphlet 示意图如图 4-3 所示，用户输入网站域名后，通过 DNS 的查询，经过多次 UDP 网络通信，主机可以获取要访问网站的域名 IP 地址，主机就与该 IP 地址进行网络通信，然后用户主机发起网络连接，请求网站的 Web 页面，用户主机通信时用多个源端口号与网站的 80 端口进行通信，网站的页面内容可以来源于多个 IP 地址。

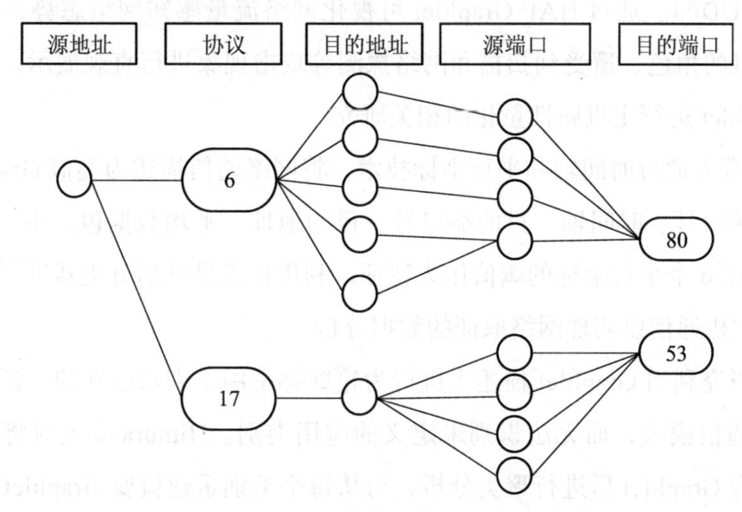

图 4-3　用户主机访问网站的 Graphlet 示意图

随后 Karagiannis 等人对 Graphlet 展开研究，此时采用的是五元组的 Graphlet 描述传输层的通信行为，作为主机指纹以检测异常。这个关系图中的列数由采用的元组数决定，每个元组位居这个图中的一列，相邻两列的节点存在连接关系，不相邻的列节点之间没有连接关系。

Mongkolluksamee 等人通过抽取 Graphlet 属性和数据包大小分布属性，在 3 分钟内随机选择 50 个数据包就能够精确地识别移动网络的应用类别。

Mansmann 等人使用树图和力导向图的布局方式可以有效地解释处于攻击时主机的通信模式。

Glatz 等人根据柏克利套接字（Berkeley sockets，也称为 BSD sockets）中关于一个网络连接应用的基本描述包括五元组属性 { 源 IP 地址，目的 IP 地址，协议，源端口号，目的端口号 } 定义了一个五分图（5-Partite Graph），称为主机应用行为轮廓 Graphlet（Host Application Profile Graphlet，HAP Graphlet）将终端主机作为开始和结束的图节点，分配中间的部分给网络通信使用的协议号和端口号，通过这四层连接更好地展示主机的通信关系，并定义了常见的主机角色，如客户端、服务器（例如 80 端口开放的 TCP 服务器）、P2P 角色（端口号多数大于 1024，或者与远程主机通信同时使用 TCP 和 UDP）。通过 HAP Graphlet 可视化网络流量感知网络态势，分析 IDS 告警，针对主机的角色、遭受到扫描和网络探测等攻击现象进行直观展示，但是并没有对 HAP Graphlet 进行主机属性量化的相关研究。

Promrit 等人通过时间轴和平行坐标技术，将网络通信描述为类似 Graphlet，包括源地址、源端口号、时间轴、目的端口号、目的地址、平均数据包大小（单位为字节数），选择上述 6 个平行坐标的熵值作为特征，利用朴素贝叶斯分类器进行网络流量分类，可视化主机通信以实现网络取证的数据分析。

大多数研究利用 Graphlet 描述主机行为轮廓都是用于表示已知的、预定义的典型应用类型的通信模式，而无法识别未定义的应用类别。Himura 等人就将所有主机通信数据描述为 Graphlet 后进行聚类分析，再从每个类别重建概要 Graphlet 信息，实现将主机网络个体行为分类和识别新应用类别的目的，实验结果显示分类效果优于有监督的 Graphlet 方法（BLINC）及基于端口号、基于负载的方法，进一步发展和补充了 Graphlet 方法。

Karagiannis 等人还在后面的研究中，对 Graphlet 方法进行了主机级属性的扩展研究，以 Graphlet 为基础，定义了 6 列，分别是源 IP 地址、协议、目的地址、源端口号、目的端口号和目的 IP 地址，其中第 6 列目的 IP 地址是该方法的关键。使用目的地址构建列冗余，更利于观察五元组之间的关系，并将 Graphlet 进行了量化，定义了入度、出度是每列的节点左边、右边的节点数，以描述主机网络个体行为的属性，适用于异常检测和攻击发现，该研究只对出度均值进行了研究，尤其强调了研究主机行为的重要性。

对大量文献进行分析后需要指出的是，网络个体行为的研究中提出的主机网络个体行为属性相对单一和局限或者是只有主机的流量属性，例如发送字节数、接收包数、发送包数、接收字节数、持续时间、主机连接既与主机连接的流数，很少涉及联合属性量化，既与某个端口的连接数、主机端口与远程端口的关系。因此，本研究融入 Graphlet 关系图分析网络个体行为的联合属性关系，并定义了基于 7 列的 Graphlet 特征量化的方法。为了描述 Graphlet 属性，归纳了将要使用的符号及定义，如表 4-1 所示。

表 4-1　Graphlet 方法的符号

符号	描述
C_i	方向从左到右，在 Graphlet 中的第 i 列
v_i^k	在列 C_i 的节点 k
$i:j$	相邻两列，从列 C_i 到列 C_j，$j=i+1$
$d_{i:j}^k$	节点 v_i^k 的入度（出度），当 $j=i+1$ 时表示出度，当 $j=i-1$ 时代表入度
$D_{i:j}$	列 C_i 的度分布

Graphlet 建立的过程如下：对于每个主机 h，分别建立独立的 7 列，每列中不同的值就是一个节点，最后根据主机之间的网络连接为每对相邻的节点建立边，主机所有的网络流量数据都会对应到 Graphlet 中。其中，第一列都是所关注的主机 IP 地址，所有与主机交互的 IP 地址称为远程 IP 地址。研究所提出的 Graphlet 列信息如表 4-2 所示。

表 4-2　Graphlet 列信息

列号	特征名称	列号	特征名称
第 1 列	主机 IP 地址	第 5 列	远程主机 IP 地址
第 2 列	协议号	第 6 列	字节数
第 3 列	主机端口号	第 7 列	时间类型
第 4 列	远程主机端口号		

Graphlet 量化属性是从 Graphlet 图中提取特征，如表 4-3 所示。其中，为了使用字节数作为特征，先将连续值的字节数进行离散化处理，减少数据值个数。目前的离散化方法常用分箱法，可以采用均匀取值或非均匀取值法，非均匀取值法可以用固定间隔法或者指数间隔法，例如 $(2^i,2^{i+1})$。将字节数划分为 12 个分箱，从 bin1 到 bin12。这个分箱的值设置源于最大传输单元（MTU），其中 MSS 最大分段长度 =MTU–IP 包头长度 –TCP 包头长度，其中包头长度是 20 字节。第 1 个分箱 bin1 每个字节数的包是 $(2^{k-1},2^k]$，这里 k 是分箱的索引值，最后一个分箱的每个数据包的字节数是 $(2^{10}, \infty)$。

表 4-3　Graphlet 量化属性描述

符号	描述
n_i	列 C_i 的节点总数
$o_{i:j}$	从列 C_i 到列 C_j 节点度为 1 的节点数
$u_{i:j}$	从列 C_i 到列 C_j 的节点度均值
$a_{i:j}$	从列 C_i 到列 C_j 的节点度最大值
$\beta_{i:i+1}$	求得 $a_{i:i+1}$ 的节点，这个节点从列 C_i 到列 C_{i+1} 的度
D_{pkt}	根据数据包大小的分布，将字节数映射到 12 个分箱

本研究定义的 Graphlet 图 7 元组法较接近于 Karagiannis 等人的构建思路，还丰富了 Graphlet 图中的属性，不限于 Graphlet 图节点的出入度值。在主机网络通信过程中，呈现出主动请求网络连接，以及响应网络请求的情况，例如发起网络扫描、感染其他主机、连接恶意软件成员、数据泄露等通信行为，与之对应的还有被扫描探测、漏洞扫描和远程网络控制等通信行为。为描述网络个体行为流量负载强度的属性，还增加了第 7 列字节数，这些与所述方法不同。

4.2.2 网络个体行为特征集和抽取算法

研究定义了网络个体行为的代表特征，描述如表 4-4 所示。

表 4-4　网络个体行为代表特征示例

类别	特征描述
网络流特征	远程主机数
	目的端口熵值
	成功连接的 TCP/ 全部 TCP 记录数
	主机接收到的数据包字节数
	主机发送的数据包字节数
	与主机去重通信的（IP，Port）对个数
	主机的 popular 端口占比
	主机接收到的数据包的个数
	主机发送的数据包的个数
	数据包的总个数
	数据包的总字节数
	发送字节数的位序
	发送数据包数据处于的位序
图节点特征	主机节点的度
	主机节点的出度
	主机节点的入度
	主机节点的 Triangle
	主机节点的邻居节点的度、入度、出度的均值
Graphlet 特征	每列的节点总数（即 7 列的节点数）
	从列 C_i 到列 C_j 的节点度均值（即每列的出度、入度的均值）
	从列 C_i 到列 C_j 的节点度最大值（即每列的出度和入度的最大值）
	从列 C_i 到列 C_j 的节点度为 1 的节点数（求度最大值的方向度）
	求得 $\alpha_{i:i+1}$ 的节点度的度最大值，这个节点从列 C_i 到列 C_{i-1} 的度
	根据数据包大小的分布，将字节数映射到 12 个分箱

恶意用户通过快速、慢速扫描的攻击手段发现潜在攻击目标，进行主机遍历、端口遍历等操作，目标主机的网络通信相对正常情况时会在短期内增加。主机感染恶意软件后，势必不断尝试与其他感染恶意软件的主机建立通信，实施非法的操作行为，并继续扫描内部网络以感染更多主机。这些行为在网络通信行为上都会导致图模型的节点属性变化，如入度增加，还会导致 Graphlet 图的变化。

远程主机数指的是去重通信的 IP 个数，描述了这个主机进行网络通信的 IP 地址数，这个特征可以反映主机的受欢迎程度；目的端口熵值反映主机通信模式。

数据包数均值反映大象流或老鼠流，网络连接没有成功可能意味着一次攻击；小尺寸的数据包很可能是信号交互行为，而大尺寸的数据包表明进行数据交换行为；与远程主机的连接数，描述两个主机之间的通信情况；通信持续时间的均值反映连接或非连接的网络通信，非连接的网络通信可能是攻击行为；传输层协议数熵值反映主机与远程主机通信时的协议，服务器提供服务时多采用单个协议，客户端则多使用不同的协议。

主机端口号与远程主机数比反映主机的网络功能角色。主机开放端口号供远程用户访问，并以相应的协议响应用户请求，此时目的端口多为一个，而远程主机的端口号是多个，不同连接随机使用不同的端口号。因此，当数据中存在大量的目的端口号时，说明主机正遭受端口扫描攻击。

发送字节数反映主机发送到远程主机的数据传输行为（如一个主机上传的字节数是历史行为的十倍）；出度意味着主机主动与远程主机发起通信，Brewer、Jeun 等人的研究中指出数据泄露行为多是由内部主机主动发起的，这主要是因为出去的流量大多都可以顺利地通过防火墙，而进来的流量要经过层层安全设备。主机端口号与远程主机数比还可以反映主机的网络功能角色。主机开放端口号供远程用户访问，并以相应协议响应用户请求，大多数情况目的端口是一个，而远程主机的端口号是多个，不同连接随机使用不同的端口号。然而，发现这种类别主机出现了大量目的端口号，可能的情况是该主机正遭受端口扫描攻击。

网络的网络个体行为特征集抽取的具体 Spark 算法描述如下。

整体网络行为特征抽取算法

```
输入：流数据，数据窗口 T
输出：网络个体行为特征向量
1  cs = 获取流数据 between time t-T and time t; //计算特征向量，流量负载的特征值
                                                feature values for each host;
2  fa = cs.map(row => (row.ip,row)).groupByKey().cache().map;
3  build feature vector fa ;
   //计算特征向量，图节点的特征值 feature values for each host;
4  create traffic activity graph vgraph;
5  while caculate vertex features do
6  计算节点特征
    newvgraph = vgraph.outerJoinVertices.(vgraph.aggregateMessages.cache())
7  end//filter IPs in the list;
8  fb = newvgraph.vertices.filter.mapValues;
9  build feature vector fb ;//计算特征向量，graphlet feature values for each
   host;
10 build server behavior graphlet server ftrdd ;
11 build client behavior graphlet client ftrdd;
12 for eachipitem in server ftrdd.map(.ip).distinct do
13   use server ftrdd.filter(.ip == ipitem) data build graphlet;
14   caculate graphlet features serverft ;
15   build feature vector fc1 ;
16 end
17 for eachipitem in client ftrdd.map(.ip).distinct do
18   use client ftrdd.filter(.ip == ipitem) data build graphlet;
19   caculate graphlet features clientft ;
20   build feature vector fc2 ;
21 end
22 build feature vector fc = [fc1 fc2] ;
23 return f = [ip fa fb fc tc];
```

4.3 网络个体行为的异常检测方法

网络行为方法对主机的网络个体行为进行数学抽象，研究定义了度量特征向量空间偏离度的网络个体行为异常检测方法，研究方法流程如图 4-4 所示。

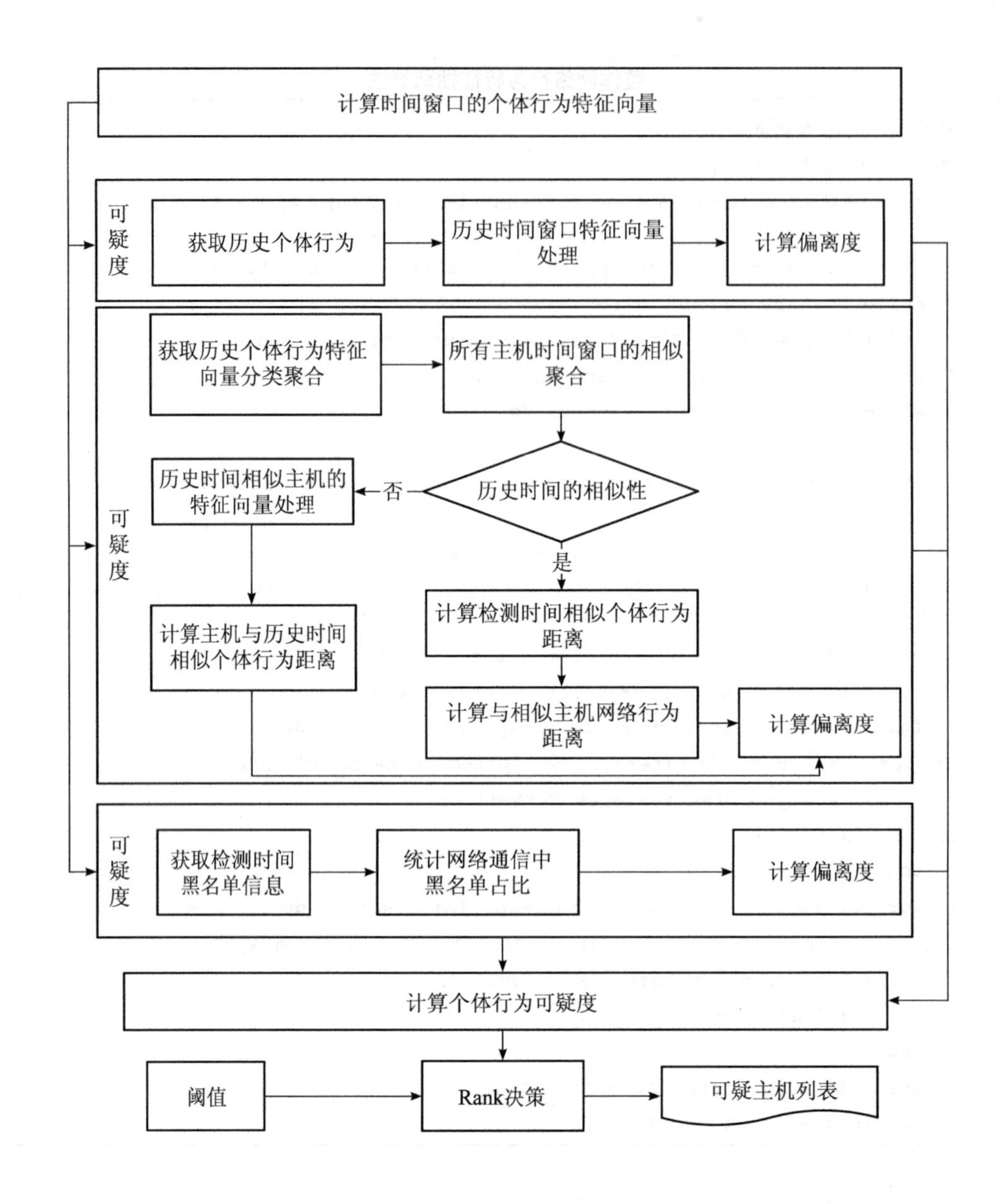

图 4-4　网络个体行为异常检测方法的流程图

检测算法的输出结果是可疑主机列表，使网络安全管理者重点关注位于前面的主机。为了计算可疑度值，在时间 Td 主机 j 的特征向量表示如式（4-5）所示。

$$\mathrm{hf}(\mathrm{IP}^j,\mathrm{Td})=[f_1(\mathrm{IP}^j,\mathrm{Td}),f_2(\mathrm{IP}^j,\mathrm{Td}),\cdots,f_m(\mathrm{IP}^j,\mathrm{Td})] \tag{4-5}$$

介绍度量三个网络个体行为可疑度的数学计算方法之前，先定义下列符号，如表 4-5 所示。

表 4-5　符号的定义

符号	定义
h	表示网络节点的网络个体行为主机，主机位于监控列表中
$\mathrm{hf}(\mathrm{IP}^j)$	表示主机 j 在某个时间所构建的网络个体行为的特征向量
$f_i(\mathrm{IP}^j,t)$	表示主机 j 在时间 t 所构建的第 i 个网络个体行为的特征值
Dist()	表示计算两个向量的相对距离
$\mathrm{Mean}_{\mathrm{his}}(f_i)$	表示网络个体行为 j 第 i 个特征值的历史均值
$\mathrm{gh}(h)$	表示与网络个体行为 h 相似的主机集合
$\|\mathrm{gh}(h)\|$	表示与网络个体行为 h 相似的主机个数
$\mathrm{ghf}(t)$	表示 t 时间相似主机行为的特征均值
$\mathrm{score}_{\mathrm{suspect}}(\mathrm{IP}^j)$	表示网络个体行为 j 的可疑度

接着介绍网络个体行为的可疑度量化的数学计算过程，下面详细介绍其定义和数学计算方法。

- **定义 4-5：历史可疑度 s_1。**检测时间的网络个体行为轮廓与历史行为基线的特征向量空间距离。

量化主机自身与历史网络个体行为轮廓的特征向量空间位置移动。在检测时间，监控主机在特征空间的移动情况，计算网络个体行为与历史行为特征空间中心的距离，识别主机特征向量空间位置是否异常。认为用户访问网络资源具有固定的习惯、规律的主机对外提供相对稳定的应用服务。那么，网络行为轮廓的时间演化过程表现为具有稳定性的网络通信模式。同时，考虑到均值具有衡量数据趋势的作用，获取历史数据在此时间的各个均值作为特征向量基准点（注意：抽取历史时间点特征时要过滤掉标记为异常的时间，后面相同），计算当前特征向量的相对偏移量作为可疑度值，数学计算方法如式（4-6）所示。

$$s_1(\mathrm{IP}^j,\mathrm{Td})=\sqrt{\sum_{i=1}^{m}\left(\frac{f^i(\mathrm{IP}^j,\mathrm{Td})-\mathrm{Mean}_{\mathrm{his}}(f^i(\mathrm{IP}^j,\mathrm{Td}))}{\mathrm{Mean}_{\mathrm{his}}(f^i(\mathrm{IP}^j,\mathrm{Td}))}\right)^2} \tag{4-6}$$

❑ **定义 4-6：相对可疑度 s_2。**检测时间的网络个体行为轮廓与此时网络中具有相似性的其他网络个体行为特征向量的空间距离。

认为距离相似网络个体行为特征向量均值越远，可疑度越大，$\mathrm{ghf}(\mathrm{IP}^j,\mathrm{Td})$ 表示时间 Td 与主机 j 相似的所有主机特征向量，由此可得，相似网络个体行为特征向量均值的数学计算方法如式（4-7）所示。

$$\mathrm{ghf}(\mathrm{Td})=\left[\frac{\sum_{k=1}^{|\mathrm{gh}|}f^1(\mathrm{IP}^k,\mathrm{Td})}{|\mathrm{gh}|},\frac{\sum_{k=1}^{|\mathrm{gh}|}f^2(\mathrm{IP}^k,\mathrm{Td})}{|\mathrm{gh}|},\cdots,\frac{\sum_{k=1}^{|\mathrm{gh}|}f^m(\mathrm{IP}^k,\mathrm{Td})}{|\mathrm{gh}|}\right] \tag{4-7}$$

计算向量距离的方法有很多，如欧式距离、马氏距离、余弦距离、汉明距离等，但是其各自有不同的计算方式和衡量特征，适用于不同的数据分析模型。考虑到欧氏距离适用于个体数值特征的绝对差异，多用于衡量空间各点的绝对距离，与各个点所在的位置坐标直接相关，能够从维度的数值大小中体现差异的分析，因此这里选择欧式距离。主机相对可疑度的数学计算方法如式（4-8）所示。

$$s_2(\mathrm{Td})=\sqrt{\sum_{i=1}^{m}\left(\frac{\mathrm{hf}^i(\mathrm{IP},\mathrm{Td})-\mathrm{ghf}^i(\mathrm{Td})}{\mathrm{ghf}^i(\mathrm{Td})}\right)^2} \tag{4-8}$$

通过计算网络个体行为的相似性，并聚合具有相似网络个体行为的主机。通过快速迭代算法实现网络个体行为的相似度聚类，输出得到多个相似网络个体行为组，每个主机都处于一个集合中。量化主机与相似网络个体行为特征向量空间位置的相对移动。每个主机都处在特征空间中的某个位置，其承载的网络服务不同，网络行为也不同；那么，主机的社会层、功能层、应用层相近的主机行为则会呈现相似性。在检测时间，历史可疑度并没有考虑特征向量空间的相对距离，通过监控处于相似网络个体行为中的移动情况，识别网络个体行为特征向量空间相对位置是否异常。

- **定义 4-7：受害可疑度 s_3。**检测时间与主机进行远程通信的主机处于 IP 黑名单的数量，通过分析恶意域名、IP 黑名单等信息获取。

量化主机成为受害主机的可能性，采用公开发布黑名单，计算通信的远程主机 IP 地址处于黑名单中的数量。当前，很多机构和公司都发布了 IP 地址、域名的黑名单，根据这些信息限制黑名单中的 IP 地址对重要网络设施的访问也是一种重要而有效的安全防御手段。查找哪些主机访问恶意域名或 IP 地址，有助于快速锁定僵尸网络主控端、受害者主机，并减少僵尸网络造成的影响。因此，认为主机的网络个体行为中位于黑名单中的数量越多，可疑度越高。本研究采用中国科学技术大学、东北大学和德国免费的黑名单库发布的数据作为依据，统计相应时间段与监控主机交互的 IP 地址是否位于公开黑名单中，研究认为与监控主机交互的黑名单 IP 地址越多，则监控主机感染恶意软件，被攻击转化为受害主机的概率越高。基于以上描述，数学计算方法如式（4-9）所示。

$$\log(\mathrm{count}_{\mathrm{blk}}) \tag{4-9}$$

- **定义 4-8：网络个体行为可疑度 score。**网络个体行为相较于行为基线的累积偏离度。

利用网络个体行为的差异性和相似性可实现网络个体行为的异常检测。攻击者利用主机硬件和软件漏洞植入恶意软件，再利用受害主机的网络身份感染、攻击其他的主机，受害主机的网络个体行为必然和正常行为有区别；当感染恶意软件的主机发起攻击、感染其他主机行为时，成对主机的网络通信行为与正常通信行为必然有区别；攻击者为了掩盖受害主机，并混淆真实的攻击目标，网络中会有多个受害主机，这些主机必然有众多相似性，如有相同安全漏洞的操作系统、浏览器等，或者受害主机之间相互协作且具有共同的攻击目标，使这些主机具有较多的共性和较少的差异性。

综上所述，主机可疑度 score 值包括 $\boldsymbol{s}_1$(式（4-6)）、$\boldsymbol{s}_2$(式（4-8)）和 $\boldsymbol{s}_3$(式（4-9)），

将这三个数值规范化并设置权值 $\{\alpha, \beta, \gamma\}$，其中 $\alpha+\beta+\gamma=1$，归纳得到网络个体行为可疑度的数学计算方法如式（4-10）所示。

$$\begin{aligned}\text{score}_{\text{suspect}}(\text{IP}^j,\text{Td}) = &\ \alpha\sqrt{\sum_{i=1}^{m}\left(\frac{f^i(\text{IP}^j,\text{Td}) - \text{Mean}_{\text{his}}(f^i(\text{IP}^j,\text{Td}))}{\text{Mean}_{\text{his}}(f^i(\text{IP}^j,\text{Td}))}\right)^2} \\ &+ \beta\sqrt{\sum_{i=1}^{m}\left(\frac{\text{hf}^i(\text{IP},\text{Td}) - \text{ghf}^i(\text{Td})}{\text{ghf}^i(\text{Td})}\right)^2} \\ &+ \gamma\cdot\log(\text{count}_{\text{blk}})\end{aligned} \tag{4-10}$$

4.4　Spark 并行化设计

本研究采用 Apache Spark SQL、Spark GraphX 和 Spark MLlib 实现的网络个体行为的特征抽取和异常检测算法，以并行化批处理程序为主。程序流程从 Apache Spark 上下文 SparkContext 开始进行初始化，并创建其他 Spark 对象；接着，加载流数据；然后，将数据以网络个体行为的主机 IP 地址为 Key 分组迭代；最后，通过 Apache Spark RDD 算子运算实现算法的特征集定义和检测方法，并存储、输出检测结果。图 4-5 描述了 Apache Spark 批处理程序的顶层流程。

4.5　异常案例分析 1

先通过实验对主机的网络个体行为特征值的规律和趋势进行观察和分析，再描述基于网络行为分析对网络个体行为进行异常检测的研究过程。实验从主机的网络个体行为稳定性和相似性两个方面对时序属性进行了定量分析，还对主机的网络个体行为的动态属性和时间窗口尺度的选择进行了研究。为了验证定义的方法的有效性，通过多个数据集进行了实验。利用某校园网数据，对多个关键主机的网络通信，分析和检测了关键主机是否偏离正常网络个体行为，通过测量主机网络个体行为偏离度的变化，分析网络个体行为历经正常（沦陷前）→异常（探测、沦陷、发起攻击）→正常（恢复）的整个过程。

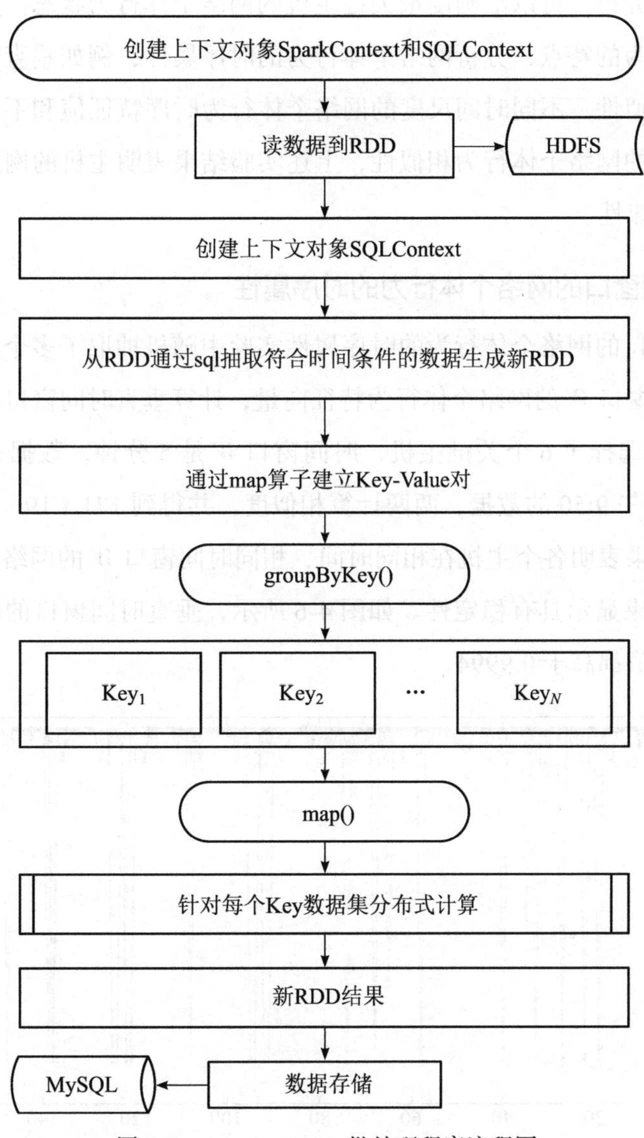

图 4-5　Apache Spark 批处理程序流程图

通过对计算机网络环境中网络个体行为特征向量动态变化规律的研究，可以描述主机的网络个体行为某一时间窗口的正常网络个体行为轮廓，对汇聚到主机的网络流量进行网络行为分析，可以准确度量关键主机的网络个体行为状态。实验将先研究主机的网络个体行为的特点，分析网络个体行为的时序属性，例如垂直时间点多主机的网络个体行为相似性、不同时间尺度的网络个体行为时序特征值和不同时间尺度的垂直时间点多主机的网络个体行为相似性，上述实验结果表明主机的网络个体行为轮廓具有稳定性和规律性。

1. 垂直时间窗口的网络个体行为的时序属性

垂直时间窗口的网络个体行为的时序属性实验中随机抽取了多个关键主机在相同时间、相同时间窗口 *W* 的网络个体行为特征向量，计算垂直时间窗口的余弦相似度。

实验中随机选择了 6 个关键主机，时间窗口 *W* 是 5 分钟，数据是垂直随机选取 19 个工作日的上午 9:50 的数据，两两计算相似度，共得到 171（19 × 18/2）个余弦相似度值。实验结果表明各个主机在相同时间、相同时间窗口 *W* 的网络个体行为的特征值相似，数据结果显示具有稳定性。如图 4-6 所示，垂直时间窗口的网络个体行为时序属性的相似度值都高于 0.9994。

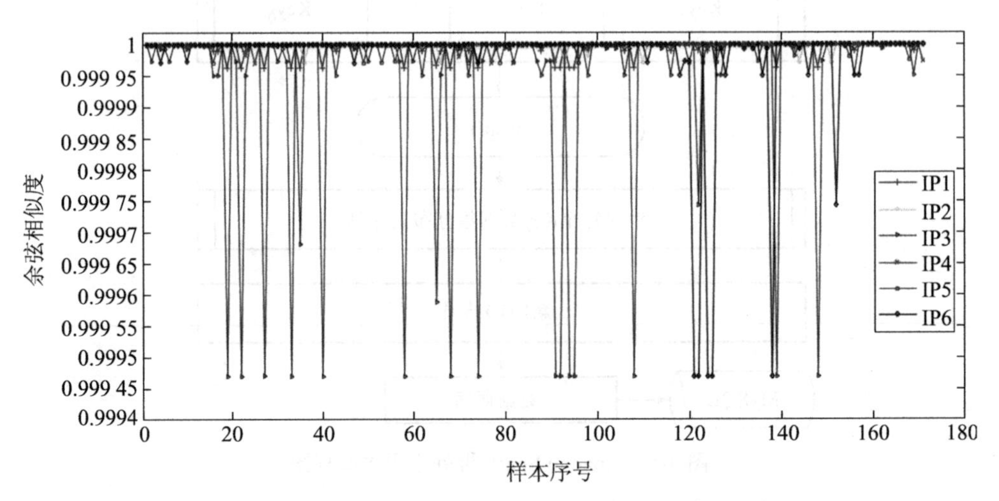

图 4-6　垂直时间窗口网络个体行为特征向量的余弦相似度

2. 不同时间尺度的网络个体行为多维特征值的时序属性

随机抽取某日某个主机三个时间尺度的多维特征值，如图 4-7 所示，在不同时间尺度下，网络个体行为的多维特征值曲线会随时间窗口的变化而变化，窗口越小，波动越大，窗口越大，曲线越平滑。网络流量具有白天流量分布多、夜间流量分布少的特点；在上午 11 点、下午 4 点和晚间 9 点，特征曲线出现了三个峰值。在不同时间段，网络个体行为的多维特征值存在明显的差异，时序特征值存在明显的变化规律。可见，随着时间尺度的放大和缩小，特征值曲线都呈现出了网络流量的规律性和周期性。

3. 不同时间尺度的垂直时间窗口网络个体行为的时序属性

随机抽取某个主机不同时间尺度、不同日期、相同时刻的多维特征值，计算垂直时间窗口的余弦相似度，如图 4-8 所示。

关于时间窗口选择问题，张永斌等人研究主机中的恶意软件行为时将网络行为的观测窗口设置为 180min，并指出大于 60min 可以获得更好的主机网络行为数据。时间窗口太大，时序特征值的异常波动会被曲线本身的走势掩盖，使检测效率降低。时间窗口太小则不能有效观测主机行为，穆祥昆等人的研究指出当流窗口区间足够小时，误报率急剧上升。上述研究主要对水平时间轴数据进行分析，选取的时间窗口越大，曲线越平滑，时序特征值稳定性越高，选取的时间窗口越小，时序特征值波动越明显。当主机对外提供网络应用服务时，其网络行为由用户访问行为所驱动，用户的访问行为与其作息时间具有密切关系。

本研究分析主机的网络个体行为特征向量的移动情况，从垂直时间轴的新视角着手，主要关注垂直时间点的时序特征值的相似性是否与时间窗口大小相关。因此，研究进一步分析了不同的时间窗口取值对主机网络个体行为相似度的影响，也通过数据分析进行了验证。

实验随机选择的时间窗口尺度分别为 60min、30min、10min、5min 和 1min，统计 6 个主机的相似度平均值，垂直随机选取 17 个工作日上午 9:50 的数据，两两计算相似度，得到共计 136 条余弦相似度值。

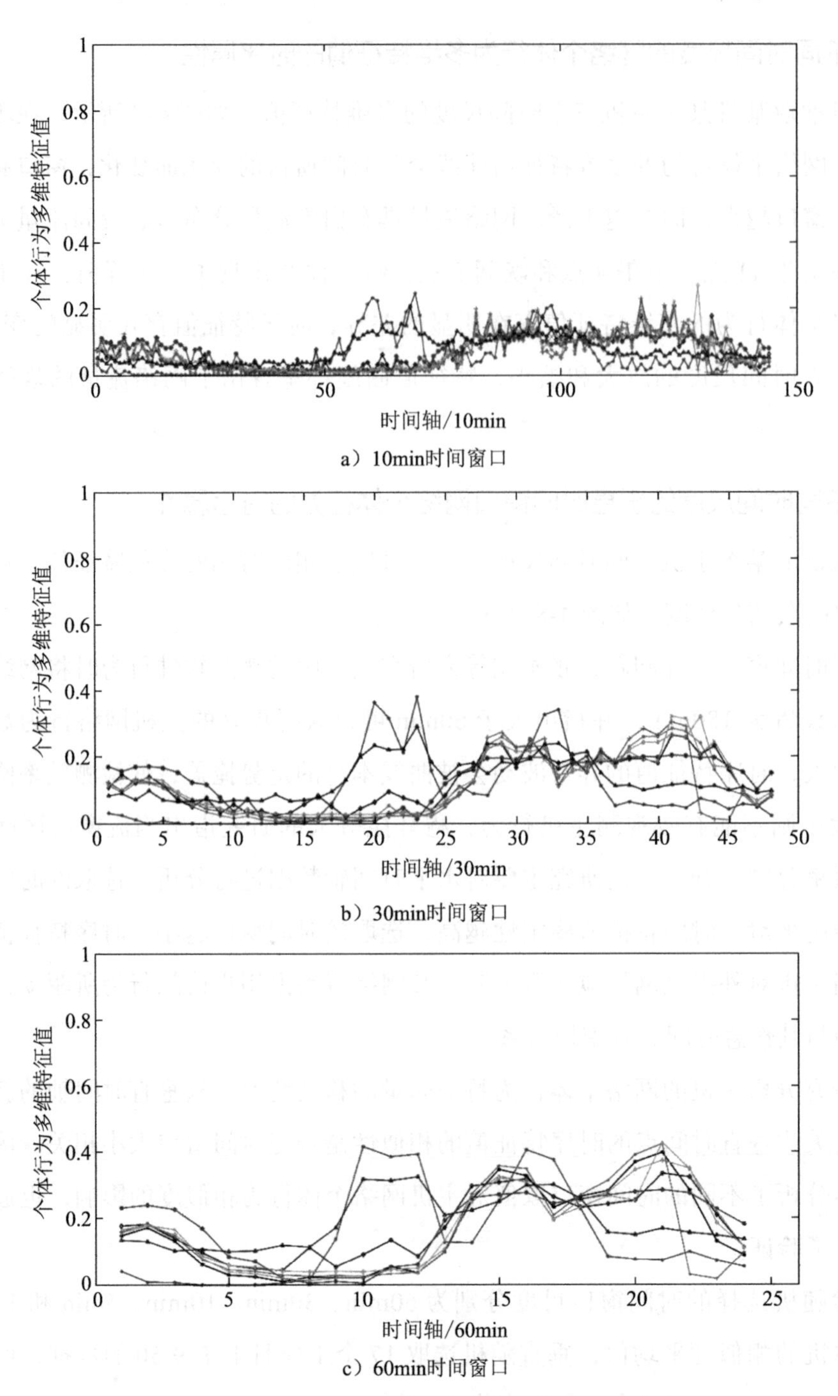

图 4-7 不同时间尺度的个体行为多维特征值曲线

如图 4-8 所示，各个时间尺度的相似度值都高于 0.994，10min 时间窗口的相似度最低，60min、1min、5min 时间窗口的相似度都高于 0.999。实验结果表明水平时间轴的平滑和波动不影响垂直相似度，并与时间窗口大小的选择方法无关，但可根据实际平台的数据处理能力选择时间窗口。不同时间尺度的垂直时间窗口网络个体行为的时序属性实验结果表明各个主机在相同时间、相同时间窗口的网络个体行为特征值相似，数据结果显示具有稳定性。

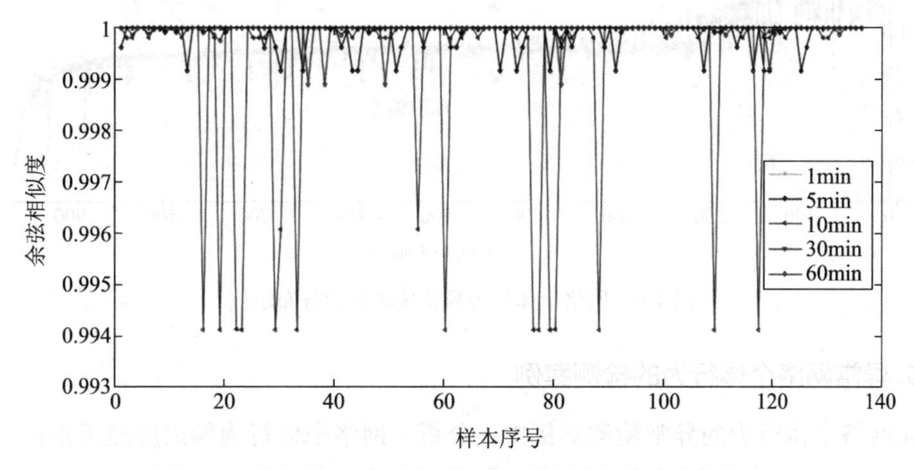

图 4-8　不同时间尺度垂直时间窗口特征向量的余弦相似度

综上所述，多个实验结果表明能够利用时序属性量化网络个体行为与历史行为的偏离情况。当关键主机是服务器时，这些主机提供 Web 服务、邮件服务等，考虑到主机社会属性、功能属性和应用属性是稳定的，以及用户对网络服务的使用习惯，主机的网络个体行为不会发生突变。

4. 关键主机网络个体行为偏离度

在关键主机网络个体行为偏离度实验中，随机选择了某日上午 11 点的关键主机的网络个体行为特征向量，并根据正常网络个体行为轮廓计算偏离度。

图 4-9 展示了关键主机的网络个体行为的偏离度的数据分布，并标识了最大值、最小值、均值、众数等统计信息。实验数据表明，网络中关键主机的偏离度低于 4 的主机数占总主机数的 98.65% 以上，绝大多数主机的网络个体行为的偏离度值基本平

稳。研究还通过多次实验观察了其他时间段正常网络个体行为的偏离度，偏离度的数据分布都集中在一个相对固定的数据范围。

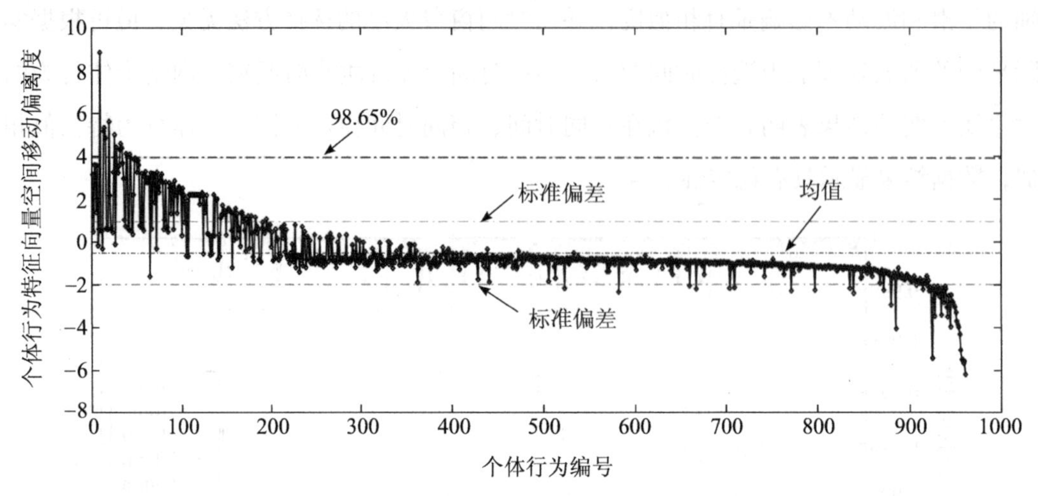

图 4-9　网络个体行为异常偏离度的分布示例

5. 异常网络个体行为的检测案例

在网络个体行为的异常检测案例中，分析了网络个体行为偏离度经历正常（沦陷前）→异常（探测、沦陷、发起攻击）→正常的整个网络攻击过程，通过对网络流量的观察和检测，可以对比分析网络个体行为安全事件之前和之后的网络个体行为的异常变化。

第一步，正常的网络个体网络行为。

实验发现可疑主机植入了恶意软件，其正常网络个体行为偏离度的数据分布箱线图如图 4-10 所示，数据显示偏离度的最大值是 8.079，中位数是 3.958，认为该主机的网络个体行为偏离度在这个范围内都是正常行为。

第二步，异常的网络个体网络行为。

实验发现当植入恶意软件的可疑主机开始呈现不同寻常的网络行为时，其网络个体行为没有影响网络的正常运行，也没有导致网络流量的特征值变化，异常表现为可疑主机一直试图尝试连接远程主机，分析原始数据包发现连接并没有成功，没有真正意义上的网络通信行为。

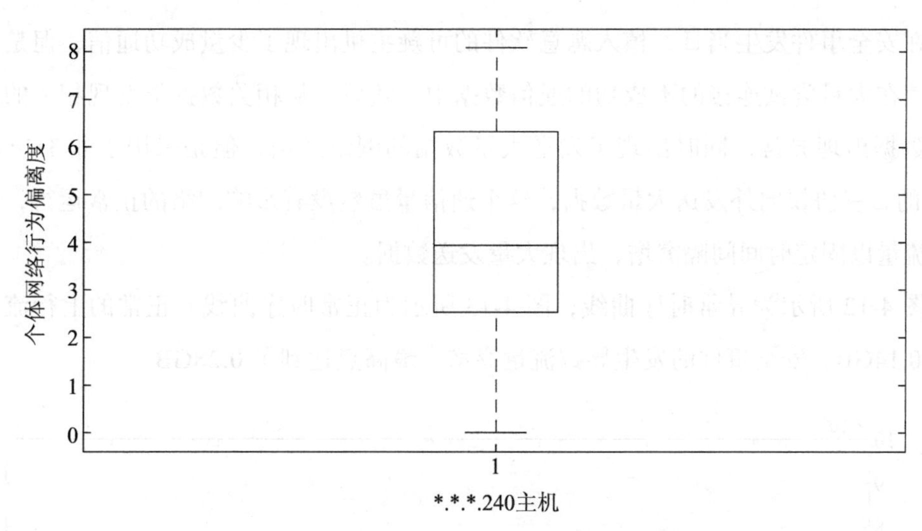

图 4-10　正常网络个体行为偏离度的箱线图

如图 4-11 所示，图中数据展示了可疑网络个体行为 6 天的异常偏离度的时序变化曲线，直观地显示了可疑主机的网络个体行为偏离度从正常到异常，再恢复正常的完整变化过程。图中用红色直线标注了整体数据分布的中位数，这符合图中正常的偏离度范围。

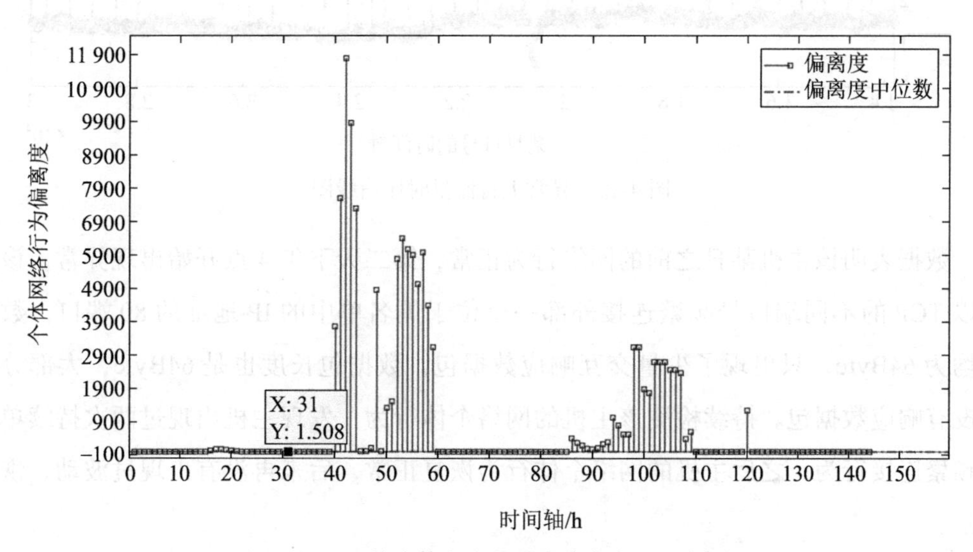

图 4-11　网络个体行为的异常偏离度（见彩插）

在安全事件发生当日，植入恶意软件的可疑主机出现了少量成功通信，但是这些被掩盖在大量尝试连接的不成功的通信数据中。随后，从相关数据集发现相关的网络流量数据出现异常，同时出现了发送大量数据的网络通信，但是采用了非 TCP 和非 UDP 的私有协议向外发送大量数据，这个通信量虽然没有影响网络的正常运行，但使上行流量以固定时间间隔突增，出现大量发送数据。

图 4-12 所示为异常时序曲线，图 4-13 所示为正常时序曲线。正常的上行流量稳定在 0.14GB，安全事件的发生导致流量突增，最高点达到了 0.28GB。

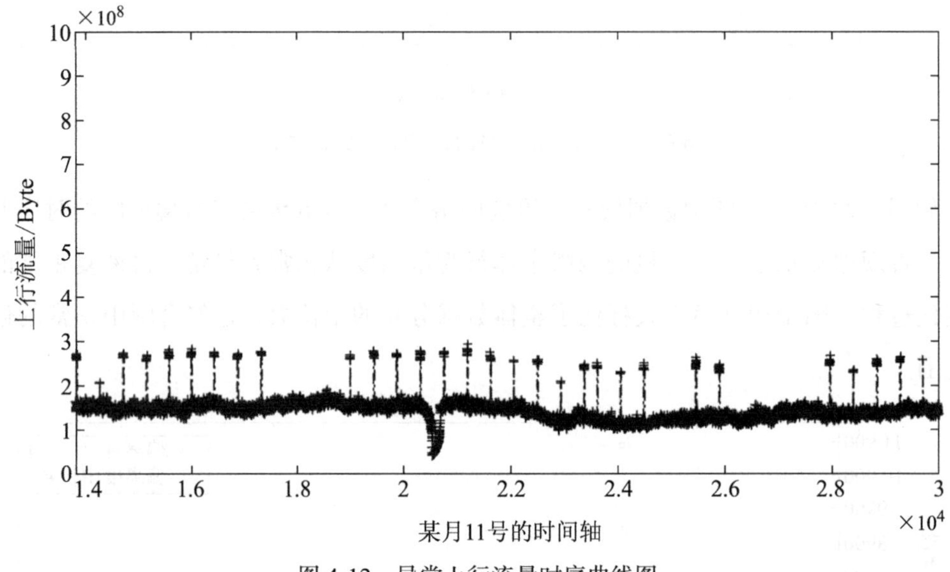

图 4-12 异常上行流量时序曲线图

数据表明该主机某日之前的网络行为正常，第二天下午 4 点开始出现异常，该主机以 TCP 的不同端口号频繁连接外部一个位于黑名单中的 IP 地址的 80 端口，数据包均为 64Byte，只出现了少量交互响应数据包，数据包长度也是 64Byte，大部分通信没有响应数据包。持续检测该主机的网络个体行为，发现主机出现过两次持续单向的频繁连接行为，之后主机的网络个体行为恢复正常，后来再没有出现过波动，恢复正常。

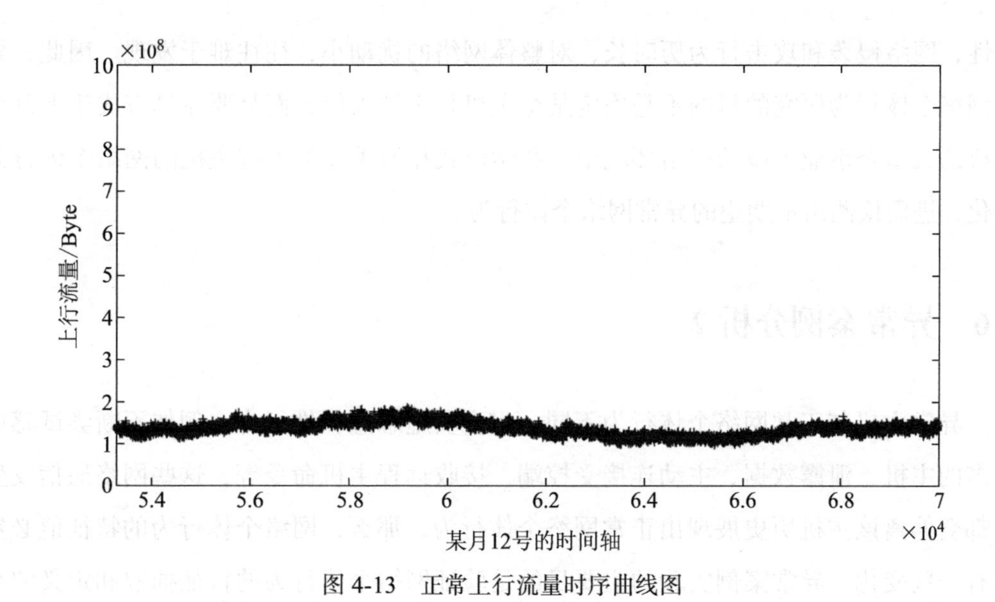

图 4-13　正常上行流量时序曲线图

根据数据分析和对主机网络个体网络行为的检测结果显示，攻击者发起攻击行为之前，先实施了探测和恶意软件植入行为，使网络个体行为异常掩盖于整体网络行为之中，并未对网络造成影响，利用提出的方法也能够有效探查到网络个体行为的变化，可以为进一步的安全监管提供告警信息。

整体网络行为是网络个体行为的叠加，除非发生较大的特征值波动，网络个体行为的小波动将被掩盖在整体网络特征中；还有其他一些场景，如网通信模式的变化、扫描、探测和流量图模型的变化，都不会影响上下行流量。

入侵主机到网络攻击是分多步实施的，网络个体网络行为检测方法可以有效地在探测前、感染恶意软件时、攻击前、数据泄露前预警，识别主机偏离了正常网络行为，为网络安全管理者提供有力的工具。

恶意网络行为隐藏于正常的网络行为中，如大量向外访问 80 端口的通信通常是正常的，但是主机主动发起连接并且存在大量不成功的连接、半连接等情况，这不符合主机期望的个体通信模式。

因此，通过整体的网络行为测量、TOP 流量、连接数等分析方法，难以有效地发现具有可疑网络个体行为的关键主机，这种行为经过长期的经营和策划具有高度的隐蔽性，网络侵袭和攻击行为历时长，对整体网络的扰动小，往往难于发现。因此，异常网络个体行为研究的目的不是确定某个主机是否被入侵，而是要在具有成千上万个主机的大型企事业单位的网络环境中，数学形式化所关注的关键主机的网络个体行为变化，进而检测出不期望的异常网络个体行为。

4.6 异常案例分析 2

异常主机与正常网络个体行为不同，将会实施恶意软件行为，例如不断尝试感染更多的主机、泄露数据、主动连接受控端、接收远程主机命令等，这些网络通信发生后都会偏离该主机历史展现出正常网络个体行为，那么，网络个体行为的特征值必然会有一些变化。异常案例实验的主要目的是验证网络个体行为的特征抽取和定义的有效性、可行性和精确性，实验采用 CICIDS2017 数据集完成。实验数据集中包括正常数据和攻击数据，进而可以对比相同异常检测算法检测不同特征集的结果。实验中异常案例采用与第 3 章相同的 CICIDS2017 数据集 Friday-WorkingHours-Morning 网络流文件，验证网络个体行为的特征集的有效性，数据集攻击者是 205.174.165.73，受害者有 192.168.10.15、192.168.10.9、192.168.10.14、192.168.10.5 和 192.168.10.8。数据集的原始数据统计值的概要信息如表 4-6 所示。

表 4-6 数据集的统计值概要信息

Var.name	均值	中位数	方差	最大值
Destination.Port	6756.1	80.0	16 697.4	64 948.0
Flow.Duration	11 644 985.2	31 121.0	30 700 844.4	119 999 993.0
Total.Fwd.Packets	13.8	2.0	1097.8	207 964.0
Total.Backward.Packets	16.4	2.0	1479.8	284 602.0
Total.Length.of.Fwd.Packets	600.0	70.0	7924.2	1 235 152.0
Total.Length.of.Bwd.Packets	28 385.7	152.0	3 314 537.9	627 000 000.0
Fwd.Packet.Length.Max	174.7	42.0	554.5	24 820.0
Fwd.Packet.Length.Min	23.9	23.0	41.9	2325.0

（续）

Var.name	均值	中位数	方差	最大值
Fwd.Packet.Length.Mean	51.9	38.1	117.0	5940.9
Fwd.Packet.Length.Std	50.2	0.0	160.5	7049.5
Bwd.Packet.Length.Max	396.3	97.0	794.8	13 032.0
Bwd.Packet.Length.Min	59.8	43.0	81.0	1639.0
Bwd.Packet.Length.Mean	166.6	89.0	275.5	3787.3
Bwd.Packet.Length.Std	120.5	0.0	272.5	2773.9
Flow.Bytes.s	Inf	5720.8	NaN	Inf
Flow.Packets.s	Inf	98.3	NaN	Inf
Flow.IAT.Mean	962 681.3	13 610.0	4 223 483.6	119 000 000.0
Flow.IAT.Std	1 692 836.7	121.5	6 386 025.9	84 800 000.0
Flow.IAT.Max	4 602 002.0	30 797.0	14 730 376.4	120 000 000.0
Flow.IAT.Min	116 467.4	4.0	2 364 353.6	119 000 000.0
Fwd.IAT.Total	11 362 176.3	4.0	30 569 954.6	120 000 000.0
Fwd.IAT.Mean	2 131 217.1	4.0	10 318 440.5	120 000 000.0
Fwd.IAT.Std	1 156 613.3	0.0	4 161 604.5	83 500 000.0
Fwd.IAT.Max	4 455 446.2	4.0	14 672 336.7	120 000 000.0
Fwd.IAT.Min	1 401 510.9	3.0	10 081 846.3	120 000 000.0
Bwd.IAT.Total	10 414 486.0	3.0	29 604 489.0	120 000 000.0
Bwd.IAT.Mean	2 056 779.3	3.0	10 387 816.5	120 000 000.0
Bwd.IAT.Std	849 921.8	0.0	3 638 436.2	83 400 000.0
Bwd.IAT.Max	3 705 460.9	3.0	13 590 806.9	120 000 000.0
Bwd.IAT.Min	1 434 653.1	3.0	10 153 691.5	120 000 000.0
Fwd.PSH.Flags	0.1	0.0	0.2	1.0
Bwd.PSH.Flags	0.0	0.0	0.0	0.0
Fwd.URG.Flags	0.0	0.0	0.0	0.0
Bwd.URG.Flags	0.0	0.0	0.0	0.0

（续）

Var.name	均值	中位数	方差	最大值
Fwd.Header.Length	324.5	64.0	23 150.8	4 369 484.0
Bwd.Header.Length	372.9	40.0	29 748.9	5 692 040.0
Fwd.Packets.s	47 464.6	56.8	209 744.1	3 000 000.0
Bwd.Packets.s	5570.1	28.0	33 617.3	2 000 000.0
Min.Packet.Length	23.2	23.0	28.6	1359.0
Max.Packet.Length	440.5	100.0	915.0	24 820.0
Packet.Length.Mean	104.4	62.2	161.4	2265.6
Packet.Length.Std	131.1	31.2	240.6	4709.0
Packet.Length.Variance	75 059.4	974.7	278 266.0	22 200 000.0
FIN.Flag.Count	0.0	0.0	0.1	1.0
SYN.Flag.Count	0.1	0.0	0.2	1.0
RST.Flag.Count	0.0	0.0	0.0	1.0
PSH.Flag.Count	0.2	0.0	0.4	1.0
ACK.Flag.Count	0.3	0.0	0.4	1.0
URG.Flag.Count	0.1	0.0	0.3	1.0
CWE.Flag.Count	0.0	0.0	0.0	0.0
ECE.Flag.Count	0.0	0.0	0.0	1.0
Down.Up.Ratio	0.7	1.0	0.5	8.0
Average.Packet.Size	120.0	79.3	167.6	2328.0
Avg.Fwd.Segment.Size	51.9	38.1	117.0	5940.9
Avg.Bwd.Segment.Size	166.6	89.0	275.5	3787.3
Fwd.Header.Length.1	324.5	64.0	23 150.8	4 369 484.0
Fwd.Avg.Bytes.Bulk	0.0	0.0	0.0	0.0
Fwd.Avg.Packets.Bulk	0.0	0.0	0.0	0.0
Fwd.Avg.Bulk.Rate	0.0	0.0	0.0	0.0
Bwd.Avg.Bytes.Bulk	0.0	0.0	0.0	0.0

（续）

Var.name	均值	中位数	方差	最大值
Bwd.Avg.Packets.Bulk	0.0	0.0	0.0	0.0
Bwd.Avg.Bulk.Rate	0.0	0.0	0.0	0.0
Subflow.Fwd.Packets	13.8	2.0	1097.8	207 964.0
Subflow.Fwd.Bytes	600.0	70.0	7924.2	1 235 152.0
Subflow.Bwd.Packets	16.4	2.0	1479.8	284 602.0
Subflow.Bwd.Bytes	28 390.8	152.0	3 315 178.2	627 039 470.0
Init_Win_bytes_forward	6138.2	−1.0	13 814.5	65 535.0
Init_Win_bytes_backward	2135.2	−1.0	9243.6	65 535.0
act_data_pkt_fwd	10.3	1.0	1046.0	198 636.0
min_seg_size_forward	25.6	20.0	6.4	56.0
Active.Mean	85 962.7	0.0	868 132.0	106 000 000.0
Active.Std	53 829.1	0.0	492 948.7	50 400 000.0
Active.Max	183 499.1	0.0	1 333 719.4	106 000 000.0
Active.Min	55 896.9	0.0	762 856.1	106 000 000.0
Idle.Mean	3 917 041.1	0.0	13 882 666.8	120 000 000.0
Idle.Std	175 067.4	0.0	2 167 443.0	76 600 000.0
Idle.Max	4 048 164.0	0.0	14 241 232.7	120 000 000.0
Idle.Min	3 745 754.2	0.0	13 704 767.7	120 000 000.0

同样，对数据集的数据本身进行分析和处理，根据各个特征值的统计结果，在实验中剔除全部为零和 NAN 的特征。下面将分别展示三类特征值的二维特征关系的散点图，通过可视化方式直观地展示本案例抽取的部分特征值信息，其中红色是标签为异常，蓝色为正常，如图 4-14～图 4-18 所示。

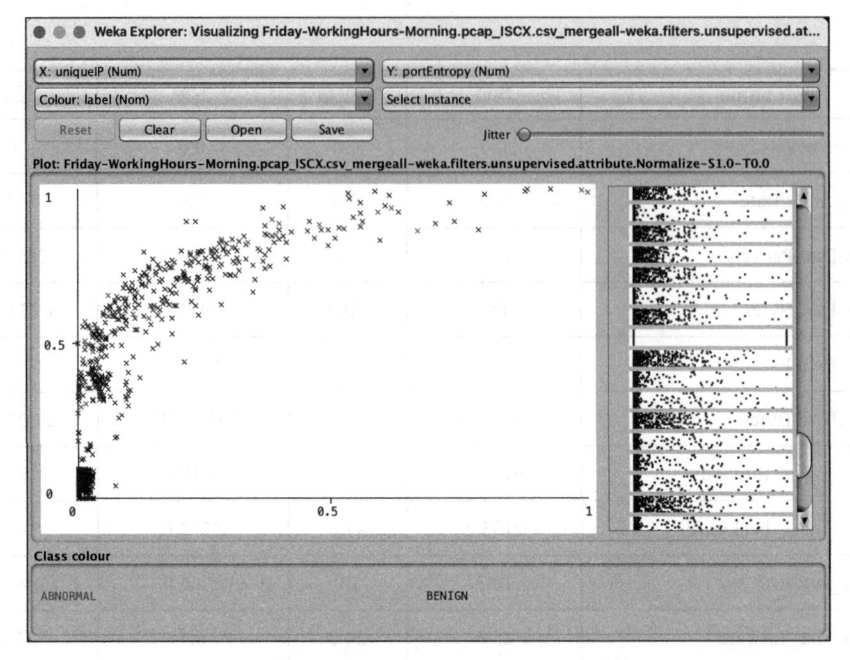

图 4-14　特征值：IP 地址数 – 端口熵

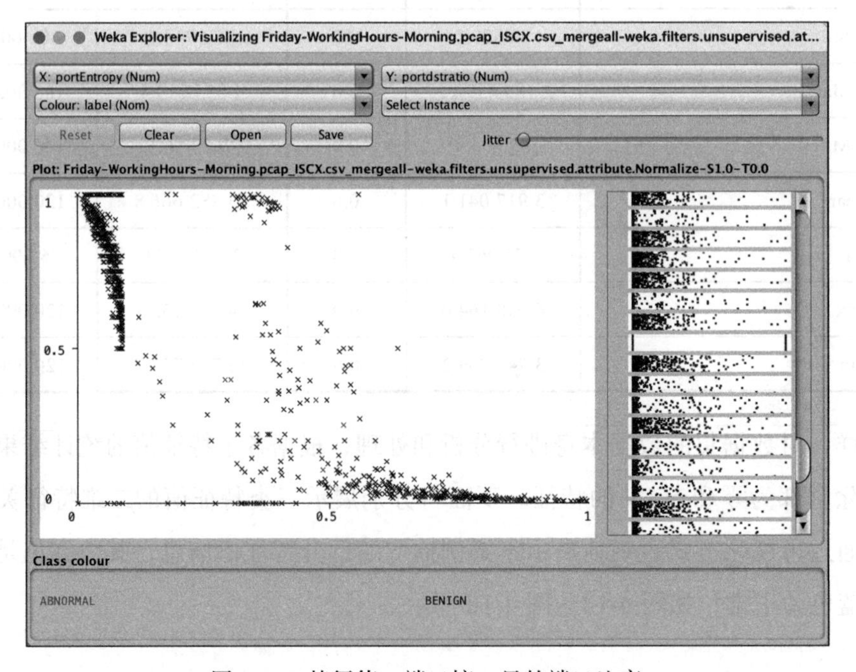

图 4-15　特征值：端口熵 – 目的端口比率

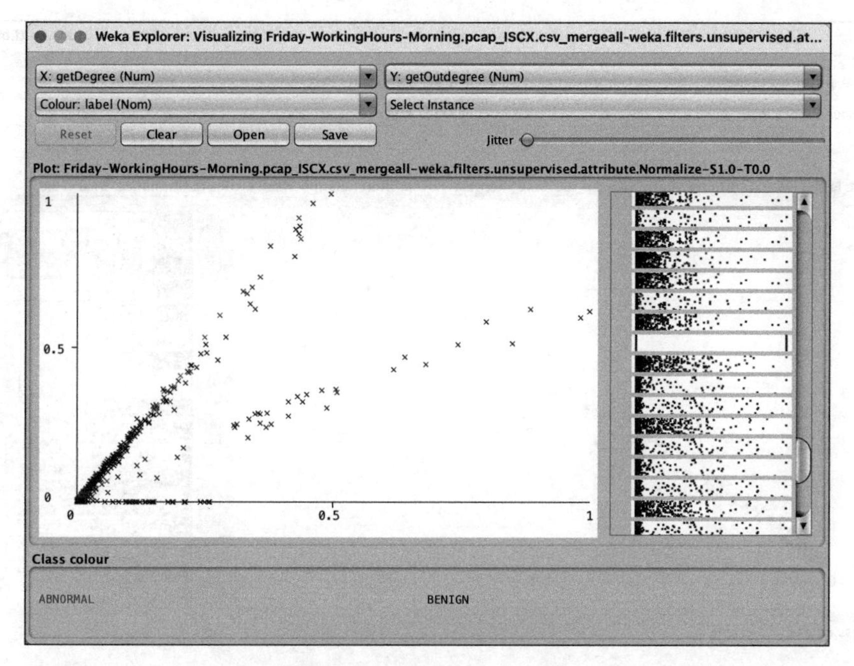

图 4-16　特征值：度 – 出度

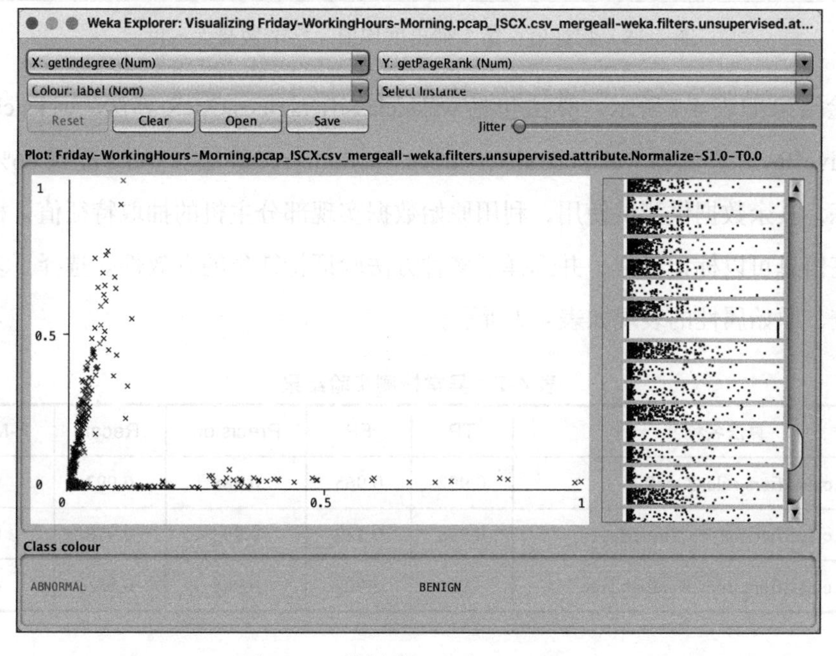

图 4-17　特征值：入度 -PageRank

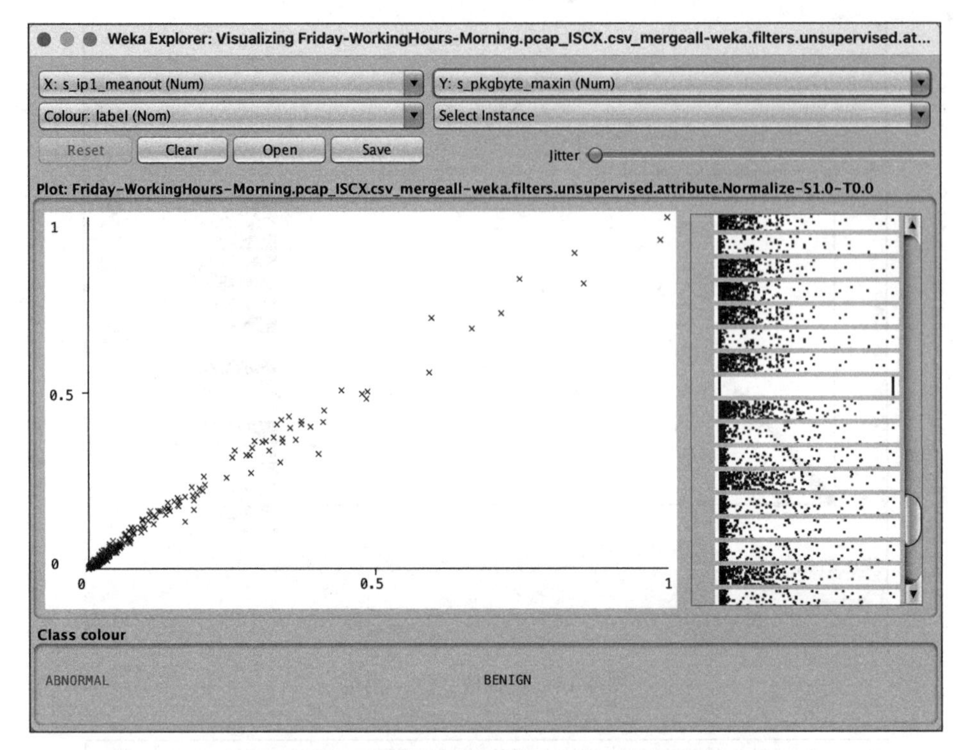

图 4-18　特征值：第 1 列出度均值 – 字节数最大入度

实验结果如表 4-7 所示，算法包括 weka.classifiers.rules.OneR 算法、weka.classifiers.bayes.NaiveBayes 算法和 weka.classifiers.trees.RandomTree 算法。Weka 配置 66% 的数据用于训练，其余数据供测试使用，利用原始数据实现部分主机的抽取特征值，根据原始数据标签信息可以标记异常，并选择了多种方法验证特征集的有效性。选择了多个算法进行比较，原始属性的表现如表 4-7 所示。

表 4-7　异常检测实验结果

算法名称	TP	FP	Precision	Recall	F-Measure
weka.classifiers.rules.OneR	0.992	0.965	0.988	0.992	0.990
weka.classifiers.bayes.NaiveBayes	0.978	0.312	0.993	0.978	0.984
weka.classifiers.trees.RandomTree	0.986	0.909	0.988	0.986	0.987

4.7　异常案例分析 3

本研究的异常案例采用 CICIDS2017 数据集 Thursday-WorkingHours-Afternoon-Infilteration 网络流文件和数据集 Thursday-WorkingHours-Morning-WebAttacks 网络流文件。这两个数据集分别对应的案例是数据泄露和 Web 攻击。

1. 实例 1——Infilteration

异常案例实验的主要目的是验证网络个体行为的特征抽取和定义的有效性、可行性和精确性，实验采用 CICIDS2017 数据集完成。实验数据集中包括正常数据和攻击数据，进而可以对比相同异常检测算法检测不同特征集的结果。实验采用了 Thursday-WorkingHours-Afternoon-Infilteration 网络流文件，根据前面介绍的定义、步骤和算法抽取特征集，这个数据集是包括 Infilteration 攻击的文件，数据集的原始数据统计值的概要信息如表 4-8 所示，表中描述了特征值未标准化处理的统计值：均值、中位数、方差和最大值。

表 4-8　Infilteration 数据集的统计值概要信息

Var.name	均值	中位数	方差	最大值
Destination.Port	8192.1	443.0	17 516.9	65 533.0
Flow.Duration	8 974 451.3	307.0	27 536 815.8	119 999 936.0
Total.Fwd.Packets	6.2	2.0	74.6	22 673.0
Total.Backward.Packets	6.2	2.0	111.4	44 553.0
Total.Length.of.Fwd.Packets	566.2	49.0	26 053.5	12 900 000.0
Total.Length.of.Bwd.Packets	6162.2	72.0	189 740.0	63 600 000.0
Fwd.Packet.Length.Max	140.9	32.0	435.7	23 360.0
Fwd.Packet.Length.Min	17.2	2.0	32.0	2065.0
Fwd.Packet.Length.Mean	41.7	29.0	118.9	4317.1
Fwd.Packet.Length.Std	40.7	0.0	137.7	4467.1
Bwd.Packet.Length.Max	326.0	48.0	757.8	11 680.0

（续）

Var.name	均值	中位数	方差	最大值
Bwd.Packet.Length.Min	40.4	6.0	63.6	1543.0
Bwd.Packet.Length.Mean	133.1	47.0	270.6	2967.0
Bwd.Packet.Length.Std	101.3	0.0	255.6	2381.0
Flow.Bytes.s	Inf	19 567.6	NaN	Inf
Flow.Packets.s	Inf	10 335.9	NaN	Inf
Flow.IAT.Mean	602 763.1	170.5	3 221 967.8	120 000 000.0
Flow.IAT.Std	1 071 999.7	32.3	4 639 822.0	84 800 000.0
Flow.IAT.Max	3 047 058.4	271.0	11 291 530.1	120 000 000.0
Flow.IAT.Min	74 517.6	4.0	2 003 467.1	120 000 000.0
Fwd.IAT.Total	8 725 640.7	11.0	27 391 139.6	120 000 000.0
Fwd.IAT.Mean	1 263 388.5	6.0	7 455 269.2	120 000 000.0
Fwd.IAT.Std	849 457.1	0.0	3 188 036.9	81 600 000.0
Fwd.IAT.Max	2 941 412.8	8.0	11 265 932.2	120 000 000.0
Fwd.IAT.Min	711 600.7	3.0	7 227 966.0	120 000 000.0
Bwd.IAT.Total	8 223 540.2	3.0	26 678 380.3	120 000 000.0
Bwd.IAT.Mean	1 245 942.9	3.0	7 588 855.6	120 000 000.0
Bwd.IAT.Std	661 972.7	0.0	2 923 059.4	81 600 000.0
Bwd.IAT.Max	2 571 951.4	3.0	10 765 377.9	120 000 000.0
Bwd.IAT.Min	759 895.4	1.0	7 346 018.0	120 000 000.0
Fwd.PSH.Flags	0.0	0.0	0.2	1.0
Bwd.PSH.Flags	0.0	0.0	0.0	0.0
Fwd.URG.Flags	0.0	0.0	0.0	1.0
Bwd.URG.Flags	0.0	0.0	0.0	0.0
Fwd.Header.Length.1	162.5	48.0	2094.1	742 984.0
Bwd.Header.Length	160.5	40.0	3119.2	1 425 704.0

（续）

Var.name	均值	中位数	方差	最大值
Fwd.Packets.s	93 217.0	6349.2	288 173.0	3 000 000.0
Bwd.Packets.s	9210.7	26.4	41 210.2	2 000 000.0
Min.Packet.Length	16.6	2.0	22.8	1306.0
Max.Packet.Length	362.8	53.0	825.9	23 360.0
Packet.Length.Mean	85.6	41.4	173.9	2417.8
Packet.Length.Std	107.6	10.4	229.1	3439.7
Packet.Length.Variance	64 072.3	108.3	208 460.4	11 800 000.0
FIN.Flag.Count	0.0	0.0	0.1	1.0
SYN.Flag.Count	0.0	0.0	0.2	1.0
RST.Flag.Count	0.0	0.0	0.0	1.0
PSH.Flag.Count	0.4	0.0	0.5	1.0
ACK.Flag.Count	0.2	0.0	0.4	1.0
URG.Flag.Count	0.1	0.0	0.3	1.0
CWE.Flag.Count	0.0	0.0	0.0	1.0
ECE.Flag.Count	0.0	0.0	0.0	1.0
Down.Up.Ratio	0.7	1.0	0.7	156.0
Average.Packet.Size	96.9	51.3	181.3	3558.0
Avg.Fwd.Segment.Size	41.7	29.0	118.9	4317.1
Avg.Bwd.Segment.Size	133.1	47.0	270.6	2967.0
Fwd.Header.Length	162.5	48.0	2094.1	742 984.0
Fwd.Avg.Bytes.Bulk	0.0	0.0	0.0	0.0
Fwd.Avg.Packets.Bulk	0.0	0.0	0.0	0.0
Fwd.Avg.Bulk.Rate	0.0	0.0	0.0	0.0
Bwd.Avg.Bytes.Bulk	0.0	0.0	0.0	0.0
Bwd.Avg.Packets.Bulk	0.0	0.0	0.0	0.0

（续）

Var.name	均值	中位数	方差	最大值
Bwd.Avg.Bulk.Rate	0.0	0.0	0.0	0.0
Subflow.Fwd.Packets	6.2	2.0	74.6	22 673.0
Subflow.Fwd.Bytes	566.1	49.0	26 002.6	12 870 338.0
Subflow.Bwd.Packets	6.2	2.0	111.4	44 553.0
Subflow.Bwd.Bytes	6162.0	72.0	189 709.0	63 586 401.0
Init_Win_bytes_forward	5589.6	351.0	13 016.6	65 535.0
Init_Win_bytes_backward	1589.9	−1.0	7864.7	65 535.0
act_data_pkt_fwd	3.4	1.0	49.8	9130.0
min_seg_size_forward	25.7	24.0	5.9	60.0
Active.Mean	61 371.5	0.0	519 510.2	65 200 000.0
Active.Std	41 541.1	0.0	377 860.0	38 100 000.0
Active.Max	132 512.9	0.0	926 505.1	79 100 000.0
Active.Min	38 104.5	0.0	440 800.3	65 200 000.0
Idle.Mean	2 609 290.2	0.0	10 685 912.5	120 000 000.0
Idle.Std	121 042.2	0.0	1 637 034.5	75 300 000.0
Idle.Max	2 701 023.7	0.0	10 992 784.0	120 000 000.0
Idle.Min	2 484 256.7	0.0	10 517 584.2	120 000 000.0

还对数据集中的数据本身进行了分析和处理，根据各个特征值统计结果，在实验中剔除全部为零和NAN的特征。下面将分别展示三类特征值的二维特征关系的散点图，通过Weka二维数据散点图的方式直观地展示本案例抽取的部分特征值信息，其中红色是标签为异常，蓝色是正常，如图4-19～图4-24所示。

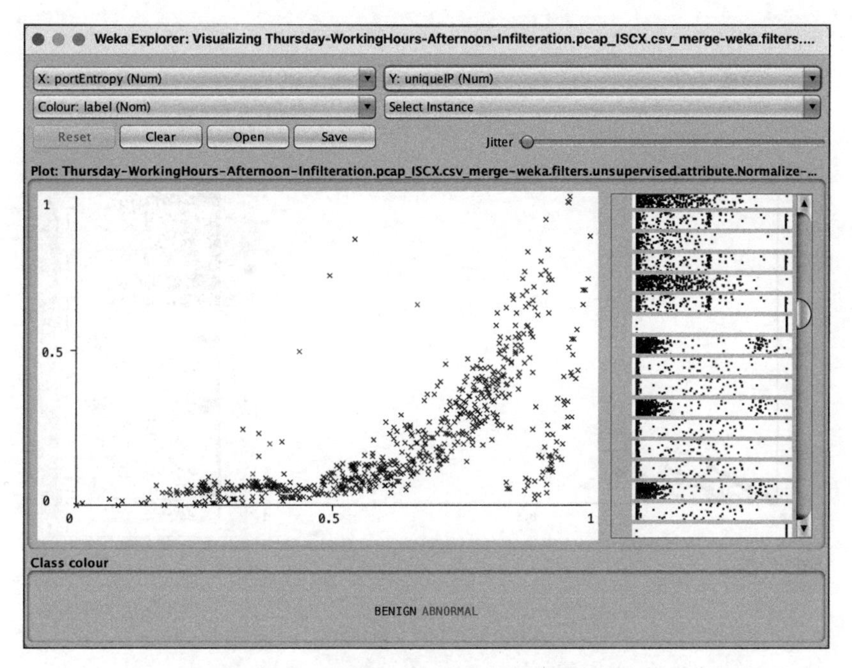

图 4-19　特征值：端口熵-IP 地址数

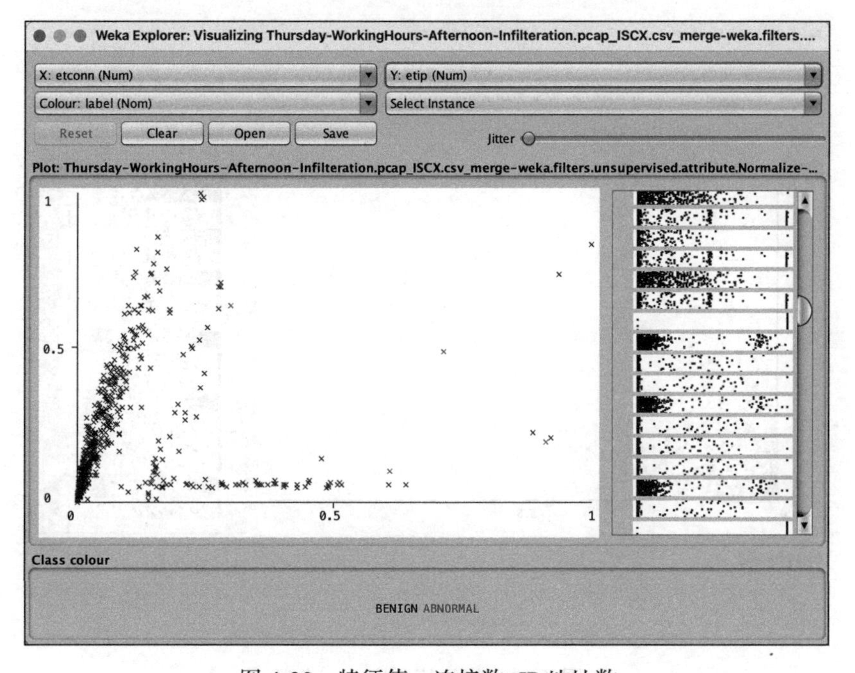

图 4-20　特征值：连接数-IP 地址数

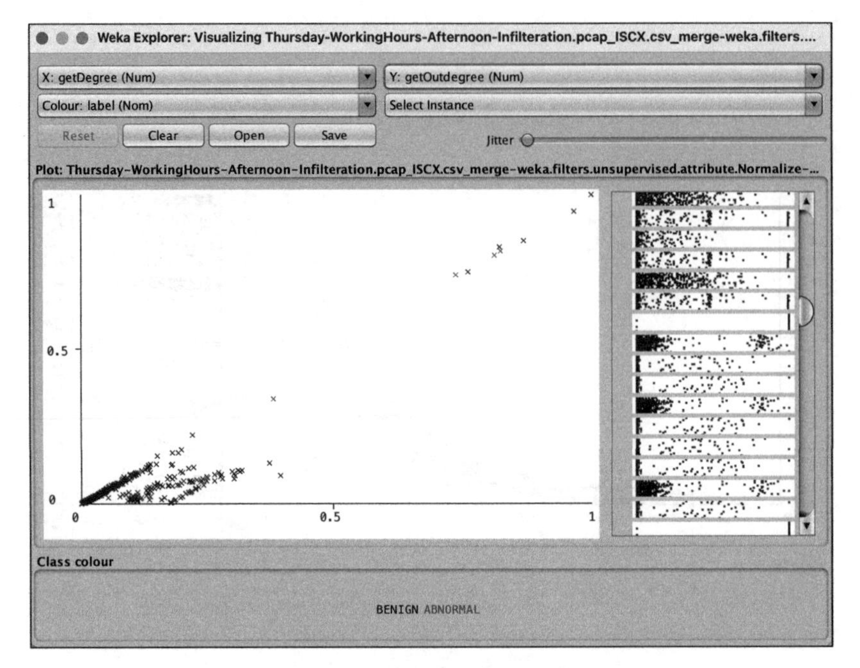

图 4-21　特征值：度 – 出度

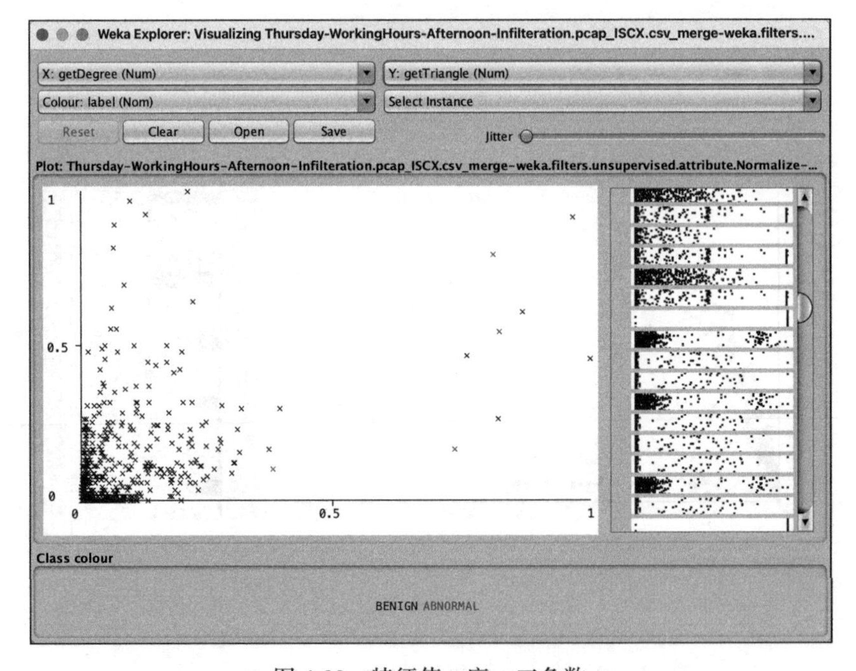

图 4-22　特征值：度 – 三角数

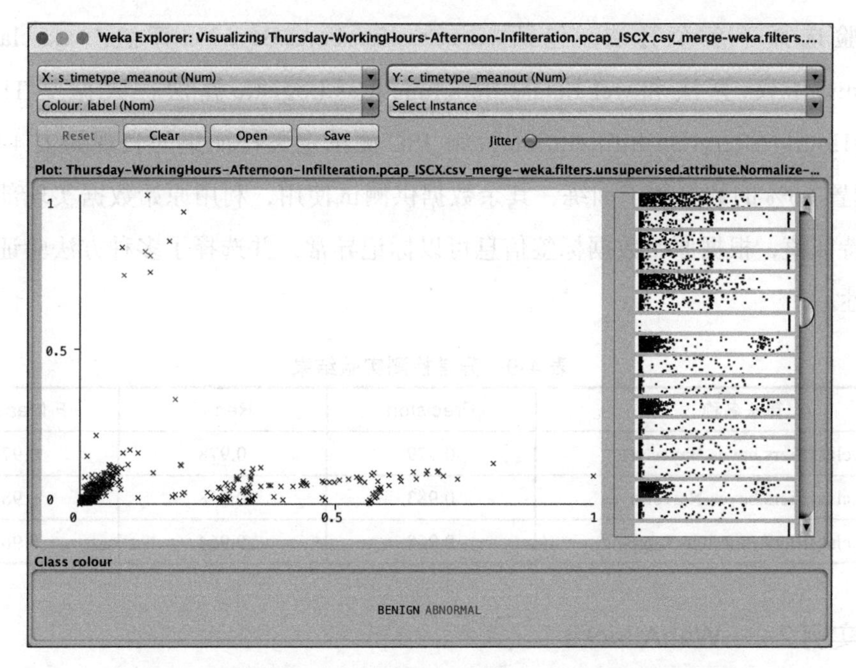

图 4-23　特征值：响应时间出度均值 – 请求时间出度均值

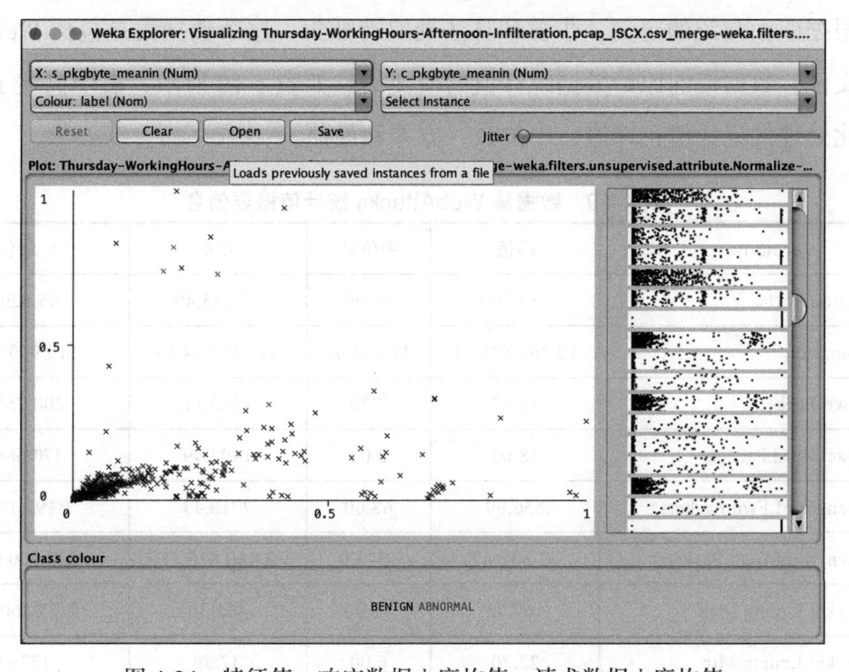

图 4-24　特征值：响应数据入度均值 – 请求数据入度均值

实验选择了多个算法，包括weka.classifiers.bayes.BayesNet算法、weka.classifiers.bayes.NaiveBayes算法和weka.classifiers.functions.Logistic算法。数据集Thursday-WorkingHours-Afternoon-Infilteration.pcap_ISC测试定义特征集的表现如表4-9所示，Weka配置66%的数据用于训练，其余数据供测试使用，利用原始数据实现部分主机的抽取特征值，根据原始数据标签信息可以标记异常，并选择了多种方法验证特征集的有效性。

表4-9　异常检测实验结果

算法名称	Precision	Recall	F-Measure
weka.classifiers.bayes.BayesNet	0.979	0.978	0.978
weka.classifiers.bayes.NaiveBayes	0.983	0.978	0.980
weka.classifiers.functions.Logistic	0.958	0.964	0.961

2. 实例2——WebAttacks

实验采用CICIDS2017数据集Thursday-WorkingHours-Morning-WebAttacks网络流文件，根据前面介绍的定义、步骤和算法抽取特征集，这个数据集是包括WebAttacks攻击的文件，数据集的原始数据统计值的概要信息如表4-10所示，表中描述了特征值未标准化处理的统计值：均值、中位数、方差和最值。

表4-10　数据集WebAttacks统计值概要信息

Var.name	均值	中位数	方差	最值
Destination.Port	7897.09	80.00	18 235.49	65 529.00
Flow.Duration	12 463 538.01	31 412.00	31 938 524.10	119 999 993.0
Total.Fwd.Packets	15.12	2.00	1123.11	200 755.00
Total.Backward.Packets	18.02	2.00	1494.49	270 686.00
Total.Length.of.Fwd.Packets	556.99	68.00	7710.43	1 197 199.00
Total.Length.of.Bwd.Packets	31 831.47	134.00	3 460 816.11	627 000 000.0
Fwd.Packet.Length.Max	167.78	41.00	461.30	23 360.00
Fwd.Packet.Length.Min	22.70	6.00	37.99	1729.00

（续）

Var.name	均值	中位数	方差	最值
Fwd.Packet.Length.Mean	48.23	38.00	94.95	4183.06
Fwd.Packet.Length.Std	47.24	0.00	141.93	5463.49
Bwd.Packet.Length.Max	401.85	87.00	813.09	13 140.00
Bwd.Packet.Length.Min	53.54	6.00	73.17	1460.00
Bwd.Packet.Length.Mean	160.12	79.00	274.42	3494.92
Bwd.Packet.Length.Std	122.52	0.00	274.08	3433.50
Flow.Bytes.s	Inf	4837.99	NaN	Inf
Flow.Packets.s	Inf	94.61	NaN	Inf
Flow.IAT.Mean	951 751.78	14 399.98	4 203 710.18	120 000 000.0
Flow.IAT.Std	1 601 941.21	103.53	5 875 422.54	84 800 000.0
Flow.IAT.Max	4 355 687.70	30 860.00	13 690 367.55	120 000 000.0
Flow.IAT.Min	143 188.30	4.00	2 708 979.17	120 000 000.0
Fwd.IAT.Total	12 186 032.00	4.00	31 808 915.33	120 000 000.0
Fwd.IAT.Mean	2 012 042.33	4.00	9 632 962.11	120 000 000.0
Fwd.IAT.Std	1 175 483.35	0.00	3 834 634.96	83 200 000.0
Fwd.IAT.Max	4 235 568.31	4.00	13 664 347.43	120 000 000.0
Fwd.IAT.Min	1 234 072.37	3.00	9 425 460.11	120 000 000.0
Bwd.IAT.Total	11 247 903.30	3.00	30 880 133.55	120 000 000.0
Bwd.IAT.Mean	1 883 029.18	3.00	9 601 853.70	120 000 000.0
Bwd.IAT.Std	859 340.73	0.00	3 417 139.44	83 300 000.00
Bwd.IAT.Max	3 545 717.79	3.00	12 896 174.38	120 000 000.0
Bwd.IAT.Min	1 237 370.35	1.00	9 391 576.23	120 000 000.0
Fwd.PSH.Flags	0.04	0.00	0.20	1.00
Bwd.PSH.Flags	0.00	0.00	0.00	0.00
Fwd.URG.Flags	0.00	0.00	0.00	0.00

（续）

Var.name	均值	中位数	方差	最值
Bwd.URG.Flags	0.00	0.00	0.00	0.00
Fwd.Header.Length	347.24	64.00	23 402.87	4 173 072.00
Bwd.Header.Length	400.42	40.00	29 936.04	5 413 720.00
Fwd.Packets.s	48 333.17	52.73	218 267.90	3 000 000.00
Bwd.Packets.s	6293.84	23.93	38 179.40	2 000 000.00
Min.Packet.Length	22.11	6.00	26.47	1359.00
Max.Packet.Length	437.37	90.00	880.95	23 360.00
Packet.Length.Mean	99.90	58.00	160.31	2155.52
Packet.Length.Std	127.56	27.33	237.44	3796.58
Packet.Length.Variance	72 648.82	746.67	224 723.81	14 400 000.00
FIN.Flag.Count	0.01	0.00	0.10	1.00
SYN.Flag.Count	0.04	0.00	0.20	1.00
RST.Flag.Count	0.00	0.00	0.02	1.00
PSH.Flag.Count	0.24	0.00	0.43	1.00
ACK.Flag.Count	0.27	0.00	0.45	1.00
URG.Flag.Count	0.11	0.00	0.32	1.00
CWE.Flag.Count	0.00	0.00	0.00	0.00
ECE.Flag.Count	0.00	0.00	0.02	1.00
Down.Up.Ratio	0.67	1.00	0.52	10.00
Average.Packet.Size	114.22	73.50	167.04	2784.00
Avg.Fwd.Segment.Size	48.23	38.00	94.95	4183.06
Avg.Bwd.Segment.Size	160.12	79.00	274.42	3494.92
Fwd.Avg.Bytes.Bulk	0.00	0.00	0.00	0.00
Fwd.Avg.Packets.Bulk	0.00	0.00	0.00	0.00

（续）

Var.name	均值	中位数	方差	最值
Fwd.Avg.Bulk.Rate	0.00	0.00	0.00	0.00
Bwd.Avg.Bytes.Bulk	0.00	0.00	0.00	0.00
Bwd.Avg.Packets.Bulk	0.00	0.00	0.00	0.00
Bwd.Avg.Bulk.Rate	0.00	0.00	0.00	0.00
Subflow.Fwd.Packets	15.12	2.00	1123.11	200 755.00
Subflow.Fwd.Bytes	556.99	68.00	7710.43	1 197 199.00
Subflow.Bwd.Packets	18.02	2.00	1494.49	270 686.00
Subflow.Bwd.Bytes	31 830.84	134.00	3 460 967.73	627 040 569.0
Init_Win_bytes_forward	6239.51	58.00	13 396.95	65 535.00
Init_Win_bytes_backward	2412.57	−1.00	9618.79	65 535.00
act_data_pkt_fwd	11.93	1.00	1077.90	192 491.00
min_seg_size_forward	25.58	20.00	6.35	60.00
Active.Mean	74 338.04	0.00	618 204.82	103 000 000.0
Active.Std	46 760.38	0.00	368 960.54	63 700 000.00
Active.Max	164 642.16	0.00	995 867.29	103 000 000.0
Active.Min	50 126.99	0.00	560 679.68	103 000 000.0
Idle.Mean	3 690 477.91	0.00	12 988 295.85	120 000 000.0
Idle.Std	131 072.41	0.00	1 733 767.11	72 600 000.00
Idle.Max	3 784 764.46	0.00	13 251 349.03	120 000 000.0
Idle.Min	3 543 232.08	0.00	12 841 832.31	120 000 000.0

下面将分别展示三类特征值的二维特征关系的散点图，通过可视化方式直观地展示本案例抽取的部分特征值信息，其中红色是标签为异常，蓝色是正常，如图 4-25～图 4-29 所示。

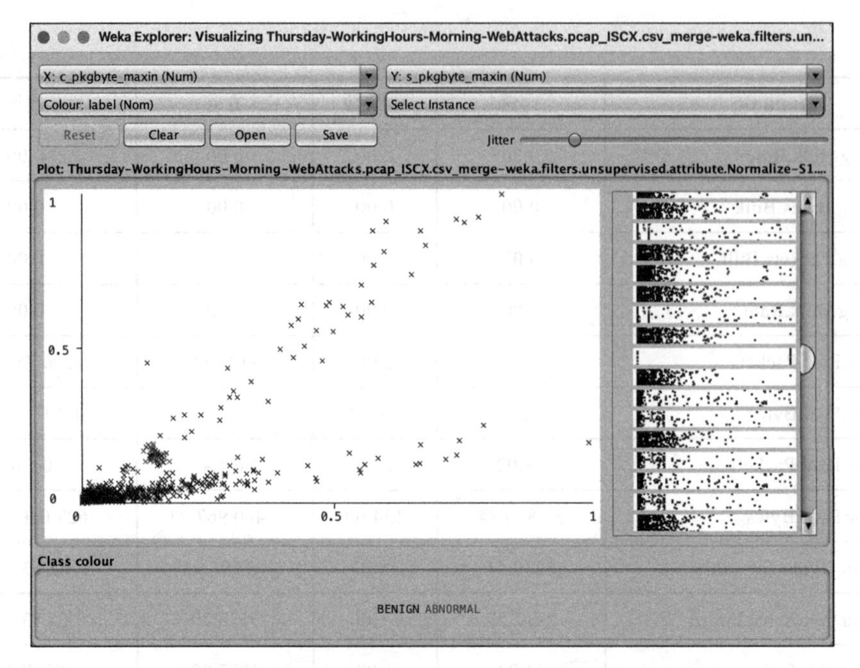

图 4-25　特征值：请求数据最大入度 – 响应数据最大入度

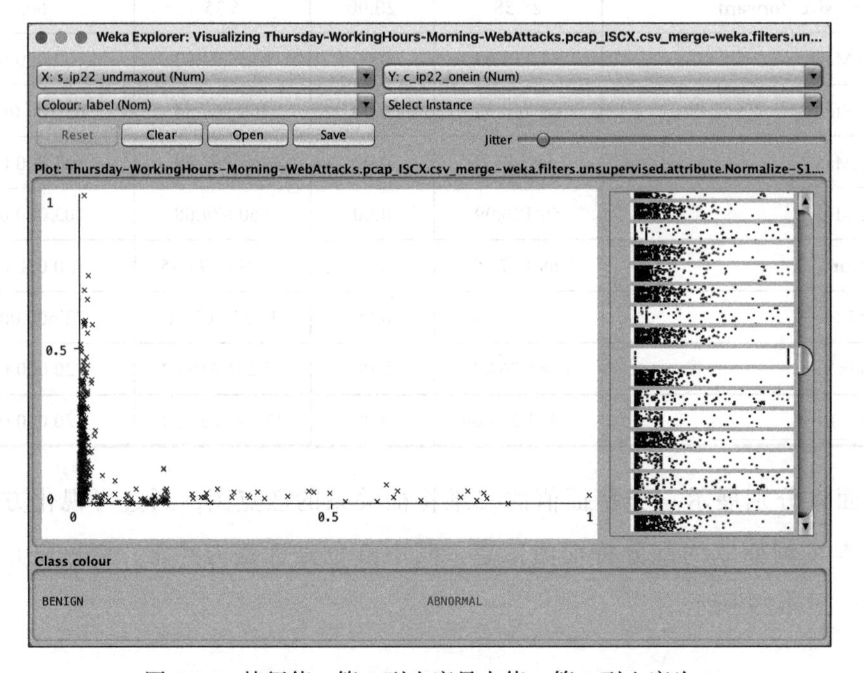

图 4-26　特征值：第 2 列出度最大值 – 第 2 列入度为 1

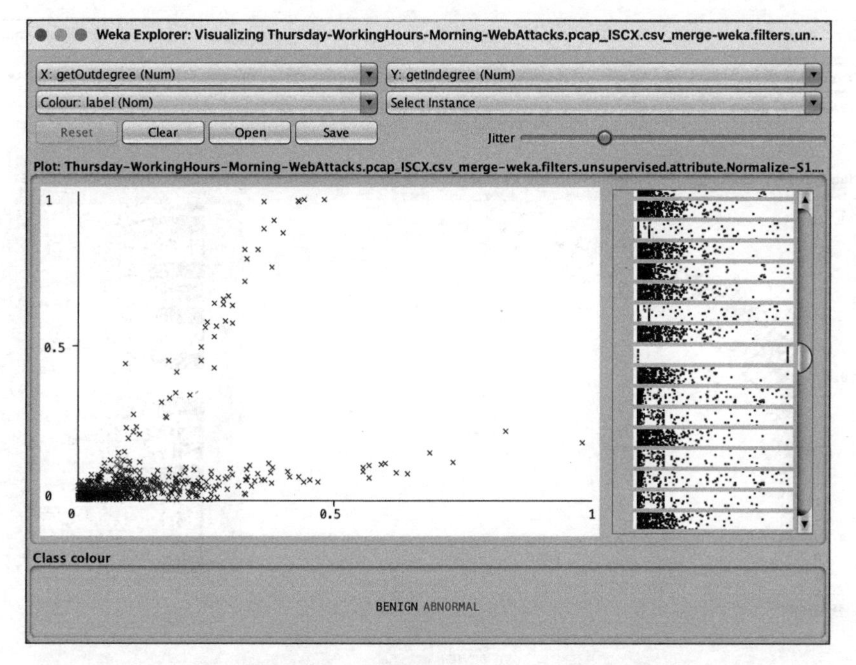

图 4-27　特征值：出度 – 入度

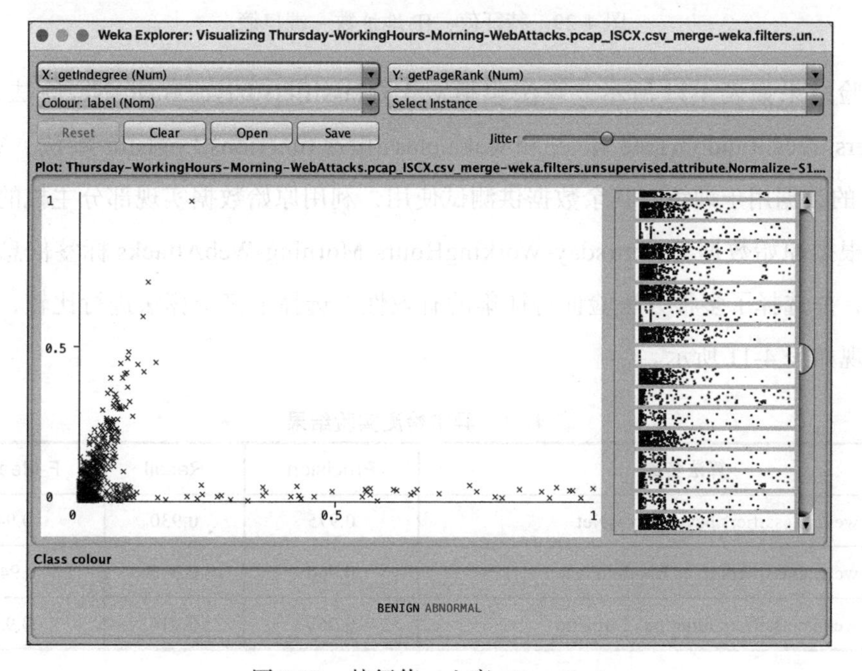

图 4-28　特征值：入度 –PageRank

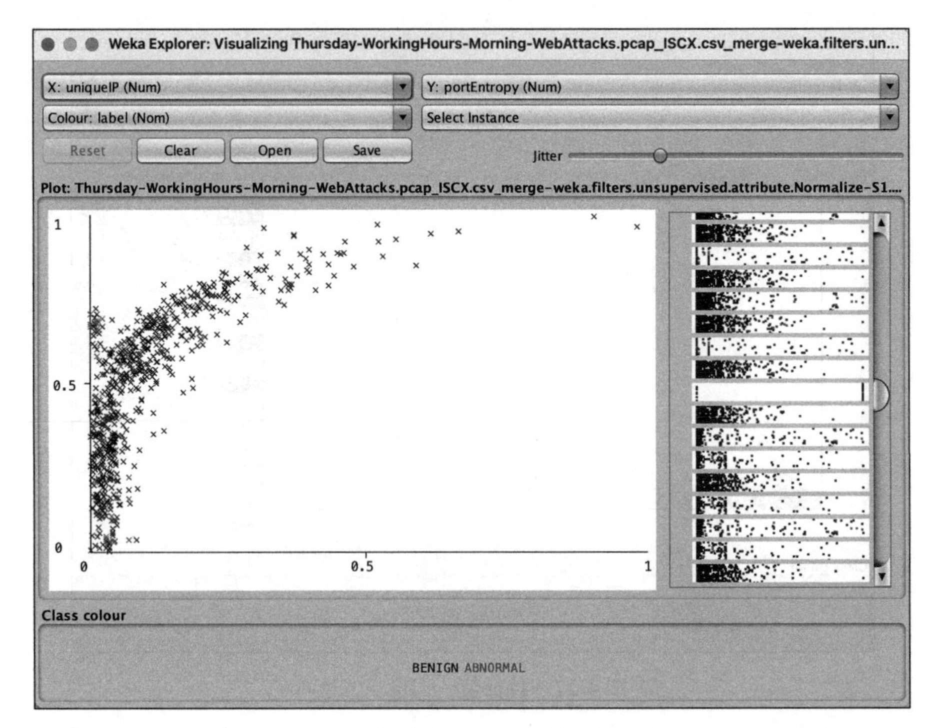

图 4-29　特征值：IP 地址数 – 端口熵

实验结果如表 4-11 所示，算法包括 weka.classifiers.bayes.BayesNet 算法、weka.classifiers.trees.RandomTree 算法和 weka.classifiers.functions.Logistic 算法。Weka 配置 66% 的数据用于训练，其余数据供测试使用，利用原始数据实现部分主机的抽取特征值，根据原始数据集 Thursday-WorkingHours-Morning-WebAttacks 标签信息可以标记异常，并选择了多种方法验证特征集的有效性。选择了多个算法进行比较，原始属性的表现如表 4-11 所示。

表 4-11　异常检测实验结果

算法名称	Precision	Recall	F-Measure
weka.classifiers.bayes.BayesNet	0.975	0.930	0.947
weka.classifiers.trees.RandomTree	0.960	0.938	0.948s
weka.classifiers.functions.Logistic	0.969	0.916	0.938

4.8 本章小结

本章研究关键主机是否提供正常的网络服务，识别其网络个体行为是否偏离正常行为轮廓，呈现不期望的可疑行为，如存储信息泄露、僵尸网络中的节点、服务变更、植入恶意软件或试图感染网络中更多的主机。针对上述实际问题，研究了网络行为的网络个体行为异常检测方法，通过网络个体行为特征集、网络个体行为偏离度检测和可疑网络个体行为决策的技术路径，能够准确发现网络环境中的可疑主机、受害主机，为安全管理者提供了有力的安全检测工具。

为了解决在高速网络环境下异常检测系统无法提供详细异常信息的问题，以及单一层面网络行为无法完整地揭示异常发生及其本质的问题，在研究网络个体网络行为与检测问题过程中，利用网络行为技术，提出 Graphlet 量化方法，对网络个体行为轮廓进行数学抽象。还研究了网络个体行为轮廓随环境和时间的演化而动态变化的情况，充分利关键主机在通信模式下的多特征相关性，判断当前网络环境中是否出现了异常，提高网络个体行为异常检测系统的精度。

在实际网络环境中，研究以关键主机 IP 地址集合作为研究对象，采用网络流特征、图节点特征、主机通信模式特征，建立网络个体行为基线，为网络个体行为偏离度阈值提供数据支撑，并通过研究不同时间窗口的网络个体行为特征的相似性，验证了方法的时间窗口无关性。基于上述研究，我们能够分析每个关键主机在多维向量空间中的特征点位置的变化情况，以实现可疑度的量化。为了验证方法的可行性、有效性和实用价值，采用 Spark SQL、Spark GraphX 和 Spark MLlib 实现提出的算法。在多个数据集中，利用网络个体行为偏离度，描述了主机网络个体行为历经正常、异常（探测、沦陷、发起攻击）并恢复正常的过程，实验结果表明研究方法能够有效发现网络个体行为的变化情况，检测结果准确且能提供详细的异常信息，能够精确检测主机是否异常。

分析发现攻击持续时间短时，对网络个体行为偏离度造成的影响并不明显，这种异常难于发现，例如，一次对某个主机实施了仅几秒的孤立攻击时，很难检测到这样的攻击。因为产生的网络流量数据不足以改变被攻击主机的网络个体行为，没有办法与正常的网络行为进行区分。就攻击者而言，仅仅一次独立的持续 0.001 秒的探测行为是没有意义的，为了成功实施攻击行为，对主机造成的网络个体行为的改变就是持续的。异常案例表明主机沦陷需经过探测、入侵、攻击等多个步骤，一旦主机感染恶意软件或安装了恶意软件，就可以将主机作为傀儡机、跳板，以进一步实施攻击行为，如 DDoS 攻击、发送垃圾邮件、窃取敏感数据。受害主机表现为主动请求 DNS 的行为，并且请求的 DNS 是恶意域名、可疑域名，或者主动连接的 IP 地址是位于公共黑名单中的，若感染 C&C Botnet 的恶意软件，其网络行为还表现为在固定的时间间隔主动发起网络连接行为。

第5章

主机群行为异常检测研究

随着网络安全研究工作的不断深入，出现了大量的网络异常检测方法，随着新型业务模式和新兴技术产业的涌现，研究发现网络异常对网络行为的影响是多方面的，通信模式具有独立性以及空间聚集成群的相关性。当前涌现出的以服务为聚合的通信行为和以分布式攻击为典型的新型协同攻击模式，不仅缺乏有效的数学描述方法，还使单一网络行为视图的局限性更加突出。如果能够充分挖掘这种空间聚集成群的主机群行为与时间相关所体现的规律，并采用合适的算法分析这种规律性，描述具有社会化关系的主机群网络行为，进而通过融合主机群行为的规模变化和结构变化来提高检测能力。

研究以识别网络行为中聚集成群的主机群的基础上，定义了基于动态图演化事件和异常主机群的检测算法，从而发现隐蔽和潜在的异常主机群行为，并准确识别发生异常的主机群及其群成员。本章首先深入分析了主机群行为与现有研究领域的共性和不同，奠定了本研究内容的理论基础，从而针对流量网络行为存在的问题提出了相应的研究思路；其次，针对主机群行为识别方法及其在时间上呈现的相关性定义了动态演化事件，在主机群行为动态演化规律分析的基础上提出了针对网络攻击所致的主机群行为异常检测算法，提高了检测精度和能力；再次对聚合成群的主机群行为动态变化进行了分析；最后通过不同的数据集进行了实验和结果分析。

5.1 问题分析和解决思路

5.1.1 问题分析

随着分布式计算技术的发展，面向服务的网络应用架构提供给用户多种网络服务，形成了以服务为聚合的网络通信行为；还以分布式攻击为典型的新型协同攻击模式，形成以攻击目标、攻击源为聚合的网络通信模式，使网络行为呈现主机群聚合的交互关系。这些主机的交互通信行为构成的流量图，随着网络应用系统结构的扩展和用户群的增加而更加复杂。网络应用越来越多，网络规模持续增长，使分析和检测网络通信行为、监控网络行为异常成为极具挑战的任务。具有群体性、协同性和大规模性的主机交互行为，从主机的网络个体行为特征的角度进行分析，无法有效地检测各种各样的通信模式。大量研究表明，网络行为具有分布式传播和动态演化的空间属性，网络行为的主体之间，尤其是具有交互关系的网络行为主体之间具有强相关性。实验结果表明将动态分析方法应用到网络行为分析领域，描述和分析流量图中的主机群，能够有效地发现异常主机群行为。

通过有向图建立网络节点（注意：本研究所指的网络节点只考虑主机）的交互模式，对用户与服务器的交互行为进行抽象，解释和理解通信模式的分析结果。例如，Web 服务作为网络服务，一般由提供 Web 应用的服务器、数据库服务器、备份服务器构成；以分布式集群为依托的应用服务，网络环境中还存在大量计算节点和存储节点，这些主机之间具有较强的网络交互关系的通信行为。边界流量的进出通信行为描述网络中内部节点或服务器和外部节点或用户主机的网络交互模式，可以反映用户行为驱动下的节点通信拓扑结构，此时主机群行为意味着用户访问驱动下的各类应用的网络行为；同理，服务器节点之间的交互模式反映了主机之间的关系和依赖行为。特别是当网络应用数量激增时，大量提供服务的主机之间的交互行为越来越复杂，从而形成复杂的网络通信的连接图。

由于网络个体行为的局部分析方式无法准确地解释和判断主机群主机的网络交互行为，因此不能采用个体主机的独立分析方法对主机群行为的整体通信模式进行数学描述和量化分析。那么，要及时发现网络环境中由网络通信行为形成的主机通信连接的图模型变化，势必要采用新的技术和方法从主机群结构的角度进行分析和检测。大量研究表明网络行为具有分布式传播和动态演化的属性，网络行为还具有空间属性，网络行为的主体之间，尤其是具有交互关系的网络行为主体之间具有强相关性。

首先，为了理解和分析网络环境中的主机群结构，应以一定的时间间隔汇聚所有流数据，抽取对应时间窗口的流量图，从而构建形式化的主机之间的交互关系。一个时间窗口的结束时间是下一个时间窗口的开始时间，研究建立了多个连续的时间窗口的动态流量图，以相同时间间隔的数据建立图序列，每个时间窗口都映射了一个流量图。如图 5-1 所示，流量图的三个连续时间窗口的分别是 t–1、t、t+1。

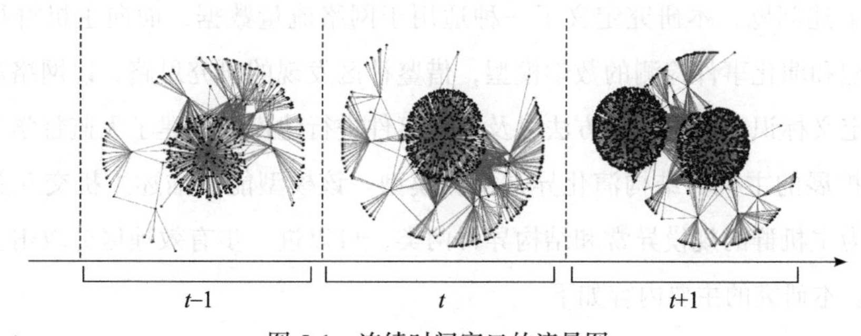

图 5-1　连续时间窗口的流量图

其次，研究如何定义主机之间通信模式的演化行为，从而检测实际应用环境下多主机的交互关系是否异常，例如主机宕机、DDoS 攻击、蠕虫病毒爆发、不期望的网络应用执行、扫描行为、探测行为等。网络安全事件发生时将导致流量图的主机之间的通信模式发生变化，出现异常的主机群，这些异常主机群常常与正常、稳定的主机群同时存在于流量图中。如何识别网络通信行为构成的连接图中的主机群，准确检测演化事件，并能够发现异常主机群就成为一个新的研究。

因此，这里定义了能够快速发现具有聚合行为的主机群，并根据标识主机快速识别异常事件，以及主机群行为构建的通信连接结构演化的分析和建模方法。本研究能够有效地弥补个体主机网络行为研究中对交互关系分析的不足，拓展了社区发现和动态图演化事件在网络安全领域的研究和应用。

5.1.2 研究内容

本研究定义的方法旨在检测异常事件，但不同于现有的研究方法：本研究并不关注社区的发现；研究中标识主机的设定是根据真实环境下网络流量属性所进行的选择；在图演化事件研究中，涵盖的 7 种事件有持续、增长、缩减、合并、分裂、新生和消失；正如 Dave 等人指出的，Chen 等人定义了一种新的伪装异常，称为异常社区，不足之处在于没有提到如何实现这个概念，也没有描述检测这种异常的具体算法。与本研究的工作不同，以往在通信主机群层面的研究多从特征分析的角度进行研究，尚未应用于网络安全领域的异常检测。

针对上述问题，本研究定义了一种适用于网络流量数据，面向主机群行为结构属性的匹配和演化事件检测的数学模型，借鉴社区发现的研究思路，以网络流量为数据，通过定义标识主机群匹配方法以及演化事件进行建模，构建了无监督学习框架的无参数可扩展的主机群结构演化异常检测模型。该模型能够描述主机交互关系的演化，并分为主机群的规模异常和结构异常两类，可以进一步有效地区分攻击关联的异常主机群。本研究的主要内容如下。

- 从图论的角度分析了网络流量中所有主机通信行为的通信模式，直观地描述了网络连接结构，例如流量采集点部署于边界路由则构建内部 IP 地址和外部 IP 地址的二分图，定义了主机网络行为的动态图形式化表征方法和数学描述。
- 基于动态图演化事件研究主机群聚合行为，分析主机群的规模和结构规律，理解和解释网络行为，例如伪造 IP 实施 DDoS 攻击、应用通信模式、Botnet 和异常通信。
- 定义了动态图演化事件以及演化事件识别算法，构建了异常主机群检测模型，上述研究思路对异常主机的发现和检测异常主机群提供了新方法和视角。

5.1.3 研究思路

主机群行为的异常检测方法主要包括数据获取、图模型构建、主机群聚类、群标识选择、主机群行为图演化事件识别、主机群行为异常检测等关键步骤，其研究思路如图 5-2 所示。

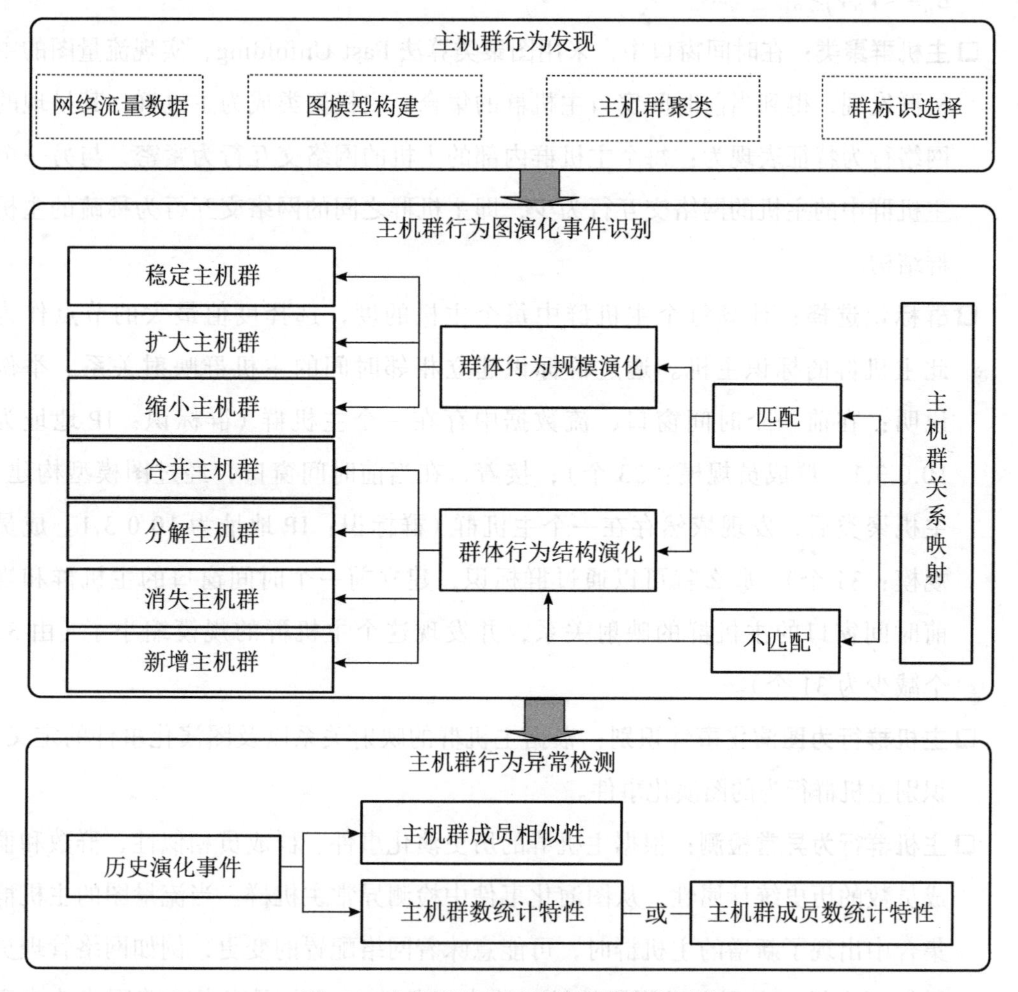

图 5-2　主机群行为异常检测的研究思路

- **数据获取**：对网络流量数据进行处理，使之符合输入数据的要求，从而可以在 Spark 作业中读取和处理。

- **图模型构建：** 抽取流数据的源地址和目的地址，利用Spark GraphX技术将流数据构建为图模型。网络通信的IP交互行为抽象为图中的节点和节点之间的相互作用（边），定义为一个图 $G=(V,E)$，其中 V 是节点集合，代表IP地址的集合，E 是边集合，意味着具有连接的一对IP地址节点 $E_{ij}=<V_i,V_j>$。
- **主机群聚类：** 在时间窗口中，采用图聚类算法Fast Unfolding，实现流量图的主机群发现，得到当前时间窗口主机群的集合。主机聚类成为主机群，其呈现的网络行为特征表现为：每个主机群内部的主机的网络交互行为紧密，与另一个主机群中的主机的网络交互行为少，即主机群之间的网络交互行为稀疏的主机群结构。
- **群标识选择：** 计算每个主机群中每个主机的度，选择度值最大的节点作为此主机群的标识主机。通过群标识建立相邻时间的主机群映射关系。举例说明：在前一个时间窗口，流数据中存在一个主机群（群标识：IP地址为10.0.3.1。群成员规模：33个）；接着，在当前时间窗口，经过图模型构建、主机聚类后，发现依然存在一个主机群（群标识：IP地址为10.0.3.1。成员规模：31个），那么就可以通过群标识，建立前一个时间窗口的主机群和当前时间窗口的主机群的映射关系，并发现这个主机群的规模缩小了（由33个减少为31个）。
- **主机群行为图演化事件识别：** 根据主机群的映射关系以及图演化事件的定义，识别主机群行为的图演化事件。
- **主机群行为异常检测：** 根据主机群的历史演化事件、群成员相似性、群数和群成员数的历史统计属性，从图演化事件中检测异常主机群。当流量图的主机群集合中出现了新增的主机群时，可能意味着网络配置的变更，例如网络管理员添加新主机、变更主机网段地址、攻击者伪造IP，也可能意味着网络攻击事件、网络环境中出现了集中访问的行为，例如DDoS攻击、扫描、探测、协同攻击等。

5.2 主机群行为演化事件识别的方法和定义

下面介绍如何利用图算法实现主机群行为发现，以及提出的演化事件识别的定义和方法。

5.2.1 主机群行为识别

图的各种属性已经得到广泛的研究和应用，尤其是图的社区结构吸引了大量的研究者。图中节点之间的连接关系有的较为紧密，有的较为稀疏。连接较为紧密的节点称为一个社区、团、群，其内部的节点之间有较为紧密的连接关系，而两个社区间的连接关系相对较为稀疏，这便称为社团结构。在不同的应用场景下，不同观点社区代表不同的主机群，如主机群、客户群、兴趣群、交易群、老乡群、价格联盟群等。本研究考虑到运行时间、数据规模等因素，采用了基于模块度优化方法的非重叠社区发现算法 Fast Unfolding，此算法被公认为是当前执行速度最快、准确率也很高的非重叠社区发现算法之一。采用 Spark GraphX 原理实现并行化算法，算法中的核心模块度的计算公式如式（5-1）所示，其中 A_{ij} 表示节点 i 和节点 j 的边权重，k_i 表示节点的度，c_i 表示节点 i 属于社区，若节点 i 和节点 j 属于同一个社区则 $\delta(c_i,c_j)=1$，否则 $\delta(c_i,c_j)=0$。

$$Q=\frac{1}{2m}\sum_{i,j}\left[A_{ij}-\frac{k_i k_j}{2m}\right]\delta(c_i,c_j) \tag{5-1}$$

模块度计算的简化公式如式（5-2）所示：

$$Q=\sum_{c}\left[\frac{\sum_{\text{in}}}{2m}-\left(\frac{\Sigma_{\text{tot}}}{2m}\right)^2\right] \tag{5-2}$$

$\sum_{\text{in}}$ 表示社区 c 的内部连接数，$\sum_{\text{tot}}$ 表示社区 c 的所有节点的度数和，省略了判断节点是否属于同一个社区的 $\delta(c_i,c_j)$ 函数。

算法的基本步骤如下。

- **第一步**：构建图模型，将每个节点划分为一个社区，即每个节点就是一个社区，如图 5-3 所示，16 个节点被划分为 16 个社区。

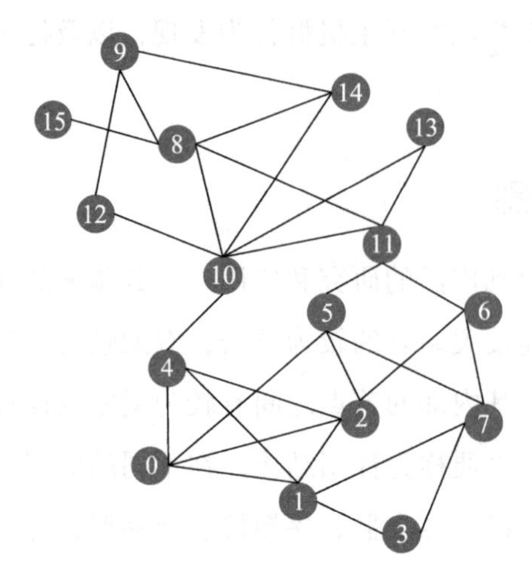

图 5-3 初始化图

- **第二步**：遍历每个节点，计算节点划分到邻居社区后模块度的增益值。当最大增益值大于 0 时，将该节点分配到对应的邻居社区，否则该节点归属于原来的社区，模块度增益值的计算公式如式（5-3）所示。

$$\Delta Q=\left[\frac{\sum_{\text{in}}+k_{i,\text{in}}}{2m}-\left(\frac{\sum_{\text{tot}}+k_i}{2m}\right)^2\right]-\left[\frac{\sum_{\text{in}}}{2m}-\left(\frac{\sum_{\text{tot}}}{2m}\right)^2-\left(\frac{k_i}{2m}\right)^2\right] \tag{5-3}$$

- **第三步**：迭代第二步，直到节点的社区不再变化，此时得到了 4 个社区，各个社区的节点编号集合分别为 {8,9,10,12,14,15}、{11,13}、{0,1,2,4,5} 和 {3,6,7}，如图 5-4 所示。
- **第四步**：根据第三步得到的社区划分，将每个社区作为一个节点，这个过程可以称为图压缩，这是一个建立新图的过程，迭代第二步，直到获得最大模块度。如图 5-5 所示，4 个社区分别用 4 个节点表示，每个节点之间的边权重是社区之间的边个数。绿色节点 14 表示社区内部连接的度，绿色和红色节点的边权重为 1 就是指这两个社区之间的连接为 1（根据计算可得，节点 10 和节点 4 之间存在一条边），其他颜色社区以此类推。

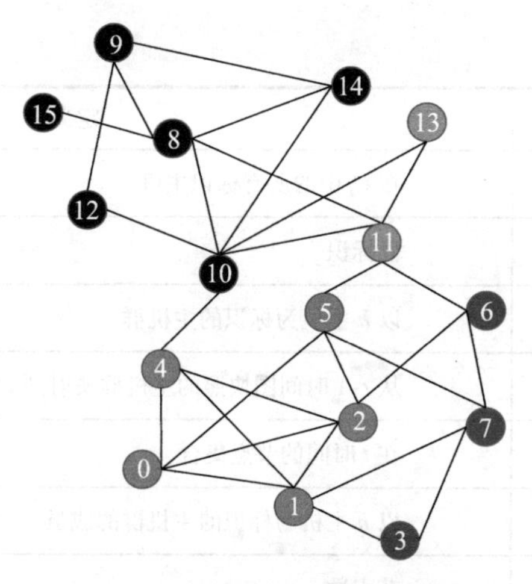

图 5-4 模块优化示意图（见彩插）

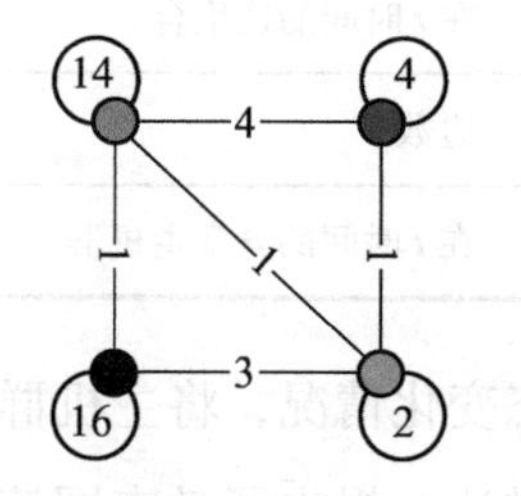

图 5-5 社区聚集示意图（见彩插）

5.2.2 动态图演化事件的定义

获取固定时间窗口的主机群行为集合后才能进一步研究随时间演化的属性，为了介绍动态图演化事件的识别方法，先描述主机群行为的动态图演化事件的定义，下面归纳了将要使用的符号及相关定义，如表 5-1 所示。

表 5-1 图演化事件符号及其定义

符号	定义
G_t	在 t 时间的图快照
$g=\{G_1,G_2,\cdots,G_n\}$	动态图序列
C_t	在连接图 G_t 中，主机聚类得到的所有主机群

（续）

符号	定义
CH_t	在 C_t 中的所有标识主机
h	群标识
$C(h)$	以 h 主机为标识的主机群
$C_{t-1}(h_c) \rightarrow C_t(h_d)$	从 t–1 时间图快照的主机群映射到 t 时间图快照的主机群
V_t	在 t 时间的节点集合
$V_t(h)$	以 h 主机为标识的主机群的成员
$\|V\|$	节点数
E_t	在 t 时间的边集合
$\|E\|$	边数
AH_t	在 t 时间的异常主机群

为了量化主机群行为的动态变化情况，将主机群行为的变化分为规模变化和结构变化两类，为防止歧义和方便描述，提出了动态图演化事件 $C_{t-1}(h_c) \rightarrow C_t(h_d)$，相关定义（群标识、主机群稳定、主机群增大、主机群缩小、主机群合并、主机群分裂、主机群新增、主群消失）如下。

- **定义 5-1：主机群**。主机群是由网络流量所有网络行为主体（如主机）所组成集合中的一个子集，是基于某种属性通过主机交互行为连接在一起的主机集合，是结构上紧密连接的群，并和子集外的主机连接稀疏。
- **定义 5-2：主机群行为**。主机群行为由网络个体行为构成，主机群行为离不开网络个体行为，但主机群行为并不是网络个体行为的简单相加；网络环境由多个主机群构成，每个主机群由多个个体构成，最大的主机群就是全体网络行为主体的集合。
- **定义 5-3：群标识**。群标识 h 是主机群中的一个主机，用于唯一地标识流量图中的某一个主机群。在两个相邻时间的图中，群标识用于建立一个连接图中的

主机群 $C_{t-1}(h_c)$ 与另一个连接图的主机群 $C_t(h_d)$ 存在演化事件的映射关系。通过计算每个主机群的度最大的节点，并选择其作为此主机群的标识主机，能够有效地建立主机群之间的映射关系。

❑ **定义 5-4：主机群稳定。**主机群的标识主机相同（$h_c=h_d=h$），且满足成员数相同（$|V_{t-1}(h_c)|=|V_t(h_d)|$），那么意味着 $t-1$ 时间窗口时，以 h_c 标识的主机群在 t 时间窗口仍然存在且主机群规模相同，称为主机群稳定或持续主机群（如图 5-6 所示）。

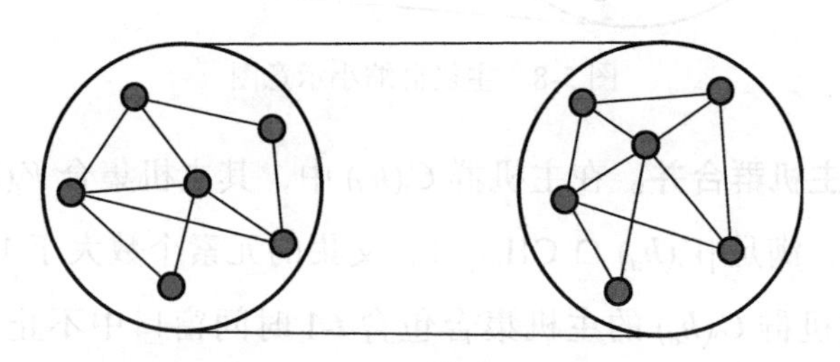

图 5-6 主机群稳定示意图

❑ **定义 5-5：主机群增大。**主机群的标识主机相同（$h_c=h_d=h$），且满足 $|V_{t-1}(h_c)| < |V_t(h_d)|$，即主机群的成员数增加，那么意味着 $t-1$ 时间窗口时，以 h_c 标识的主机群在 t 时间窗口仍然存在且主机群成员规模增大，属于图演化事件的规模变化（如图 5-7 所示）。

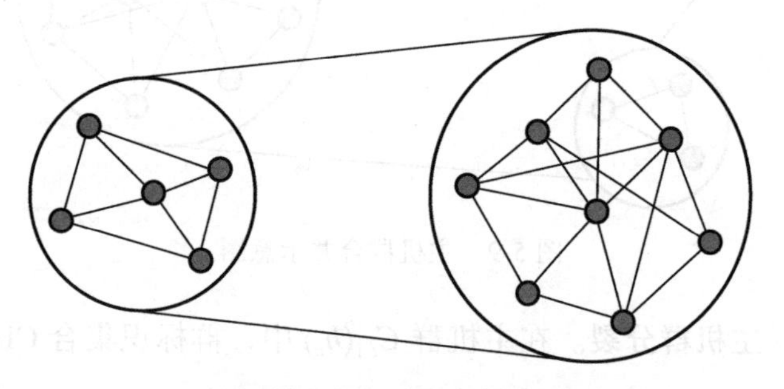

图 5-7 主机群增大示意图

❑ **定义 5-6：主机群缩小。**主机群的标识主机相同（$h_c=h_d=h$），且满足 $|V_{t-1}(h_c)| > |V_t(h_d)|$，即主机群的节点数减少，那么意味着 $t-1$ 时间窗口时，以 h_c 标识的主

机群在 t 时间窗口仍然存在且主机群成员规模缩小，属于图演化事件的规模变化（如图 5-8 所示）。

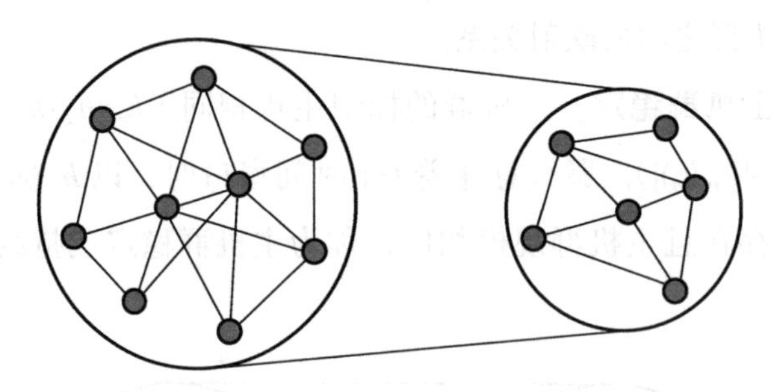

图 5-8　主机群缩小示意图

❑ **定义 5-7：主机群合并**。在主机群 $C_t(h_d)$ 中，其主机集合 $V_t(h_d)$ 包括 CH_{t-1} 中的多个群标识，满足 $|V_t(h_d) \cap CH_{t-1}|>1$，交集的元素个数大于 1，那么意味着 t 时间窗口的主机群 $C_t(h_d)$ 的主机集合包含 t-1 时间窗口中不止一个群标识 CH_{t-1}，属于图演化事件的结构变化（如图 5-9 所示）。

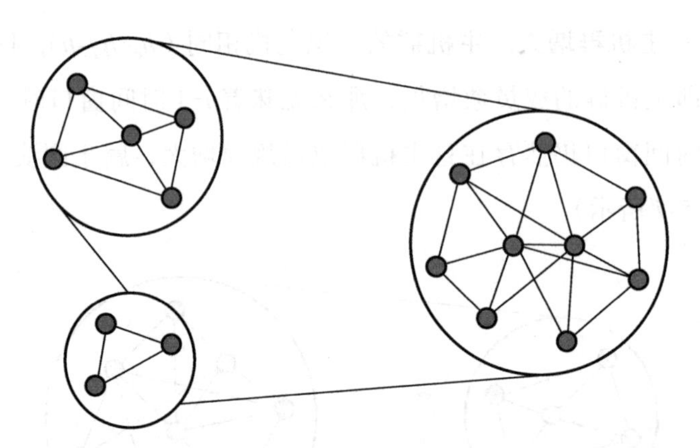

图 5-9　主机群合并示意图

❑ **定义 5-8：主机群分裂**。在主机群 $C_{t-1}(h_c)$ 中，群标识集合 CH_t 包括 t-1 时间窗口的集合 $V_{t-1}(h_c)$ 中的多个成员主机，且满足 $|V_{t-1}(h_c) \cap CH_t|>1$，那么意味着 t-1 时间窗口的以 h_c 标识的主机群 $C_{t-1}(h_c)$，有多个成员主机成了 t 时间窗口的群标识 CH_t，即分解为 t 时间窗口的多个主机群，属于图演化事件的结构变化（如图 5-10 所示）。

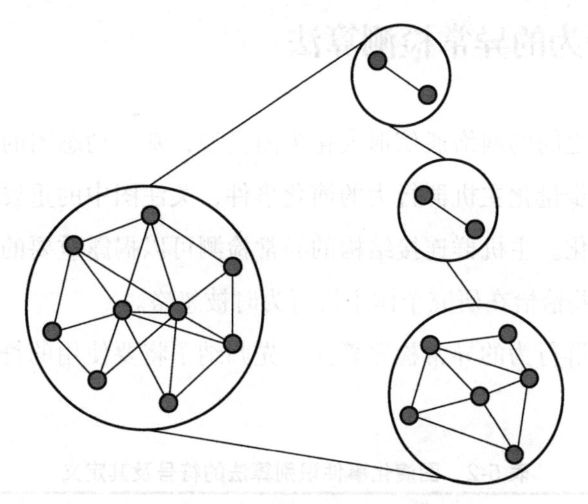

图 5-10　主机群分裂示意图

□ **定义 5-9：主机群新增。**$\varphi \rightarrow C_t(h_d)$，以群标识 h_d 所在的主机群在 t-1 时间窗口中，满足 $h_d \cap \mathrm{CH}_{t-1}=\varphi$，意味着 t 时间窗口的群标识 h_d 所在的主机群在 t-1 时间窗口中不存在，即主机群新增，属于图演化事件的结构变化（如图 5-11 所示）。

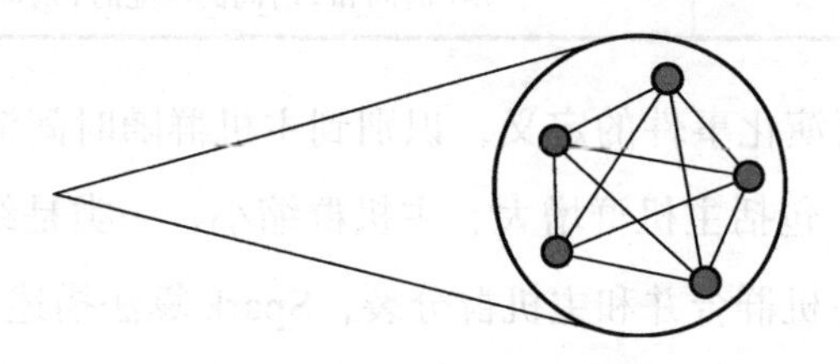

图 5-11　主机群新增示意图

□ **定义 5-10：主机群消失。**$C_{t-1}(h_c) \rightarrow \varphi$，以群标识 h_c 所在的主机群在 t 时间窗口中，满足 $h_c \cap \mathrm{CH}_t=\varphi$，意味着 t-1 时间窗口的群标识 h_c 所在的主机群在 t 时间窗口中不存在，即主机群消失，属于图演化事件的结构变化（如图 5-12 所示）。

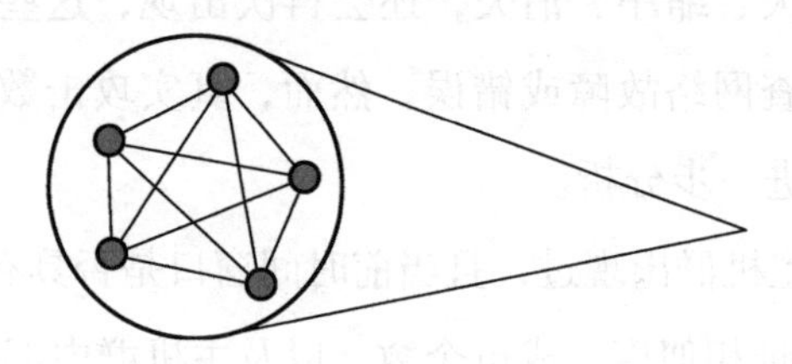

图 5-12　主机群消失示意图

5.3　主机群行为的异常检测算法

本研究将主机之间的网络通信形式化为图模型，基于动态图的主机群行为异常检测的研究中，进一步量化主机群行为的演化事件，关注图中的重要元素社区、团、主机群结构的动态变化。主机群连接结构的异常检测可以揭露重要的异常变化、有趣的主机群行为，而这些恰恰在研究个体主机行为时被忽略。

为了描述主机群行为的异常检测算法，先归纳了将要使用的符号及相关定义，如表 5-2 所示。

表 5-2　图演化事件识别算法的符号及其定义

符号	定义
nomapdatabef	时间 t–1 到 t 时间没有匹配主机群集合
nomapdatanow	时间 t 在 t–1 时间没有匹配主机群集合
mapnow	t–1 时间和 t 时间的匹配的 t–1 时间主机群集合
mapbef	t–1 时间和 t 时间的匹配的 t 时间主机群集合

根据 5.2 节动态图演化事件的定义，识别到主机群随时间演化的两类 6 种演化事件，一类是规模异常，包括主机群增大、主机群缩小，一类是结构异常，包括主机群新增、主机群消失、主机群合并和主机群分裂，Spark 算法描述如下。

实验分析发现主机群行为随着时间变化处于不同的演化事件中。实验可以有效识别发生演化事件的主机群，还可以从这些演化事件中，根据历史演化的规律，即历史演化事件、群成员相似性、群数和群成员数等信息，进一步识别攻击行为聚合的主机群，主要识别思路为：主机群是否在历史主机群出现过，观察发现，主机群会长时间持续出现，并演化为增大、缩小、消失，还会再次出现，这些演化事件有助于网络安全管理分析人员及时排查网络故障或错误，然而，真实攻击数据中从未出现的主机群可疑度较高，需要进行进一步分析。

主机群没有在历史主机群出现过，且当前时间窗口是否具有高相似度的主机群，如主机群之间的主机 IP 地址相似度、成员个数，以及主机群内部成员主机的 IP 地址相似度。这两个属性尤其适用于多对多主机群攻击行为，可识别到多个相似性高的主机群。

主机群没有在历史主机群出现过，且当前事件快照的主机群个数、成员数统计分布（均值、方差、最大值、最小值、四分位值等）与历史统计值去除离异数据后的均值比较，若高于三倍则可判定是攻击相关的主机群，这适用于以下两个攻击的异常案例。

主机群没有在历史主机群出现过，遍历异常主机群集合，具有高相似度的主机群或者主机群统计值不符合正常的属性，则判定为攻击相关异常主机群。

异常检测算法如下所示。

算法：主机行为的异常检测算法

输入：数据集 Ψ_{t-1} 和数据集 Ψ_t

输出：异常主机列表

1. $rddTAG_{t-1}$ = 读取 t-1 数据创建图模型；
2. *rddTAGt* = 读取 t 数据创建图模型；
3. CG_{t-1} = 识别 t-1 图模型的主机群；
4. CG_t = 识别 t 图模型的主机群；
5. groupEvent = 根据 CG_{t-1}、CG_t 识别演化事件；
6. f_1, f_2 = 根据 groupEvent、CG_t 计算主机群特征值；
7. **for** each C_t^i in CG_t **do**　　// 演化稳定性
8. 　score(C_t^i)+ = 计算主机群演化事件变化；
9. 　GAPbei = 获取主机群 C_t^i 基线数据；　// 规模变化
10. 　score(C_t^i)+ = 根据 GAPbei、C_t^i 计算主机群规模变化；　// 计算向量距离
11. 　f_3, f_4 = 根据 GAPbei、C_t^i、groupEvent 计算主机群特征值；
12. 　score(C_t^i)+ = 根据 f_1、f_2、f_3、f_4 计算特征向量变化；　// 根据阈值决策异常
13. **for** each C_t^i in CGt **do**
14. 　**if** score(C_t^i) > *ki* **then**
15. 　　$AbnH_t$ = AbnHt ∪ getMembers(C_t^i);
16. **return** $AbnH_t$

5.4 Spark 并行化设计

研究采用 Spark GraphX 实现主机群行为分析与异常检测算法，图 5-13 描述了 Spark GraphX 程序顶层流程图。

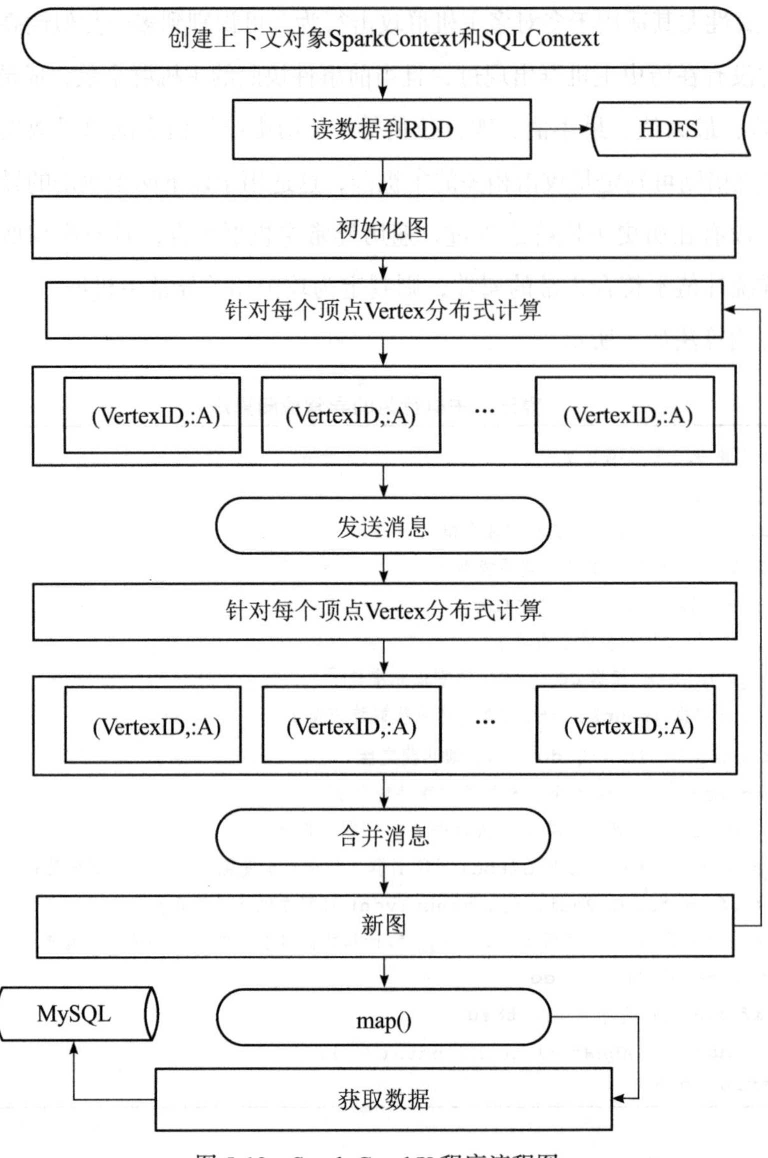

图 5-13　Spark GraphX 程序流程图

Spark GraphX 采用消息在顶点之间传递数据的方式，让用户无须考虑并行分布式计算的细节，在遍历顶点时进行调用，能够通过顶点更新函数实现顶点状态的修改。计算中很重要的一个操作就是汇聚顶点的邻居顶点发送的消息，通过自定义的

sendMsg() 和 mergeMsg() 进行更复杂的操作，从而实现新图的构建。这些运算都必须多次执行消息汇聚函数 aggregateMessages() 才能构建完整的算法。进而，通过顶点迭代运算实现定义和图算法。

5.5　异常案例分析 1

网络攻击从传统的单一和孤立的入侵方式渐渐向自动化攻击、协同化攻击的方向进化，其行为表现就是主机群协同性和聚合性。这类攻击模式是指多个攻击者采取分布方式、在统一攻击策略指导下对同一目标发起攻击或探测的行为，其攻击的技术手段和攻击步骤有统一的攻击策略并在各攻击者之间协调而达到协同。攻击者通过组织与操作多主机对单个主机、多个主机进行诸如扫描、探测、垃圾邮件投放、拒绝服务攻击等行为。由于协同化的攻击技术具有隐蔽性好，攻击效率高的特点，使其被越来越多的攻击者所采用。因此，发现与防御面向具有主机群性和聚合性的攻击模式应该引起重视。除此之外，还能够发现网络管理配置变更导致的不期望主机群演化状态，常见的主机群主机行为如下。

1）服务为聚合的主机交互行为；

2）主机之间存在协作关系，如数据备份、备用机、分布式计算、存储集群。

本节实验中的数据来自某校园网，经观察发现网络环境中的多个通信节点聚合为主机群，并且主机群行为随着时间变化呈现出不同的演化事件，进而本研究对演化事件中的群数和群成员数的时序属性进行分析。研究初期发现网络应用连接图具有聚合行为属性，从而激发了进一步探查网络流量数据中主机群的研究动机。尤其是将主机节点展示为流量图后，计算机网络环境中的主机群现象直观可见，可以更好地分析、理解和解释网络通信行为。因此，首先对知名端口号抽取的流量图的数据集进行描述，如表 5-3 所示。

表 5-3　知名端口号的流量图的数据集描述

知名端口号	代表应用	节点数	边数
22	SSH	904,1684,5471	1000,2000,4000

（续）

知名端口号	代表应用	节点数	边数
443	HTTPS	580,1073,2680	1000,2000,4000
8009,4001,4172,3389,321,119,427	虚拟桌面	591,935,2570	1000,2000,4000
25,993,110,143,465,995	Email	982,1937,3878	1000,2000,4000

根据常见应用服务的知名端口号进行数据过滤，此处展示不关注应用的识别，目的是直观展示仅以知名端口号为过滤条件的通信聚合现象。数据按照时间递增，依次抽取了边数为1000、2000和4000的数据建立流量图。

知名端口号代表性网络应用的流量图的结构、形状、规模是由通信节点的网络交互通信模式决定的。而且，这些流量图随时间的变化呈现动态图演化，引发了图中的团、主机群的规模或结构的变化，如图5-14所示。

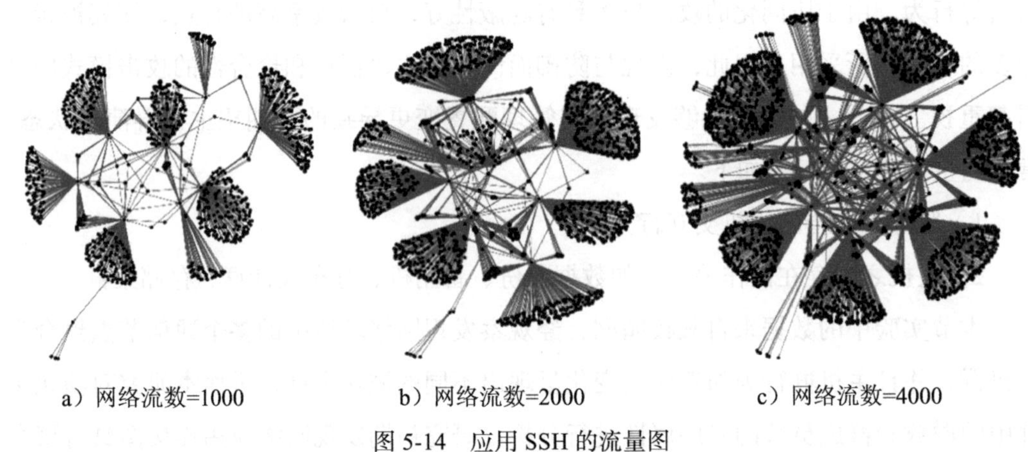

a）网络流数=1000　　b）网络流数=2000　　c）网络流数=4000

图5-14　应用SSH的流量图

其中，图5-14展示了以SSH为代表性应用的22端口的流量图，图5-15展示了以虚拟桌面为代表性应用的知名端口号为8009、4001、4172、3389、321、119、427的流量图，图5-16展示了以HTTPS为代表性应用的443端口的流量图，图5-17展示了以Email为代表性应用的知名端口号为25、993、110、143、465、995的流量图。

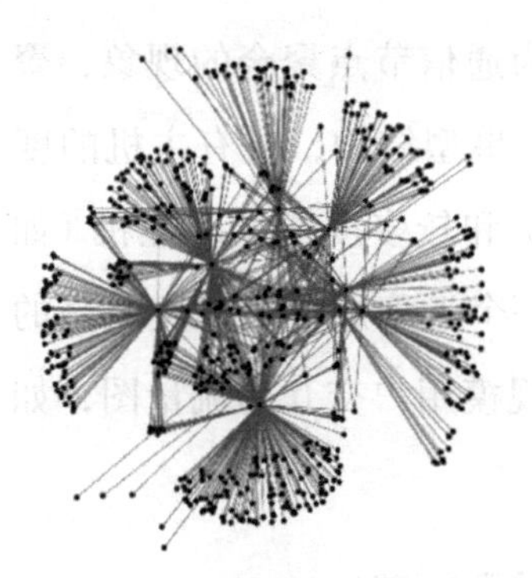

a）网络流数=1000

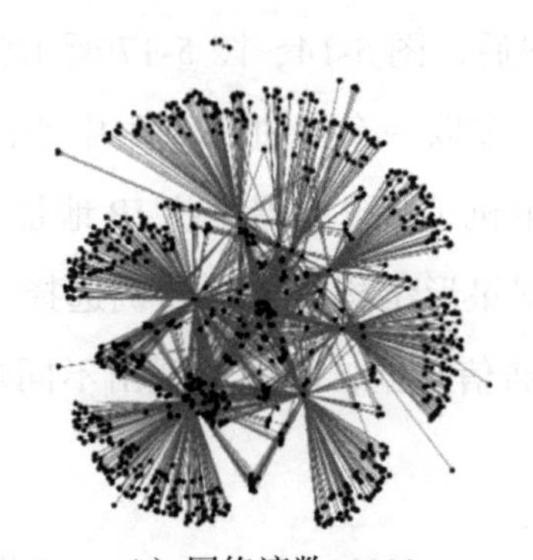

b）网络流数=2000

c）网络流数=4000

图 5-15　应用虚拟桌面的流量图

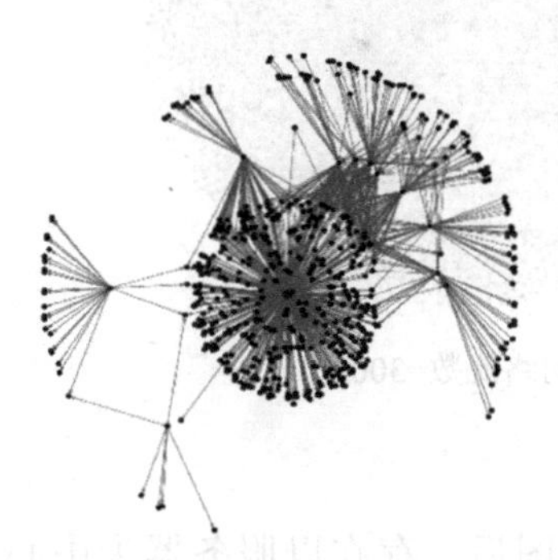

a）网络流数=1000

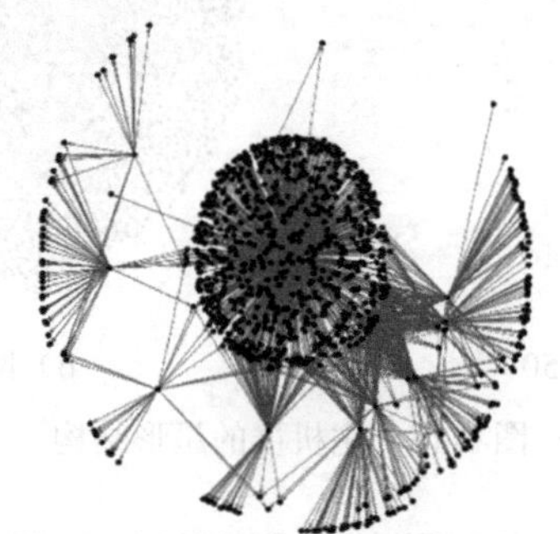

b）网络流数=2000

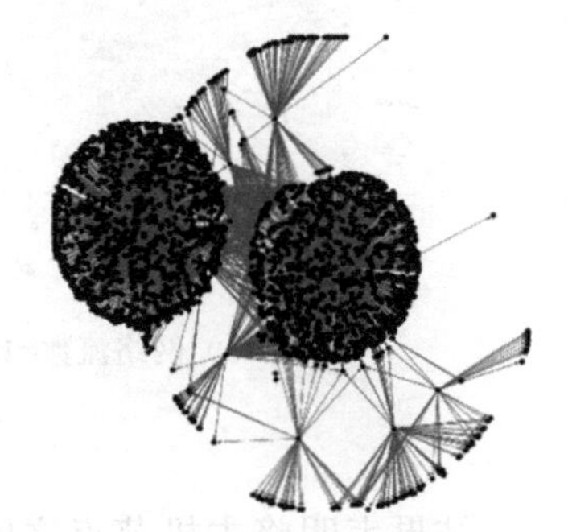

c）网络流数=4000

图 5-16　应用 HTTPS 的流量图

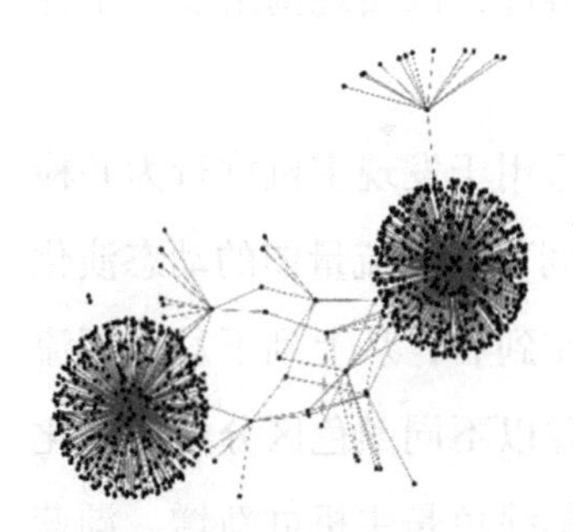

a）网络流数=1000

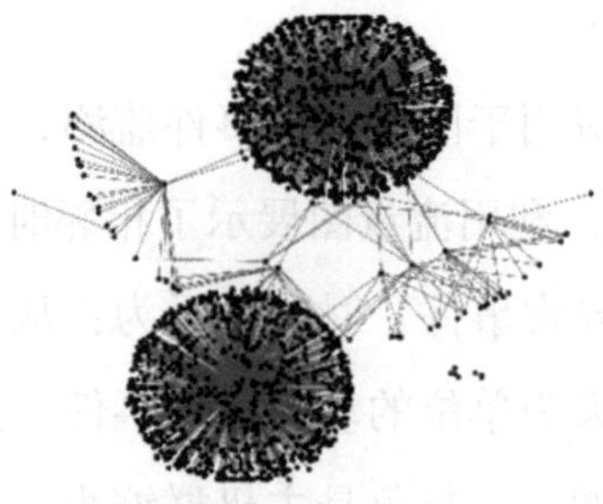

b）网络流数=2000

c）网络流数=4000

图 5-17　应用 Email 的流量图

将主机节点展示为流量图后，图 5-14～图 5-17 所示为通信节点聚合的现象，聚合主机具有明显的结构特点，多以一个主机节点为中心的星型结构，所有主机的度分布多以一个具有度值高的主机（如服务器主机 IP 地址）和较多度值低的主机（如用户主机 IP 地址）构成，根据星形结构属性，随机选择一个汇聚成群节点度最高的 IP 地址，抽取这个 IP 地址的通信数据，下面呈现出不同规模用户交互的流量图，如图 5-18 所示。

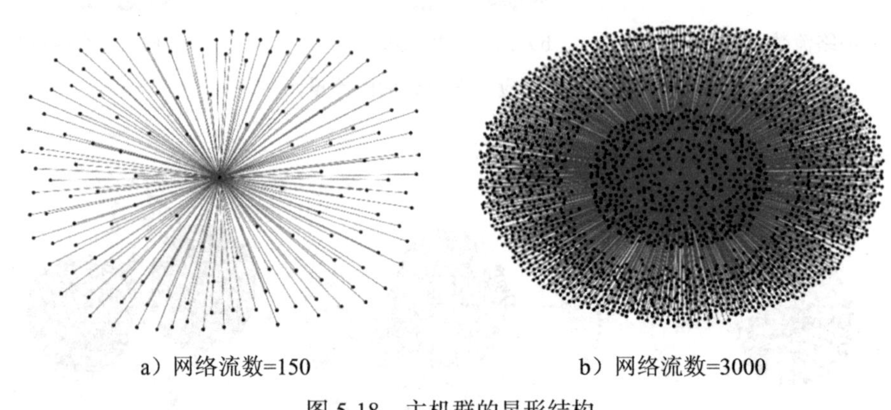

a）网络流数=150　　b）网络流数=3000

图 5-18　主机群的星形结构

结果表明将主机节点之间的网络流数据展示为流量图后，存在以服务器为中心节点汇聚成群的网络行为，而且随时间具有规模性和结构化的演化。下面将通过实验进一步介绍图聚类算法发现存在的主机群及其动态图演化事件，以实现网络安全事件监测。

本研究将动态图演化事件应用于网络安全事件监测，适用于发现主机群行为并检测异常主机群。如图 5-19 所示，利用流量图展示了相邻时间窗口下流量图的动态演化事件，用不同的颜色标识 6 种异常事件。时间显示为：从左到右，从上到下。利用流量图展示了相邻时间窗口下以天为单位的动态演化事件，并以不同颜色区分经历演化事件的主机群，红色是主机群增大、灰色是主机群缩小、墨绿色是主机群新增、湖蓝色是主机群消失、土黄色是主机群合并、粉色是主机群分裂，呈现了主机群行为的动态变化过程。

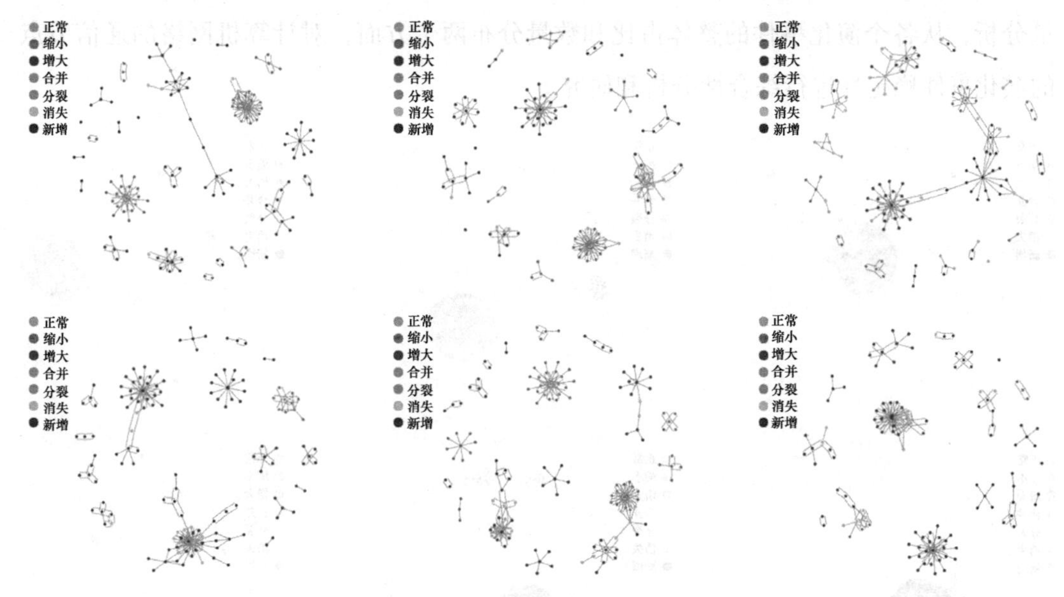

图 5-19　动态图演化事件示意图 1（见彩插）

将主机节点之间的网络流数据展示为流量图后，在图 5-20 中可清晰地看出相邻时间窗口下一个主机群缩小、增大、消失、新增、增大、缩小的动态演化全过程。当图模型数据中出现新增的主机群，则认为网络出现异常，或者意味着网络管理员可能添加了新主机或变更了主机网段地址。当图模型数据中某个主机群消失时，则意味着网络中的某个主机宕机、服务暂停 / 终止、地址变更。主机群合并的直接结果就是属于不同主机群的主机之间增加了网络通信行为，即原本前一个时间窗口中的多个主机群的成员出现在下一个时间窗口中的一个主机群中。

通过对主机节点网络通信的图序列进行分析，发现主机群大都不会随时间变化而剧烈波动，而是具有稳定属性，这也是真实世界的图分析研究公认的属性。在真实环境下，尽管人与人之间的行为和通信模式会变化，但是大多数人的朋友关系是稳定的。与稳定主机群相比，异常的主机群通常也会隐藏于大量稳定主机群的动态演化图中。当网络环境中发生安全事件时，会导致主机群规模的变化和主机群结构的变化，这些都属于主机群动态演化事件。在实验中，利用固定时间间隔的网络流数据，发现主机群、识别主机群的演化事件，并对经历演化事件的主机群和群成员的数量进行定量分析，从各个演化事件的整体占比和数量分布两个方面，对计算机网络的通信节点的演化事件稳定性进行综合性分析和研究。

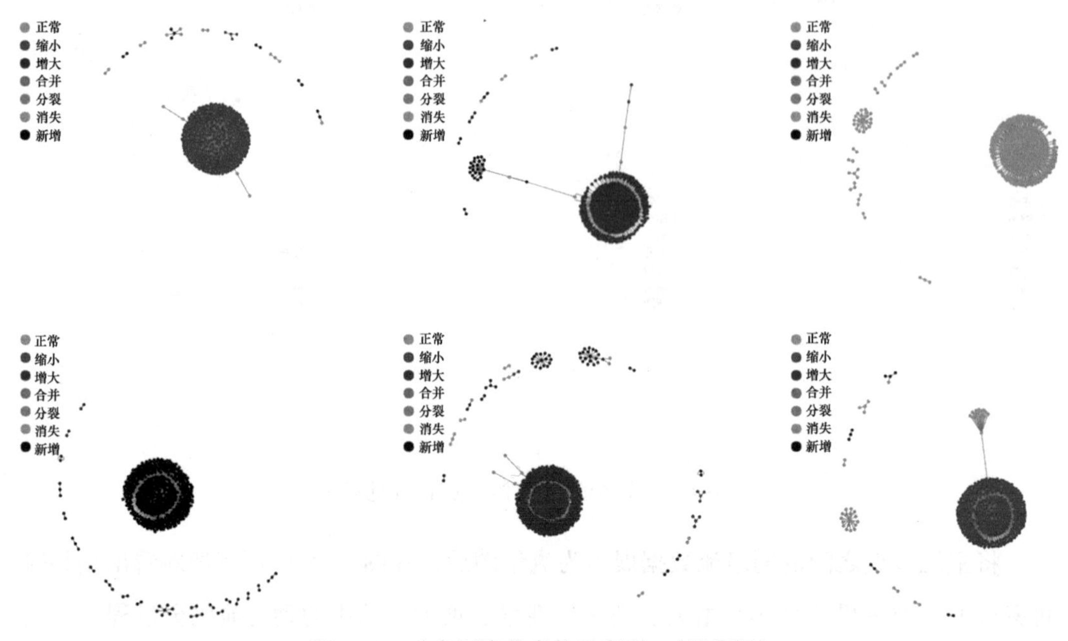

图 5-20　动态图演化事件示意图 2（见彩插）

图 5-21～图 5-23 展示了历时近两个月的主机群演化事件的主机群数，其中包括计算机网络环境中发生网络安全事件的日期。通过百分比堆积图进一步分析可知：其一，在检测的时间跨度中，主机群演化的各个事件占比都相对稳定；其二，在主机群演化事件中，缩小、增大事件的主机群占比相对较低，尤其是规模演化事件中主机群数的占比较低且分布相对稳定；其三，合并、分裂、新增和消失演化事件中主机群数占比较高，而主机群结构演化事件的群数的占比高，分布也相对稳定。

可见，规模演化事件对图模型的主机群演化事件影响较小，而结构演化事件对图模型的主机演化事件影响大，任何一个结构演化事件的发生都会使更多的主机群发生结构演化事件，如分裂事件会导致主机群消失、新增主机群，合并事件同样会导致主机群消失、新增主机群，还不排除网络安全事件，如伪造的 IP 地址访问其他主机引起网络通信模式变化，都会导致主机群演化事件的发生。

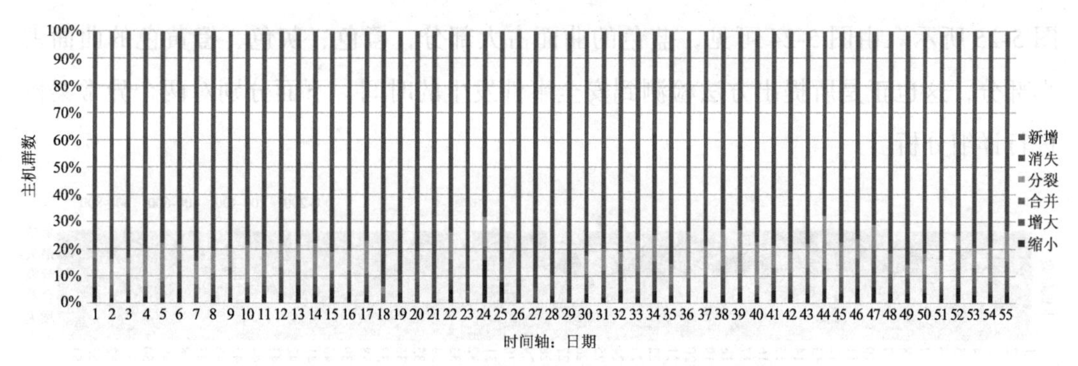

图 5-21　主机群动态演化事件百分比堆积图（见彩插）

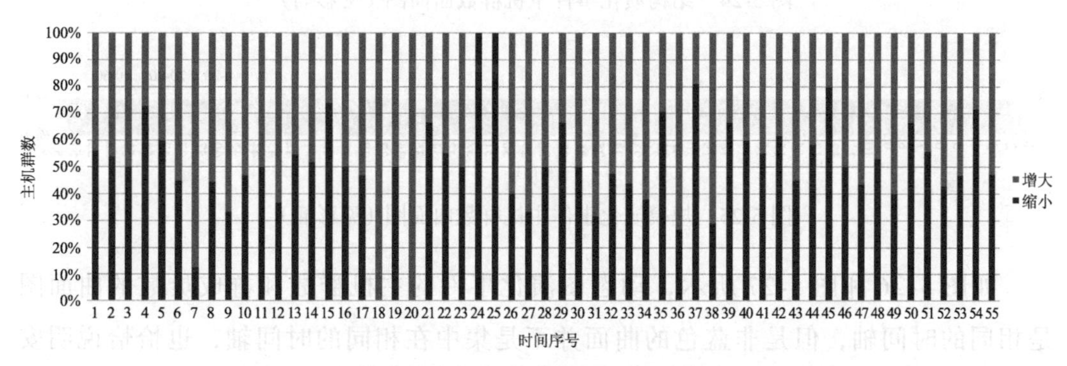

图 5-22　规模演化事件主机群数的百分比堆积图（见彩插）

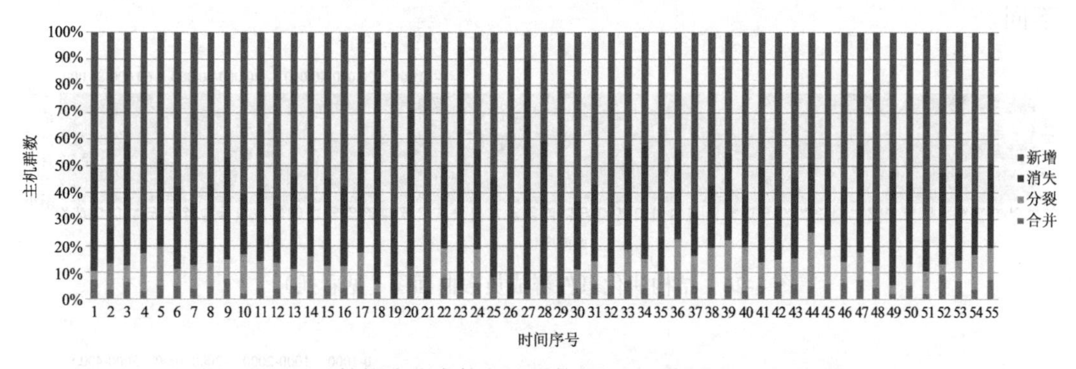

图 5-23　结构演化事件主机群数的百分比堆积图（见彩插）

百分比堆积图反映了各个演化事件涉及的主机群数随时间演化相对稳定的占比情况，下面通过曲面图进一步分析主机群动态演化过程中，演化事件的主机群数和群成员数在时间轴上呈现的差异性，显示的颜色代表不同数值范围的区域，如图 5-24 和

图 5-25 所示。由图 5-24 可见，蓝色的曲面占大部分，橙色、灰色、橙黄色的曲面占小部分，这也正是所提出方法检测到安全事件发生的时间，下面分别对两个异常案例进行详细分析。

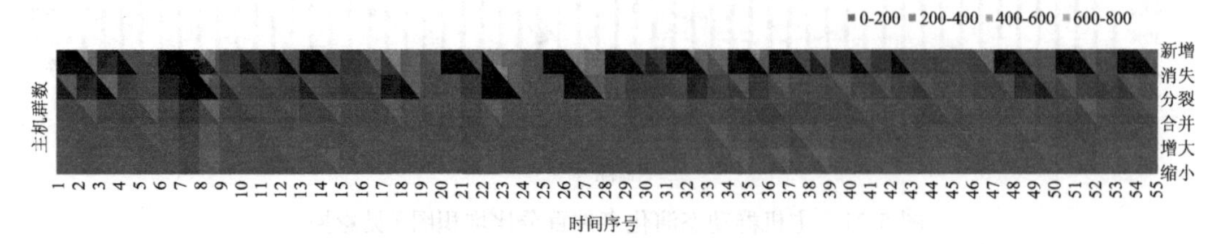

图 5-24　结构演化事件主机群数曲面图（见彩插）

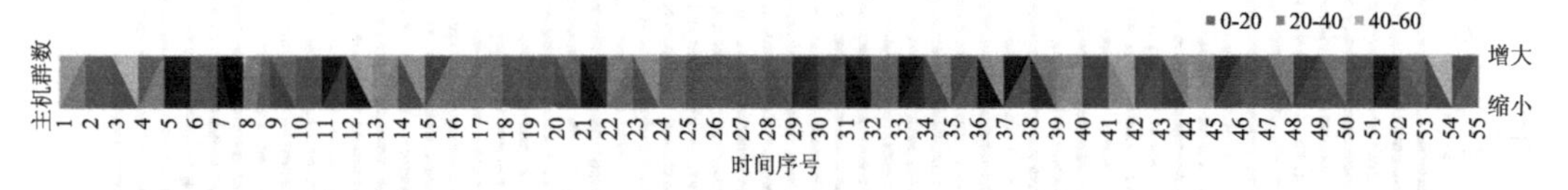

图 5-25　规模演化事件主机群数曲面图（见彩插）

如图 5-26 和图 5-27 所示，动态图演化事件的主机群数和群成员数的曲面图是相同的时间轴，但是非蓝色的曲面并不是集中在相同的时间轴，也恰恰说明安全事件发生时，根据涉及的主机规模以及对结构影响范围不同，差异性显现也不同。

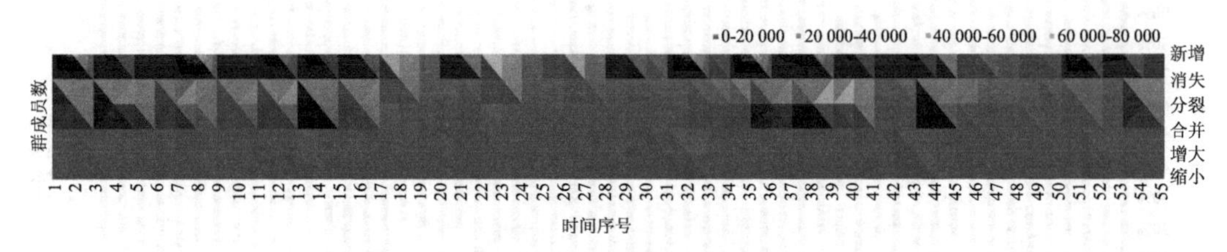

图 5-26　结构演化事件群成员数曲面图（见彩插）

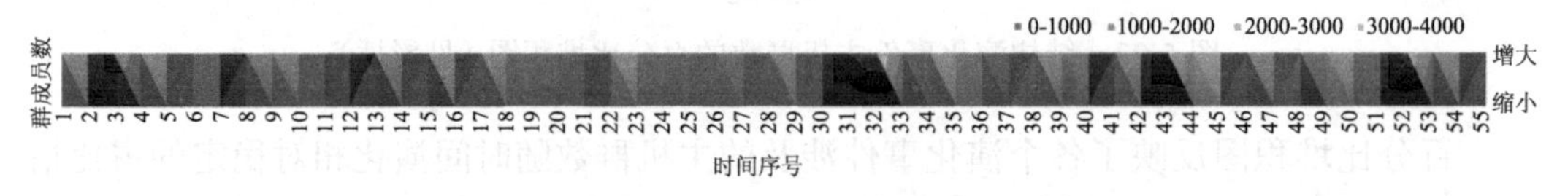

图 5-27　规模演化事件群成员数曲面图（见彩插）

下面对两个网络攻击案例进行了动态图演化事件的定量分析，研究了图演化事件导致的主机群的变化情况。统计每日采集的网络流数，抽取了 127 个工作日和 49 天的周末的数据进行分析，发现日常主机数去重后日均达到 10^5，网络流数日均达到 10^7，数据描述如表 5-4 所示。

表 5-4　主机群的数据描述

时间类型	天数	最小值	最大值	均值	中位数
工作日	127	9 684 688	56 085 114	23 719 021	17 312 423
周末	49	85 800 689	52 518 239	21 557 120	14 481 719

利用主机群动态演化，根据定义抽象为异常演化事件，当网络环境中的通信模式变化后，能够给安全管理员安全告警，以便及时地进一步检查主机群变化的原因。

1. 实例 1：主机群多对一攻击

根据前面介绍的主机群定义、步骤和异常检测算法，利用算法对当日产生的网络流量数据进行分析，数据中出现的主机群行为 DDoS 攻击事件，检测到异常主机群，从而检测到攻击源和攻击目标。当日去重复后的总节点数量级达到 10^5，连接数量级达到 10^7。当日网络流量时序统计数据显示，在网络异常发生时，流量中出现大量新增 IP 地址，同时每分钟的 IP 地址规模达到 100 万左右（正常 5000～20 000）；IP 地址规模大导致难以快速检测和发现涉及此次攻击行为的相关攻击源 IP 地址和攻击目标 IP 地址。人工汇总统计分析发现攻击是通过构造的 UDP 攻击数据包实施了具有目标的 DDoS 攻击，流量图的结构发生了变化，异常聚合体就是此次攻击的攻击源和攻击目标演化成的异常主机群，如图 5-28 所示。

通过流量图和人工分析相结合的方法，发现此次攻击的特点是只有一个攻击目标。网络中发生了构造大量 UDP 数据包针对目的主机 IP 地址的 DDoS 攻击，攻击源和攻击目标形成了主机群行为呈现出多对一（N:1）主机群攻击模式。

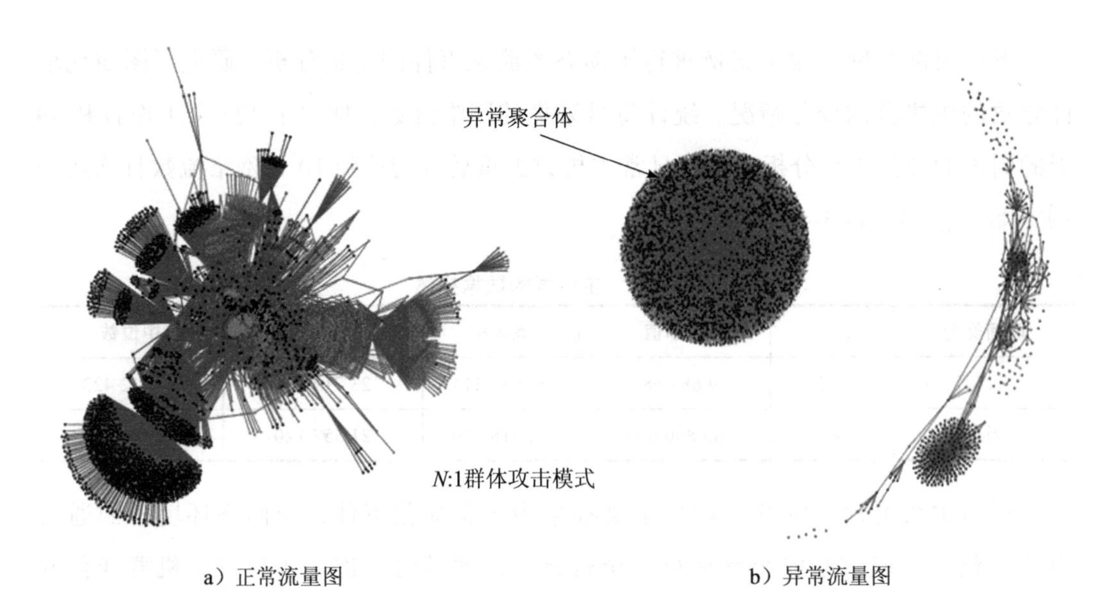

a）正常流量图　　　　b）异常流量图

图 5-28　案例 N:1 的异常主机群流量图

分析数据发现以 *.*.*.142 为攻击目标的新增主机群，主机群成员包括 997 个不同的主机 IP 地址。同时发现当主机群演化事件发生时，关联的主机成员数和主机群数都会受到影响，在攻击前，主机群的规模和结构持续的主机群个数均为 7；在攻击发生时，延续的主机群个数降到 0。当主机群出现异常聚合体后，主机群个数同时急剧减少，从每日近百个主机群减少到几十个主机群。还发现在正常网络演化过程中，主机群的最大主机数为 397，在攻击发生时主机群的最大主机数是 997。针对主机群的主机数的统计属性发现，四分位数、均值、方差和最大值都远远高于正常值，判定这个主机群是攻击聚合的异常主机群。网络环境中不期望的安全事件会触发流量图的改变，从而触发动态图演化事件。进一步通过人工比对主机群成员的 IP 地址和主机群标识主机，确认攻击源 IP 地址和攻击目标主机 IP 地址，符合人工分析的结果，此次多对一的攻击案例检测到的主机群演化事件如表 5-5 所示。

表 5-5　案例 N:1 主机群攻击模式的图演化异常事件统计描述

主机群演化事件	数据描述	
	主机群数	主机数
新增事件	11	1035

（续）

主机群演化事件	数据描述	
	主机群数	主机数
消失事件	70	1515
合并事件	3	19
分裂事件	2	32
缩小事件	12	4
增大事件	0	0

2. 实例 2：主机群多对多攻击

根据前面介绍的主机群定义、步骤和异常检测算法，利用算法对当日产生的网络流量数据进行分析，数据中出现的多对多主机群聚合 DDoS 攻击事件检测到异常主机群，从而发现攻击源和攻击目标，当日数据去重复后的总节点数量级是 10^5，连接数量级是 10^7。当日网络流量统计数据显示，在网络异常期间，上行流量迅速激增，持续达到 1.5～2.5Gbit/s，而正常情况下相同时段流量数据值仅为 250～500Mbit/s，变化较大，流量中突然涌现大量 IP 记录。在网络异常期间，总连接数远远高于正常情况下的连接数，倍数最高达 19 倍左右；其中绝大部分为异常连接，占比达 70%～98%。人工观测流量图的结构展示结果可知，网络异常期间出现了异常聚合体，如图 5-29 所示。

通过流量图和人工分析相结合的方法，发现本次异常案例与多对一的主机群异常案例的攻击模式不同，本次攻击由多个主机 IP 地址共同发起，针对多个攻击目标实施了攻击行为。攻击源和攻击目标的主机群行为表现出更紧密的交互行为，呈现出多对多（N:N）主机群攻击模式，如图 5-30 所示。

数据分析结果显示攻击源和攻击目标是多对多的关系，而且这些新增主机群并没有在历史图演化事件中出现过。进一步分析检测到的异常主机群，发现 16 个新增主机群的成员完全相同，这些主机的 IP 地址具有连续性，成员数量均为 903。当主机群演化事件发生时，关联的群成员数和主机群数都会受到影响，持续主机群个数降到 2。

其中，主机群数的统计特征也不符合期望，如攻击发生时主机群的最大群成员数是903，大于正常情况的群成员数量的3倍，以及主机群的主机数的统计值也是正常情况下的5～10倍，且主机群数减少到几十个，如表5-6所示。

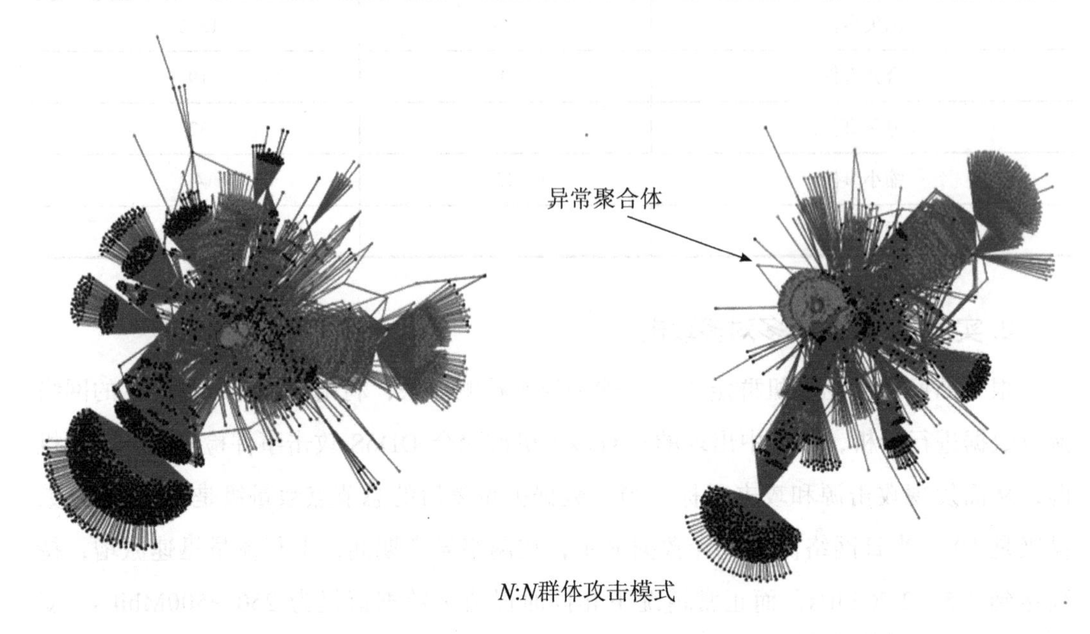

a）正常流量图　　b）异常流量图

图5-29　案例 N:N 的异常主机群流量图

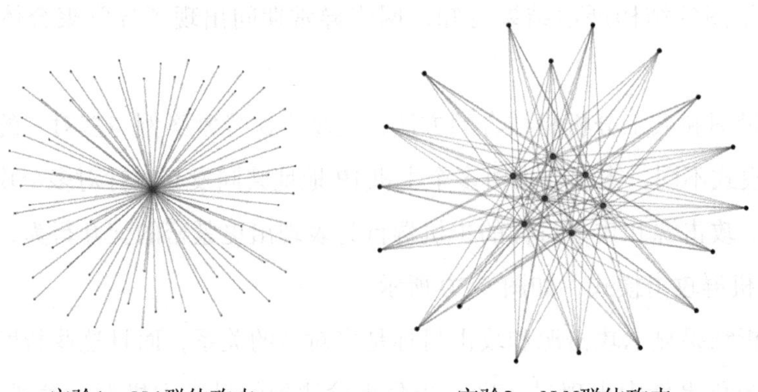

实验1：N:1群体攻击　　实验2：N:N群体攻击

图5-30　主机群行为模式的示意图

表 5-6　案例 N:N 主机群的异常事件统计描述

主机群演化事件	数据描述	
	主机群数	主机数
新增事件	55	15 762
消失事件	29	163
合并事件	7	756
分裂事件	4	40
缩小事件	5	13
增大事件	5	41

通过分析图演化事件的主机群，发现新增 55 个主机群，其中 40 个是此次攻击事件出现的异常主机群，余下的 15 个主机群在攻击前都出现过；消失主机群 29 个，比通常情况多，合并主机群中有 1 个，是攻击相关的异常主机群，由于成员主机中包括前一个时间窗口中多个标识主机 IP 地址，仔细查看主机群的成员其他 IP 地址发现都是连续的主机 IP 地址，其中大部分为伪造主机 IP 且并未使用。比对群成员的 IP 地址和主机群标识主机，确认攻击源 IP 地址和攻击目标主机 IP 地址。

综上所述，当网络环境发生主机群性、协同性和大规模性主机的交互行为时，将导致流量图模型变化，引发动态图演化事件，通过检测这些异常事件可以有效地检测和发现相关的主机 IP 地址。通过对上述两个异常案例的分析和研究发现，网络安全事件必然导致图模型的变化和主机群演化事件的发生，提出的方法可以及时、准确地检测相关主机群和成员主机。本研究将人工标注的群实例和成员主机实例作为基线数据，采用所提出方法进行检测，并对检测结果进行验证，上述两个异常案例的检测率如表 5-7 所示。

表 5-7　案例的实验结果

名称	案例一		案例二	
	主机群数	主机群成员数	主机群数	主机群成员数
实例数 / 个	1	997	41	15 623
检测率 /%	100.00%	95.09%	100.00%	93.97%

为了更好地理解和分析安全事件实施，根据上述安全事件发生的时间分析了前 10 天的数据集，采用所提出的方法发现具有主机群行为的扫描攻击行为，这与网络个体行为的异常案例的分析结果一致，攻击的实施需经过探测、入侵、潜伏和攻击等多个步骤，实验结果表明类似攻击事件前都存在大量探测行为，而这类事件通常不会影响网络的正常运行，从而未能引起安全管理员的注意。攻击者探测了大量的主机地址，与正常网络访问行为不同的是，被访问的 IP 地址属于几个不同网段地址，数据分析扫描通信模式有以下三类：持续时间长达 1 整天，每分钟扫描少量主机；持续时间为几个小时，每分钟扫描一定数量的主机；持续时间 1 分钟，快速扫描大量主机，一天分多次进行。

3. 异常主机群和群成员的检测对比试验

为了进一步验证算法的有效性，还对数据中的主机群异常行为进行数据标记，实现 Cai J 等人的研究提出的方法，并且对检测结果进行了比较，如图 5-31 所示。

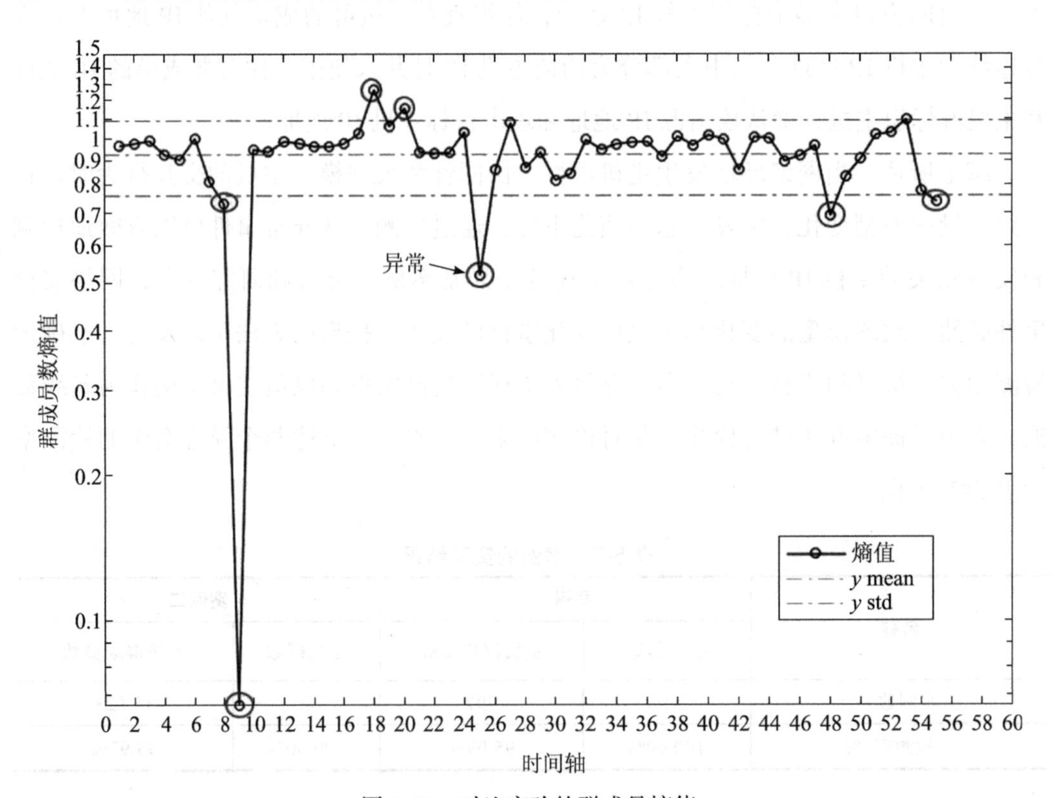

图 5-31　对比实验的群成员熵值

针对主机群的异常检测实验对比如图 5-31 所示，计算了其采用的第五个特征，实际数据 55 天主机群成员熵值的数据分布是蓝色曲线，异常判断标准指定标识的上下阈值绘制为红色线，实验数据显示群成员熵值的统计分布较为稳定。对比实验发现，在实际环境中可以有效检测到异常，但是实验中存在误报和精确率低的问题，其中只考虑到群数的变化和群成员的熵值变化情况，当安全事件影响到的演化事件关联群数趋于合理数据分布范围内时就会逃避检测，仅仅从宏观层面分析了数据，本研究还融合了历史演化规律以及群成员的统计值进行对比分析，因此，实验中提高了检测率，实验的异常检测结果如表 5-8 所示。

表 5-8 实验结果

准确率	精确率	召回率	漏报率	虚警率
54.55%	66.67%	64.86%	36.11%	35.14%

本研究对主机群行为演化事件的分析综合了多方面因素，对比 Cai J 等人主机群行为演化事件的实验结果，而非仅考虑群成员数的熵值，还包括是否考虑规模演化事件、演化事件涉及群的成员数、是否是正常的演化事件（非攻击等安全事件造成）等多个方面的演化规律，对比结果如表 5-9 所示。

表 5-9 关注内容的对比

演化事件研究点描述	Cai J 等人提出的方法	本方法
增大和减小的演化事件	无	有
演化事件主机群数	有	有
演化事件群成员宏观变化	有	有
演化事件群成员微观变化	无	有
演化事件历史信息	无	有

研究发现不同的安全事件会对图演化事件造成不同的影响，或是主机群所有主机同时消失，或是当网络环境中出现了群体性、协同性攻击，例如蠕虫病毒、网络扫描、DDoS 攻击等安全事件时，可能导致网络中原本的主机群消失。主机群合并事件测量可以用来检测分布式拒绝服务、集中式僵尸网络和大规模突发访问等主机群特性的攻击行为。在网络攻击过程中，使大量主机与某个或多个特定主机进行网络通信，

导致很多主机群的合并事件发生。由于协同化的攻击技术具有隐蔽性好、攻击效率高的特点，它被越来越多的攻击者所采用。实验结果表明构建的异常主机群检测模型应用于网络安全事件监测，能够有效揭露重要的图演化事件，准确检测异常发生的主机群。因此，发现与防御具有群体性和聚合性的攻击模式的主机群行为研究应该引起关注和重视。

5.6 异常案例分析 2

异常案例分析实验的主要目的是验证主机群异常检测相关算法的有效性、可行性和精确性，实验采用 CTU-13 数据集完成。实验数据集中包括正常、背景流量数据和 Botnet 流量数据，进而可以对比利用相同的异常检测算法检测不同特征集的结果。在异常案例分析的实验场景中，通过构建两个相邻时间的数据集分析主机群行为引发的图演化事件。实验的关键步骤如下。

步骤 1： 构建 t−1 时间窗口中的数据集。从数据集抽取标记为背景流量的记录，得到数据集 SD(t-1)。

步骤 2： 构建异常主机群行为通信的数据集。抽取公开数据集标记为 Botnet 网络通信的记录，获得异常主机群行为的数据集 SDbotnet。

步骤 3： 构建 t 时间窗口中的数据集。将标记为背景流量的数据集 SD(t-1) 与标记为 Botnet 的数据集 SDbotnet 合并到一起，获得 t 时间窗口中的数据集 SD(t)，则 t 时间窗口中的数据集为 SD(t)=SD(t−1) ∪ SDbotnet。

步骤 4： 使用主机群网络行为方法进行检测。将 t-1 时间窗口中的数据集和 t 时间窗口中的数据集作为相邻窗口的数据输入，输出异常主机群行为的主机 IP 地址。

本异常案例分析包括 3 个示例，使用了 3 个数据集进行实验，采用了公开发布的 Botnet 数据集，实验通过分离正常背景网络流量和注入 Botnet 通信后的数据集进行检测，利用网络流量的动态图演化事件进行定量分析，研究图演化事件导致的主机群的变化情况。在数据集中，每条记录都有标签。CTU-13 标签类别很多，其中有 Botnet 标签、Normal 标签和 Background 标签类别，背景流量中含有 Google、Web 服务器、TCP 和 UDP 连接尝试、DNS 通信、代理、MATLAB 服务器、Web 邮件等通信记录。实验将标签数据分为两类来采用，一个是背景流量记录，包括 Normal 标签和 Background 标签，一个是 Botnet 通信记录。

数据集文件的流数据包括下面所示的 15 个属性，文件格式如下所示。

StartTime,Dur,Proto,SrcAddr,Sport,Dir,DstAddr,Dport,State,sTos,dTos,TotPkts,TotBytes,SrcBytes,Labels

2011/08/16 10:02:08.511430,3514.822754,tcp,159.148.18.253,1080, <?>,147.32.84.229,13363,PA_PA,0,0,190,18211,11048,flow=Background

2011/08/16 10:02:08.512333,3599.898193,tcp,62.160.90.70,29263, <?>,147.32.84.229,13363,PA_PA,0,0,251,26929,17367,flow=Background

2011/08/16 10:02:08.521206,0.000576,udp,24.158.35.244,44996, <->,147.32.84.229,13363,CON,0,0,2,595,76,flow=Background-UDP-Established

2011/08/16 10:02:08.588564,3540.151367,tcp,193.179.171.108,22146, <?>,147.32.84.229,13363,PA_PA,0,0,199,20402,13764,flow=Background

2011/08/16 10:02:08.618777,3509.305664,tcp,147.32.84.229,13363, <?>,41.35.63.20,21328,PA_PA,0,0,201,22502,6237,flow=Background

2011/08/16 10:02:08.681106,0.000283,udp,147.32.84.59,60871, <->,147.32.80.9,53,CON,0,0,2,267,80,flow=To-Background-UDP-CVUT-DNS-Server

2011/08/16 10:02:08.681256,0.000300,udp,147.32.84.59,60550, <->,147.32.80.9,53,CON,0,0,2,246,80,flow=To-Background-UDP-CVUT-DNS-Server

2011/08/16 10:02:08.703460,0.167688,udp,147.32.84.165,1025, <->,147.32.80.9,53,CON,0,0,2,505,78,flow=From-Botnet-V47-UDP-DNS

2011/08/16 10:02:08.731219,0.000356,udp,147.32.86.20,65390, <->,147.32.80.9,53,CON,0,0,2,314,85,flow=To-Background-UDP-CVUT-DNS-Server

2011/08/16 10:02:08.731847,0.169486,tcp,147.32.86.20,4250, ->,87.98.230.229,80,FSPA FSPA,0,0,60,54961,1331,flow=Background-TCP-Established

2011/08/16 10:02:08.781759,1.109880,tcp,66.249.68.89,49812, ->,147.32.84.19,443,FSPA FSPA,0,0,20,5418,1889,flow=Background-TCP-Established

2011/08/16 10:02:08.798111,849.165527,udp,110.165.224.171,55257, <->,147.32.84.229,13363,CON,0,0,4,267,147,flow=Background-UDP-Established

2011/08/16 10:02:08.800257,0.000505,udp,41.250.187.249,20823, <->,147.32.84.229,13363,CON,0,0,2,134,74,flow=Background-UDP-Established

2011/08/16 10:02:08.809122,36.647980,udp,113.190.141.98,55401, <->,147.32.84.229,13363,CON,0,0,4,1114,156,flow=Background-UDP-Established

2011/08/16 10:02:08.811212,1852.185425,udp,89.209.103.238,14681, <->,147.32.84.229,

13363,CON,0,0,10,675,375,flow=Background-UDP-Established

2011/08/16 10:02:08.847564,0.003143,tcp,147.32.84.59,49462, <?>,194.79.52.197,80,FA_FA,0,0,4,240,120,flow=Background-Established-cmpgw-CVUT

2011/08/16 10:02:08.847605,18.929720,tcp,147.32.84.59,49444, ?>,194.79.52.199,80,FRA_,0,7,420,420,flow=Background-Attempt-cmpgw-CVUT

下面的三个实验采用了 Botnet 数据集进行异常检测，根据上述定义、步骤和算法进行实验，下面分别介绍三个数据集的实验过程和结果。本研究可以有效地检测出异常主机群行为，并准确输出主机群行为的主机 IP 地址。

1. 实例 1

实验采用 CTU-13 数据集 Dataset 3 网络流文件，根据前面介绍的定义、步骤和算法抽取特征集，该数据集是包括 Botnet 通信的文件。为了对数据集中的主机群行为有直观的理解，图 5-32 描绘了主机节点之间通信的流量图。其中如图 5-32a 所示，从数据集抽取了 Botnet 标签的流量图，共计 10 001 个通信主机；图 5-32b 中展示了没有 Botnet 标签的流量图，从数据集中随机选择了 10 000 条记录，共计 9760 个通信主机；图 5-32c 中不仅包括图 5-32a 和图 5-32b 中抽取的数据，其中绿色是 Botnet 通信，蓝色是正常通信，还从数据集中随机抽取了 10 000 条记录，展示了共计 29 655 条记录和 28 271 个通信主机的流量图。

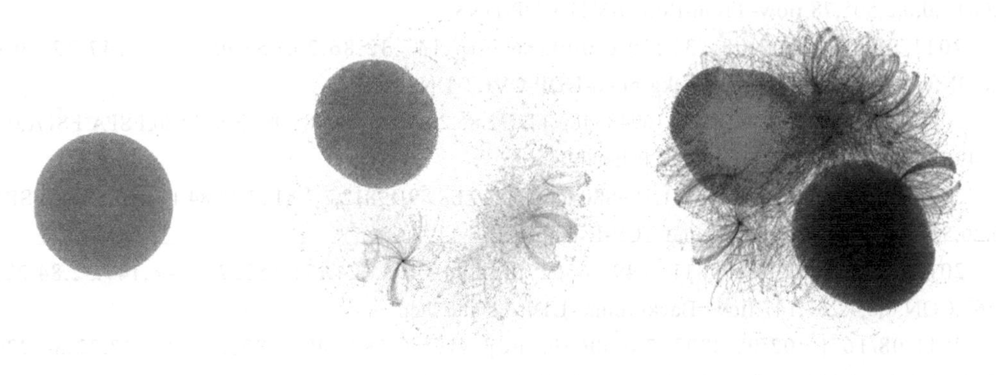

a）Botnet主机　　b）背景流量　　c）流量图

图 5-32　CTU-13 Dataset 3 流量图示意图（见彩插）

数据集 CTU-13 Dataset 3 的 .binetflow 数据文件大小为 639.6MB，其中标记为异常的网络流记录包括 26 727 个节点和 26 822 条边，还有背景流记录和正常流记录的节点数和边数共计 381 611 个和 557 798 个，数据集概要信息如表 5-10 所示，表中描述了特征值未标准化处理的统计值：均值、中位数、方差和最值。数据检测异常的实验结果如下：准确率为 99.729%，精确率为 95.815%，召回率为 99.959%，假正类率为 0.286%，真正类率为 99.959%，F 值为 97.843%。

表 5-10　数据集 CTU-13 Dataset 3 数据概要

序号	Var.name	均值	中位数	方差	最值
1	Dur	177.95	0.00	678.35	3600.00
2	Sport	39 718.93	46 270.00	19 876.17	65 535.00
3	Dport	7302.16	53.00	498 903.74	539 029 910.00
4	sTos	0.18	0.00	5.78	192.00
5	dTos	0.00	0.00	0.03	3.00
6	TotPkts	35.61	2.00	3986.63	3 841 063.00
7	TotBytes	26 178.64	244.00	3 411 990.11	3 529 903 713.00
8	SrcBytes	6983.99	81.00	2 239 476.61	3 423 408 165.00

2. 实例 2

实验采用 CTU-13 数据集 Dataset 4 网络流文件，根据前面介绍的定义、步骤和算法抽取特征集，这个数据集是包括 Botnet 通信的文件。为了对数据集中的主机群行为有直观的理解，图 5-33 描绘了主机节点之间通信的流量图。其中如图 5-33a 所示，从数据集中抽取了 Botnet 标签的流量图，共计 594 个通信主机；图 5-33b 中展示了没有 Botnet 标签的流量图，从数据集中随机选择了 10 000 条记录，共计 9976 个通信主机；图 5-33c 中不仅包括图 5-33a 和图 5-33b 抽取的数据，其中绿色是 Botnet 通信，蓝色是正常通信，还从数据集中随机抽取了 10 000 条记录，展示了共计 20 166 条记录和 19 600 个通信主机的流量图。

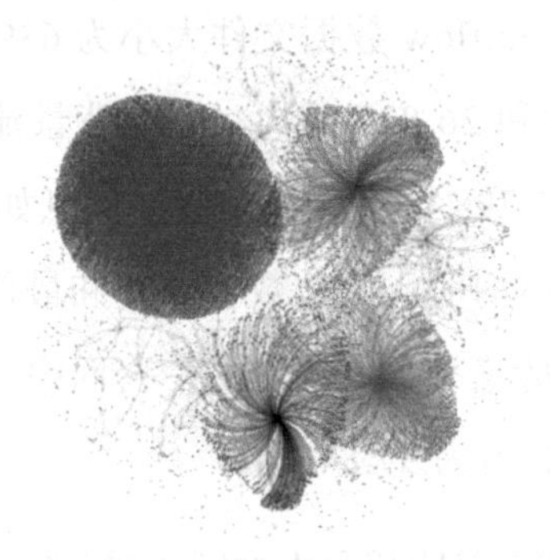

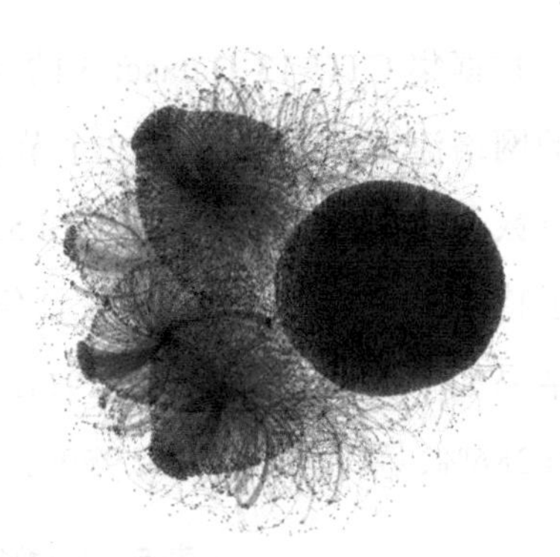

a）Botnet主机　　b）背景流量　　c）流量图

图 5-33　CTU-13 Dataset 4 流量图示意图

数据集 CTU-13 Dataset 4 的 .binetflow 数据文件大小为 153.8MB，其中标记为异常的网络流记录包括 595 个节点和 2580 条边，还有背景流记录和正常流记录的节点数和边数共计 185 059 个和 235 240 个，数据集概要信息如表 5-11 所示，表中描述了特征值未标准化处理的统计值：均值、中位数、方差和最值。数据检测异常的实验结果如下：准确率为 99.989%，精确率为 98.316%，召回率为 99.557%，假正类率为 0.005%，真正类率为 98.151%，F 值为 98.233%。

表 5-11　数据集 CTU-13 Dataset 4 数据概要

序号	Var.name	均值	中位数	方差	最值
1	Dur	231.39	0	743.45	3657.06
2	Sport	38 848.95	45 538	19 876.97	65 535
3	Dport	8975.95	80	1 020 034.85	539 018 874
4	sTos	0.05	0	2.96	192
5	dTos	0	0	0.04	3
6	TotPkts	55.25	2	4977.94	3 966 169
7	TotBytes	49 721.59	275	5 210 306.85	4 013 270 843
8	SrcBytes	4946.74	85	954 212.18	904 214 772

3. 实例 3

实验采用 CTU-13 数据集 Dataset 6 网络流文件，根据前面介绍的定义、步骤和算法抽取特征集，这个数据集是包括 Botnet 通信的文件。为了对数据集中的主机群行为有直观的理解，图 5-34 描绘了主机节点之间通信的流量图。其中如图 5-34a 所示，从数据集抽取了 Botnet 标签的流量图，共计 1580 个通信主机；图 5-34b 中展示了没有 Botnet 标签的流量图，从数据集中随机选择了 10 000 条记录，共计 9891 个通信主机；图 5-34c 中不仅包括图 5-34a 和图 5-34b 抽取的数据，其中绿色是 Botnet 通信，蓝色是正常通信，还从数据集中随机抽取了 10 000 条记录，展示了共计 20 669 条记录和 19 946 个通信主机的流量图。

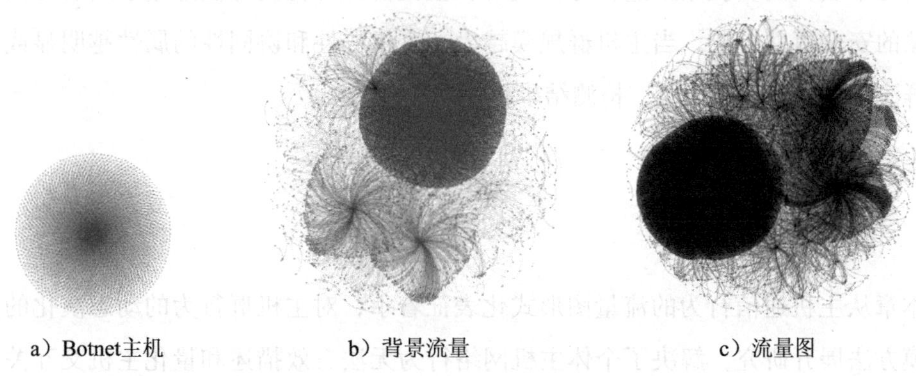

a）Botnet主机　　b）背景流量　　c）流量图

图 5-34　CTU-13 Dataset 6 流量图示意图

数据集 CTU-13 Dataset 6 的 .binetflow 数据文件大小为 76.8MB，其中标记为异常的网络流记录包括 1581 个节点和 4630 条边，还有背景流记录和正常流记录的节点数和边数共计 104 172 个和 126 192 个，数据集概要信息如表 5-12 所示，表中描述了特征值未标准化处理的统计值：均值、中位数、方差和最值。数据检测异常的实验结果如下：准确率为 99.993%，精确率为 99.937%，召回率为 99.557%，假正类率为 0.001%，真正类率为 99.557%，F 值为 99.747%。

表 5-12　数据集 CTU-13 Dataset 6 数据概要

序号	Var.name	均值	中位数	方差	最值
1	Dur	244.26	0.00	762.29	3600.00
2	Sport	39 721.33	45 812.50	19 178.70	65 535.00
3	Dport	13 486.21	80.00	1 910 372.94	539 022 512.00

（续）

序号	Var.name	均值	中位数	方差	最值
4	sTos	0.05	0.00	2.98	192.00
5	dTos	0.00	0.00	0.04	3.00
6	TotPkts	69.36	2.00	3294.88	605 860.00
7	TotBytes	55 799.19	279.00	3 233 689.63	608 224 604.00
8	SrcBytes	15 641.92	83.00	553 611.52	251 771 542.00

对三个实例的实验结果进行分析发现，主机群异常检测方法适用于具有协同、群体现象的安全事件检测，当主机群规模越大、主机群性和协同性的属性越明显或者对主机群演化事件影响越大时，检测结果越好。

5.7　本章小结

本章从主机通信行为的流量图形式化表征着手，对主机群行为的动态演化的分析和建模方法展开研究，解决了个体主机网络行为无法有效描述和量化主机交互关系的问题，深入分析了网络行为潜在的社会化关系及其聚集成群的主机群的动态属性，关注安全事件对图模型造成的影响，适用于描述和检测网络节点通信行为呈现协同性、主机群性和聚合性的攻击检测和内部监控等场景。

将主机之间的网络流形式化为图模型，从而利用图聚类算法 Fast Unfolding 识别图中汇聚成群的主机群；通过计算节点度，选择每个主机群里度最大的主机为群标识，实现相邻时间窗口图的主机群映射；定义了图动态演化事件及检测算法，实现异常主机群检测。研究采用 Spark SQL 和 Spark GraphX 实现了所提出的算法，直观地展示了服务聚合的主机群行为属性，及其规模和结构随时间的动态演化，还分析和研究了两个真实的主机群攻击的场景，根据人工分析结果比对，可以准确检测异常主机群。实验结果表明，研究的模型能够有效揭露重要的图演化事件，准确检测异常发生的主机群及其群成员。

第6章

总结和展望

6.1 总结

本书总结了网络行为的相关研究背景和最新进展，针对整体网络行为、网络个体行为、主机群行为的异常检测研究现状进行了系统的对比和总结，分析了网络行为特征和异常检测方法在检测率、运行效率、全面性和新型异常行为的识别能力等方面的不足。以网络流量作为切入点，基于网络上所运载数据包呈现的网络行为属性，定义了网络行为特征集、异常检测模型及其并行化算法。实验表明构建的数学模型和并行算法能够发现恶意行为、沦陷主机和攻击等异常网络行为。总的来说，本书研究工作主要解决的问题和成果如下所述。

第一，面向整体网络行为的研究：针对 IP 地址之间的全部网络活动体现的网络行为开展研究工作，从宏观的角度研究网络行为，定义了整体网络行为的异常检测方法。

在传统研究中，网络流量负载属性的特征因具有较好的检测率而被研究者广泛采用，然而网络异常的影响往往是多方面的，尤其值得注意的是通信模式异常不会影响网络正常运行。研究发现，异常发生时各个特征值都或多或少地呈现相关性，各个特征值对异常检测的贡献能力存在较大差异。通常某些网络异常行为聚集在流量负载强度的特征值上，另一些网络异常则呈现在通信模式的特征值上，而且类型相同的特征值通常呈现较强的相关性。因此，本研究通过流量图建模，研究整体网络行为的通信模式特征抽取方法。

在时序异常检测的研究中，基于时间序列的异常检测方法因算法时间和空间复杂度较高，对各个维度上特征值的稳定性存在较高的要求。因此，为了提高时序应用场景多维行为特征异常检测的性能并降低数据自身要求，本研究定义了历史时间取点法，利用不同时刻的多维特征值序列构成的检测向量之间的绝对变化、相对变化和趋势变化来优化检测效率。在真实流量数据上，从检测能力和运行效率两方面进行了实验，验证了所提方法比传统行为特征的检测方法检测效果更好、运行效率更高。

第二，面向网络个体行为的研究：将网络行为汇聚到主机，从而开展网络个体行为的研究工作，从微观的角度纵深研究网络个体行为，定义了网络个体行为异常检测方法。

基于网络行为的异常检测方法比基于规则库的检测方法更具发现未知异常和新型攻击的优势，但通常只能在异常发生时发出告警，无法为安全管理员提供更加详细的异常信息，不能迅速采取有效的安全管控措施抑制该异常带来的影响。宏观的整体网络行为是微观的全体网络行为主体网络活动的集中体现，但不是简单的叠加，对网络个体行为进行细粒度的分析为网络行为研究提供更全面的分析视图。在现有研究中，检测方法采用一种或者多种数据源分析网络个体行为规律，但要部署代理软件采集数据，具有平台依赖性。

因此，本研究鉴于网络个体行为同一时刻不同特征之间的关系以及特征之间关系的不同时刻的取值都存在相关性，采用了 Graphlet 方法对特征之间关系进行量化，融合图节点属性、Graphlet 属性构建网络个体行为特征集，将正常情况下的特征向量视为网络个体行为轮廓基线。研究发现，网络个体行为特征在正常情况下不同时间窗口中的特征向量之间、不同天同一时刻相同特征向量之间存在的相似性，在异常发生时特征向量都或多或少地呈现差异性。进而利用特征向量时间上的相似性、网络个体行为之间的相似性和沦陷可疑度来实现异常检测。实验结果显示本研究可以识别未引起关注的行为异常，算法在时间和空间复杂度上虽然比传统 TOP 方法高，通过优化

Spark 作业参数能够达到满意的运行效率。

第三，面向主机群行为的研究：通过识别网络行为中汇聚成簇的主机群，研究了主机群行为的动态演化过程，提出了一种主机群行为异常检测方法。

针对异常流量检测过程中发现的聚合性、协同性和大规模性的主机群网络交互行为，本研究采用 Fast Unfolding 算法发现网络行为中聚集成群的主机群，基于标识主机的动态图演化事件作为主机群行为规模或结构变化的量化方法。根据主机群行为动态演化属性和演化事件的时序属性的实验分析结果，定义了基于历史演化事件、群成员相似性、群数和群成员数等属性，进一步识别以攻击行为聚合的主机群。实验结果表明，所提出的方法能够有效揭露重要的图演化事件，准确检测异常发生的主机群及其群成员。

综上所述，本书研究工作针对网络行为的网络流量异常检测中存在的检测率、运行效率、全面性和新型异常行为的识别能力等方面存在的问题，围绕行为特征构建和异常检测及其优化问题展开研究。

6.2　展望

本书研究工作针对整体网络行为、网络个体行为和主机群行为的网络流量异常检测方法进行了一系列深入研究。还有很多值得探索的研究内容有待挖掘，需要在今后的研究工作中完成。未来还可以从以下几个方面继续展开研究工作。

1）多数据源的网络行为。目前研究仅采用了网络流量数据，而在实际网络环境中，还有多种可用数据源，准确采集和有效关联不同来源的数据能够获取更多网络行为信息，从多个角度重现整个网络行为轨迹，有利于进一步分析和解释网络异常的原因、过程和危害。

2）图分析技术应用于网络安全领域的研究。目前的研究工作大部分都是针对静态图问题的，动态图分析是图分析技术中的重要技术，将动态图的理论和思想融入网络异常检测算法中，研究更多基于动态网络行为属性的异常检测方法，无论是对图分析技术的理论贡献还是推广图分析技术的应用范围都有很高的研究价值。

3）算法和Spark程序优化问题。在大数据环境下，设计和优化高效的并行化算法尤为重要。实际应用数据处理量不断增加，未来算法的完善和扩展以及Spark程序的性能优化工作就尤为重要。

4）检测异常和发现异常后的防御工作的联动机制。目前，网络行为的异常流量检测工作主要关注网络异常探查，而有效的异常处理措施对降低异常造成的危害同样重要。因此，通过将安全防御设备和软件定义网络相结合的方式实施自动化安全防御处理成为下一步研究的重点。

综上所述，本书对研究提出的关键科学问题，利用有效的方法进行了系统和科学的研究，取得了与研究预期相符的成果，并通过实验验证了成果的有效性与科学性。在研究过程中笔者有多篇论文发表于*SCI*、*EI*以及*CSCD*等核心期刊。本书仅仅代表现阶段的认识，随着技术进步和研究的深入，我们的认识也将逐步深化。同时，研究中还存在需要改进和深入探索的问题，我们将在未来的研究工作中不断完善、持续改进，以期获得更好的研究成果。

参考文献

[1] ABRAHAM A，GROSAN C，MARTIN-VIDE C. Evolutionary design of intrusion detection programs[J]. Network Security，2007，4（3）：328-339.

[2] AHMED M，NASER MAHMOOD A，HU J. A survey of network anomaly detection techniques[J]. Journal of Network and Computer Applications，2016，60：19-31.

[3] AHMED M E，ULLAH S，et al. Statistical application fingerprinting for DDoS attack mitigation. IEEE Transactions on Information Forensics and Security[J]，2019，14（6）：1471-1484.

[4] AKOGLU L，TONG H，KOUTRA D. Graph based anomaly detection and description：a survey[J]. Data Mining and Knowledge Discovery，2015，29（3）：626-688.

[5] ALAUTHMAN M，ASLAM N，AL-KASASSBEH M，et al. An efficient reinforcement learning-based Botnet detection approach[J]. Journal of Network and Computer Applications，2020，150：102479. 1-102479.16.

[6] ANDRYSIAK T，SAGANOWSKI Ł，CHORAŚ M，et al. Network traffic prediction and anomaly detection based on ARFIMA model[J]. Advances in Intelligent Systems and Computing，2014，299：545-554.

[7] ARA L，LUO X. A data-driven network intrusion detection model based on host clustering and integrated learning：a case study on botnet detection[C]. Security，Privacy，and Anonymity in Computation，Communication，and Storage，2019：102-116.

[8] ARSHAD S，ABBASPOUR M，KHARRAZI M，et al. An anomaly-based botnet detection approach for identifying stealthy botnets[C]. Computer Applications and Industrial Electronics（ICCAIE），2011 IEEE International Conference on. IEEE，2011：564-569.

[9] ASUR S，PARTHASARATHY S，UCAR D. An event-based framework for characterizing the evolutionary behavior of interaction graphs[J]. ACM Transactions on Knowledge Discovery from Data，2009，3（4）：16.

[10] BAI Q，XIONG G，ZHAO Y. Find behaviors of network evasion and protocol obfuscation using traffic measurement[J]. Communications in Computer and Information Science，2015，520：342-349.

[11] BARABÂSI A L，JEONG H，NÉDA Z，et al. Evolution of the social network of scientific collaborations[J]. Physica A：Statistical mechanics and its applications，2002，311（3）：590-614.

[12] BERGMANN P，BATZNER K，FAUSER M，et al. The MVTec anomaly detection dataset：a comprehensive real-world dataset for unsupervised anomaly detection[J]. International Journal of Computer Vision，2021，129（4）：1038-1059.

[13] BHANGE A，UTAREJA S. Anomaly detection and prevention in network traffic based on statistical approach and α-stable model[J]. International Journal of Advanced Research in Computer Engineering & Technology，2012，1（4）.

[14] BHUYAN M H，BHATTACHARYYA D K，KALITA J K. Network anomaly detection：methods，systems and tools[J]. IEEE Communications Surveys and Tutorials，2014，16（1）：303-336.

[15] BHUYAN M H，BHATTACHARYYA D K，KALITA J K. Network anomaly detection：methods，systems and tools[J]. IEEE Communications Surveys and Tutorials，2014，16（1）：303-336.

[16] BOCCHI E，GRIMAUDO L，MELLIA M，et al. MAGMA network behavior classifier for malware traffic[J]. Computer Networks，2016，109P2（9）：142-156.

[17] BREWER R. Advanced persistent threats：minimising the damage[J]. Network Security，2014（4）：5-9.

[18] BUNKE H，SHEARER K. A graph distance metric based on the maximal common subgraph[J]. Pattern Recognition Letters，1998，19（3）：255-259.

[19] ATEŞ Ç，ÖZDEL S，ANARIM E. Clustering based DDoS attack detection using the relationship between packet headers[C]. Innovations in Intelligent Systems and Applications Conference，2019：473-478.

[20] PIZZUTI C. Evolutionary computation for community detection in networks：a review[J]. IEEE Transactions on Evolutionary Computation，2018，22（3）：464-483.

[21] CAO V L，NICOLAU M，MCDERMOTT J. Learning neural representations for network anomaly detection[J]. IEEE Transactions on Cybernetics，2019，49（8）：3074-3087.

[22] CASAS P，VATON S，FILLATRE L，et al. Optimal volume anomaly detection and isolation in large-scale IP networks using coarse-grained measurements[J]. Computer Networks，2010，54（11）：1750-1766.

[23] CASTEIGTS A，FLOCCHINI P，QUATTROCIOCCHI W，et al. Time-varying graphs and dynamic networks[J]. International Journal of Parallel，Emergent and Distributed Systems，2012，27（5）：387-408.

[24] CHAKRABARTI D，KUMAR R，TOMKINS A. Evolutionary clustering[C]. Proceedings of the 12th ACM SIGKDD International Conference on Knowledge

Discovery and Data Mining. ACM，2006：554-560.

[25] CHAKRABORTY D，NARAYANAN V，et al. Integration of deep feature extraction and ensemble learning for outlier detection[J]. Pattern Recognition，2020，89：161-171.

[26] CHEN M，SONG M，ZHANG M，et al. Cascading failure in multilayer network with asymmetric dependence group[J]. International Journal of Modern Physics，C. Physics and Computers. 2019，30（9）：1950043.

[27] CHEN Z，HENDRIX W，SAMATOVA N F. Community-based anomaly detection in evolutionary networks[J]. Journal of Intelligent Information Systems，2012，39（1）：59-85.

[28] COLLINS M. A protocol graph-based anomaly detection system[M]. ProQuest，2008.

[29] COOPER A. Three models of computer software[J]. Technical Communication，1996，43（3）：229-236.

[30] CRUCITTI P，LATORA V，MARCHIORI M. Model for cascading failures in complex networks[J]. Physical Review E，2004，69（4 Pt.2）：5104-1-5104-4-0.

[31] ZHUANG D，CHANG J M. Enhanced peer hunter：detecting peer-to-peer Botnets through network-flow level community behavior analysis[J]，IEEE Transactions on Information Forensics and Security，2019，14（6）：1485-1500.

[32] DE DOMENICO M，GRANELL C，PORTER M A，et al. The physics of spreading processes in multilayer networks[J]. Nature Physics，2016，12（10）：901-906.

[33] DEAN J，GHEMAWAT S. MapReduce：simplified data processing on large clusters[J]. Communications of the ACM，2008，51（1）：107-113.

[34] DING Q，KATENKA N，BARFORD P，et al. Intrusion as（anti）social communication：characterization and detection[C]. Proceedings of the 18th ACM SIGKDD International Conference on Knowledge Discovery and Data Mining.

ACM，2015：886-894.

[35] DOROGOVTSEV S N，GOLTSEV A V，MENDES J F F. Critical phenomena in complex networks[J]. Reviews of Modern Physics，2008，80（4）：1275.

[36] EBERLE W，GRAVES J，HOLDER L. Insider threat detection using a graph-based approach[J]. Journal of Applied Security Research，2010，6（1）：32-81.

[37] ESTEVEZ-TAPIADOR J M，GARCIA-TEODORO P，DIAZ-VERDEJO J E. Anomaly detection methods in wired networks：a survey and taxonomy[J]. Computer Communications，2004，27（16）：1569-1584.

[38] PACHECO F，EXPOSITO E，GINESTE M，et al. Towards the deployment of machine learning solutions in network traffic classification：a systematic survey[J]. IEEE Communications Surveys and Tutorials，2019，21（2）：1988-2014.

[39] FAWCETT T. ExFILD：A tool for the detection of data exfiltration using entropy and encryption characteristics of network traffic[D]. Newark：University of Delaware，2010.

[40] FERNANDES G，RODRIGUES J J P C，CARVALHO L F，et al. A comprehensive survey on network anomaly detection[J]. Telecommunication Systems，2019，70（3）：447-489.

[41] FINKE T，KRÄMER M，MORANDINI A，et al. Autoencoders for unsupervised anomaly detection in high energy physics[J]. Journal of High Energy Physics，2021（6）：1-32.

[42] FRANÇOIS J，WANG S，ENGEL T. BotTrack：tracking botnets using NetFlow and PageRank[C]. NETWORKING 2011，Springer Berlin Heidelberg，2014：1-14.

[43] GEER D. Behavior-based network security goes mainstream[J]. Computer，2006，39（3）：14-17.

[44] GIRVAN M，NEWMAN M E J. Community structure in social and biological networks[J]. Proceedings of the national academy of sciences，2002，99（12）：7821-7826.

[45] GLATZ E. Visualizing host traffic through graphs[C]. Proceedings of the seventh international symposium on visualization for cyber security. ACM，2017：58-63.

[46] GRANELL C，DARST R K，ARENAS A，et al. Benchmark model to assess community structure in evolving networks[J]. Physical Review E，2015，92（1）：012805.

[47] GUERON M，ILIA R，MARGULIS G. Pregel：a system for large-scale graph processing. [J]. 2010，18（18）：135-146.

[48] CAI H，MENG N，RYDER B，et al. DroidCat：effective android malware detection and categorization via App-Level profiling[J]，IEEE Transactions on Information Forensics and Security，2019，14（6）：1455-1470.

[49] HARARY F，GUPTA G. Dynamic graph models[J]. Mathematical and Computer Modelling，1997，25（7）：79-87.

[50] HE W，HU G，ZHOU Y. Large-scale IP network behavior anomaly detection and identification using substructure-based approach and multivariate time series mining[J]. Telecommunication Systems，2012，50（1）：1-13.

[51] HERNANDEZ-CAMPOS F，SMITH D，JEFFAY K，et al. Statistical clustering of internet communication patterns[J]. Proceedings of Symposium on the Interface of Computing Science & Statistics，2003.

[52] HIMEUR Y，GHANEM K，ALSALEMI A，et al. Artificial intelligence based anomaly detection of energy consumption in buildings：a review，current trends and new perspectives[J]. Applied Energy，2021，287（Apr.1）：116601. 1-116601.26.

[53] HIMURA Y，FUKUDA K，CHO K，et al. Synoptic graphlet：Bridging the gap between supervised and unsupervised profiling of host-level network traffic[J]. IEEE/ACM Transactions on Networking（TON），2013，21（4）：1284-1297.

[54] HUANG H，YANG L，WANG Y，et al. Digital twin-driven online anomaly detection for an automation system based on edge intelligence[J]. Journal of Manufacturing Systems，2021，59：138-150.

[55] ILIOFOTOU M，FALOUTSOS M，MITZENMACHER M. Exploiting dynamicity in graph-based traffic analysis：techniques and applications[C]. Proceedings of the 5th International Conference on Emerging Networking Experiments and Technologies. ACM，2009：241-252.

[56] ILIOFOTOU M，PAPPU P，FALOUTSOS M，et al. Network traffic analysis using traffic dispersion graphs（TDGs）：techniques and hardware implementation[J]. 2007.

[57] JAKALAN A，GONG J，SU Q，et al. Community Detection in large-scale IP networks by Observing Traffic at Network Boundary[J]. 2015，2219（1）：59-64.

[58] JAKALAN A，GONG J，SU Q，et al. Social relationship discovery of IP addresses in the managed IP networks by observing traffic at network boundary[J]. Computer Networks，2016，100：12-27.

[59] JIN Y，SHARAFUDDIN E，ZHANG Z L. Unveiling core network-wide communication patterns through application traffic activity graph decomposition[J]. ACM SIGMETRICS Performance Evaluation Review，2009，37（1）：49-60.

[60] JIN Y，SHARAFUDDIN E，ZHANG Z L. Unveiling core network-wide communication patterns through application traffic activity graph decomposition[C]. Eleventh International Joint Conference on Measurement and Modeling of Computer Systems. ACM，2009：49-60.

[61] KADKHODA MOHAMMADMOSAFERI K，NADERI H. Evolution of communities in dynamic social networks：an efficient map-based approach[J]. Expert Systems with Applications，2020，147（6）：113221.1-113221.19.

[62] KAI H，ZHENGWEI Q，BO L. Network anomaly detection based on statistical approach and time series analysis[C]. Advanced Information Networking and Applications Workshops，2009. WAINA'09. International Conference on. IEEE，2009：205-211.

[63] KARAGIANNIS T，PAPAGIANNAKI K，FALOUTSOS M. BLINC：multilevel

traffic classification in the dark[C].ACM SIGCOMM Computer Communication Review. ACM，2005，35（4）：229-240.

[64] KARAGIANNIS T，PAPAGIANNAKI K，TAFT N，et al. Profiling the end host[C]. International Conference on Passive and Active Network Measurement. Springer Berlin Heidelberg，2007：186-196.

[65] KEOGH E，CHAKRABARTI K，PAZZANI M，et al. Dimensionality reduction for fast similarity search in large time series databases[J]. Knowledge and Information Systems，2001，3（3）：263-286.

[66] KHURANA U，PARTHASARATHY S，TURAGA D. Graph-based exploration of non-graph datasets[J]. Proceedings of the VLDB Endowment，2016，9（13）：1557-1560.

[67] KRÓL D，FAY D，Gabrys B. Propagation phenomena in real world networks[M]. New York：Springer，2016.

[68] JIN L，WANG X J，ZHANG Y，et al. Cascading failure in multilayer networks with dynamica dependency groups[J]. Chinese Physics. B，2018，27（9）：737-744.

[69] LAKHINA A，CROVELLA M，DIOT C. Characterization of network-wide anomalies in traffic flows[C]. Proceedings of the 4th ACM SIGCOMM conference on Internet measurement. ACM，2004：201-206.

[70] LAKHINA A，CROVELLA M，DIOT C. Diagnosing network-wide traffic anomalies[C].ACM SIGCOMM Computer Communication Review. ACM，2004，34（4）：219-230.

[71] LEE D J，BROWNLEE N. A methodology for finding significant network hosts[C]. Local Computer Networks，2007. LCN 2007. 32nd IEEE Conference on. IEEE，2007：981-988.

[72] LELAND W E，TAQQU M S，WILLINGER W，et al. On the self-similar nature of Ethernet traffic（extended version）[J]. Networking，IEEE/ACM Transactions on，1994，2（1）：1-15.

[73] LIN P，YE K，XU C Z. Dynamic network anomaly detection system by using deep learning techniques[C]. International Conference on Cloud Computing. Springer，Cham，2019：161-176.

[74] LIU L，DE VEL O，HAN Q L，et al. Detecting and preventing cyber insider threats：a survey[J]. IEEE Communications Surveys & Tutorials，2018，20（2）：1397-1417.

[75] MANASRAH A M，DOMI W B，SUPPIAH N N. Botnet detection based on DNS traffic similarity[J]. International Journal of Advanced Intelligence Paradigms，2020，15（4）：357.

[76] MANSMANN F，FISCHER F，KEIM D A，et al. Visual support for analyzing network traffic and intrusion detection events using TreeMap and graph representations[C]. Proceedings of the Symposium on Computer Human Interaction for the Management of Information Technology. ACM，2009：3.

[77] MONGKOLLUKSAMEE S，VISOOTTIVISETH V，FUKUDA K. Combining communication patterns & traffic patterns to enhance mobile traffic identification performance[J]. Journal of Information Processing，2016，24（2）：247-254.

[78] NEWMAN M E J. Analysis of weighted networks[J]. Physical Review E，2004，70（5）：056131.

[79] NGUYEN M T，KIM K. Genetic convolutional neural network for intrusion detection systems[J]. Future Generation Computer Systems，2020，113：418-427.

[80] NGUYEN H，NGO Q，LE V. A novel graph-based approach for IoT botnet detection[J]. International Journal of Information Security，2020，19（5）：567-577.

[81] NI Z，LI Q，LIU G. Game-model-based network security risk control[J]. Computer，2018，51（4）：28-38.

[82] NOBLE J，ADAMS N. Real-time dynamic network anomaly detection[J]. IEEE Intelligent Systems，2018，33（2）：5-18.

[83] NYCHIS G，SEKAR V，ANDERSEN D G，et al. An empirical evaluation of entropy-based traffic anomaly detection[C]. Proceedings of the 8th ACM SIGCOMM conference on Internet measurement. ACM，2017：151-156.

[84] PALLA G，BARABÁSI A L，VICSEK T. Quantifying social group evolution[J]. Nature，2007，446（7136）：664-667.

[85] PAPADIMITRIOU P，DASDAN A，GARCIA-MOLINA H. Web graph similarity for anomaly detection[J]. Journal of Internet Services and Applications，2010，1（1）：19-30.

[86] PAUDEL R，HARLAN P，EBERLE W. Detecting the onset of a network layer dos attack with a graph-based approach[C]. The Thirty-Second International Flairs Conference，2019.

[87] PROMRIT N，MINGKHWAN A. Traffic flow classification and visualization for network forensic analysis[C]. Advanced Information Networking and Applications（AINA），2016 IEEE 29th International Conference on. IEEE，2016：358-364.

[88] QIAO S，HAN N，GAO Y. et al. A fast parallel community discovery model on complex networks through approximate optimization[J]. IEEE Transactions on Knowledge & Data Engineering，2018，30（9）：1638-1651.

[89] RAJ M H，RAHMAN A N M A，AKTER U H，et al. IoT Botnet detection using various one-class classifiers[J]. Vietnam Journal of Computer Science，2021，8（2）：291-310.

[90] ROSSETTI G，CAZABET R. Community discovery in dynamic networks：a survey[J]. ACM Computing Surveys，2018，51（2）：37-60.

[91] WEIGERT S，HILTUNEN M，FETZER C，Community-based analysis of netFlow for early detection of security incidents[C]. Proceedings of 25th USENIX Large Installation Systems Administration Conference，2011：241-252.

[92] SCHAFFRATH G，STILLER B. Conceptual integration of flow-based and packet-based network intrusion detection[C]. AIMS 2008，2008：190-194.

[93] SEO J, WON Y. A study of a common network behavior detection system using remote live forensics[C]. Advances in Computer Science and Ubiquitous Computing. Springer, Singapore, 2018: 291-296.

[94] SHEN Y, YANG W, HUANG L. Concealed in web surfing : behavior-based covert channels in HTTP[J]. Journal of Network and Computer Applications, 2018, 101: 83-95.

[95] SHON T, MOON J. A hybrid machine learning approach to network anomaly detection[J]. Information Sciences, 2007, 177 (18): 3799-3821.

[96] SINGH P, GURM J S. Detecting insider attacks sequences in cloud using freshness factors rules[J]. International Journal of Advances in Engineering and Technology, 2016, 9 (3): 278.

[97] SPEROTTO A, SADRE R, DE BOER P T, et al. Hidden Markov Model modeling of SSH brute-force attacks[C]. IFIP/IEEE International Workshop on Distributed Systems : Operations and Management (DSOM 2009), 2009 : 164-176.

[98] STEINHAEUSER K, CHAWLA N V, GANGULY A R. An exploration of climate data using complex networks[J]. ACM SIGKDD Explorations Newsletter, 2010, 12 (1): 25-32.

[99] STOLFO S J, HERSHKOP S, WANG K, et al. Behavior profiling of email[C]. 1st NSF/NIJ Symposium, ISI 2003, 2003: 74-90.

[100] SU M Y, YU G J, LIN C Y. A real-time network intrusion detection system for large-scale attacks based on an incremental mining approach[J]. Computers and Security, 2009, 28 (5): 301-309.

[101] KIM T, KANG B, RHO M, et al. A multimodal deep learning method for android malware detection using various features[J], IEEE Transactions on Information Forensics and Security, 2019, 14 (3): 773-788.

[102] TADAKI S. Long-term power-law fluctuation in Internet traffic[J]. Journal of the

Physical Society of Japan，2007，76（4）：044001.

[103] TAN G，POLETTO M，GUTTAG J V，et al. Role classification of hosts within enterprise networks based on connection patterns[C]. Usenix Annual Technical Conference，2003：2.

[104] THUDUMU S，BRANCH P，JIN J，et al. A comprehensive survey of anomaly detection techniques for high dimensional big data[J]. Journal of Big Data，2020，7（1）：1-30.

[105] TING C，FIELD R，et al. Compression analytics for classification and anomaly detection within network communication[J]. IEEE Transactions on Information Forensics And Security，2019，14（5）：1366-1376.

[106] TSAI C F，HSU Y F，LIN C Y，et al. Intrusion detection by machine learning：A review[J]. Expert Systems with Applications，2009，36（10）：11994-12000.

[107] ULLAH W，ULLAH A，HAQ I U，et al. CNN features with bi-directional LSTM for real-time anomaly detection in surveillance networks[J]. Multimedia Tools and Applications，2021，80（11）：16979-16995.

[108] VILLACORTA J J，DEL-VAL L，MARTÍNEZ R D，et al. Design and validation of a scalable，reconfigurable and low-cost structural health monitoring system[J]. Sensors，2021，21（2）：648.

[109] WATTS D J. A simple model of global cascades on random networks[J]. Proceedings of the National Academy of Sciences，2002，99（9）：5766-5771.

[110] WILLINGER W，TAQQU M S，SHERMAN R，et al. Self-similarity through high-variability：statistical analysis of Ethernet LAN traffic at the source level[J]. IEEE/ACM Transactions on Networking，1997，5（1）：71-86.

[111] WINTER P，LAMPESBERGER H，ZEILINGER M，et al. On detecting abrupt changes in network entropy time series[C]. IFIP TC 6/TC11 International Conference on Communications and Multimedia Security，2015：194-205.

[112] WU S X，BANZHAF W. The use of computational intelligence in intrusion

detection systems：A review[J]. Applied Soft Computing，2010，10（1）：1-35.

[113] XIAO Y，NA L，MING X，et al. A user behavior influence model of social hotspot under implicit link[J]. Information Sciences，2017，396：114-126.

[114] XIE Y，WANG Y，HE H，et al. A general collaborative framework for modeling and perceiving distributed network behavior[J]. IEEE/ACM Transactions on Networking，2016，24（5）：3162-3176.

[115] XU K，WANG F，GU L. Network-aware behavior clustering of Internet end hosts[C]. IEEE INFOCOM 2011，2011：2078-2086.

[116] YE X，CHEN X，WANG H，et al. An anomalous behavior detection model in cloud computing[J]. Tsinghua Science and Technology，2016，21（3）：322-332.

[117] HUANG Y H，NEGRETE J，WOSOTOWSKY A，et al. Detect Malicious IP Addresses using Cross-Protocol Analysis[C]. 2019 IEEE Symposium Series on Computional，2019：664-672.

[118] ZAVRTANIK V，KRISTAN M，SKOČAJ D. Reconstruction by inpainting for visual anomaly detection[J]. Pattern Recognition，2021，112：107706.

[119] ZHANG M，WANG X，JIN L，et al. Cascading failure of interdependent networks with dependence groups obeying different distributions[J]. International Journal of Modern Physics C，2020，31（08）：2050107.

[120] 张永斌，张艳宁 . 基于主机行为特征的恶意软件检测方法 [J]. 计算机应用研究，2014，31（2）：547-550，554.

[121] ZHAO D，TRAORE I，SAYED B，et al. Botnet detection based on traffic behavior analysis and flow intervals[J]. Computers & Security，2013，39：2-16.

[122] ZHOU X，HU Y，LIANG W，et al. Variational LSTM enhanced anomaly detection for industrial big data[J]. IEEE Transactions on Industrial Informatics，2020，17（5）：3469-3477.

[123] ZHU Q. Stable cluster core detection in correlated hashtag graph[J]. Computer

Science，2015.

[124] 郭嘉琰，李荣华，张岩，等 . 基于图神经网络的动态网络异常检测算法 [J]. 软件学报，2020，31（3）：748-762.

[125] 何毓锟，李强，嵇跃德，等 . 一种关联网络和主机行为的延迟僵尸检测方法 [J]. 计算机学报，2014，37（1）：50-61.

[126] 李川，冯冰清，李艳梅，等 . 动态信息网络中基于角色的结构演化与预测 [J]. 软件学报，2017，28（3）：663-675.

[127] 李红娇，李建华，诸鸿文 . 基于系统调用的异常入侵检测 [J]. 计算机工程，2007，33（2）：120-121.

[128] 皮建勇，巩明树，刘心松，等 . 基于访问控制的主机异常入侵检测模型 [J]. 计算机应用研究，2009，26（2）：726-729，732.

[129] 任德志，蔡开裕，朱培栋 . 基于主机网络行为的状态检测技术研究与实现 [C]. 2010 亚太地区信息论学术会议，2010：161-166.

[130] 苏璞睿，李德全，冯登国 . 基于基因规划的主机异常入侵检测模型 [J]. 软件学报，2003，14（6）：1120-1126.

[131] 徐久强，周洋洋，等 . 基于流时间影响域的网络流量异常检测 [J]. 东北大学学报（自然科学版），2019，40（1）：26-31.

[132] 杨茹，王立 . 复杂网络安全态势实时预测方法仿真 [J]. 计算机仿真，2020，35（11）：426-430.

[133] 于晓聪，董晓梅，于戈 . 基于主机行为异常的 P2P 僵尸网络在线检测方法 [J]. 小型微型计算机系统，2012，33（1）：11-17.

[134] 张军，苏璞睿，冯登国 . 基于系统调用的入侵检测系统设计与实现 [J]. 计算机应用，2006，26（9）：2137-2139.

[135] 朱应武，杨家海，张金祥 . 基于流量信息结构的异常检测 [J]. 软件学报，2010，21（10）：2573-2583.

推荐阅读

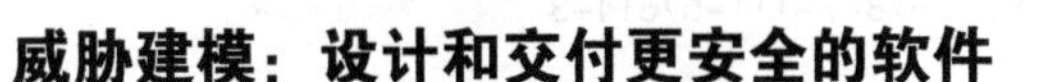

威胁建模：设计和交付更安全的软件

作者：亚当·斯塔克 ISBN：978-7-111-49807-0 定价：89.00元

安全模式最佳实践

作者：爱德华B.费尔南德斯 ISBN：978-7-111-50107-7 定价：99.00元

数据驱动安全：数据安全分析、可视化和仪表盘

作者：杰·雅克布 等 ISBN：978-7-111-51267-7 定价：79.00元

网络安全监控实战：深入理解事件检测与响应

作者：理查德·贝特利奇 ISBN：978-7-111-49865-0 定价：79.00元